观光农业系列教材——

观赏植物保护学

主　编　魏艳敏　王进忠

参编者　刘正坪　张民照　尚巧霞

　　　　杜艳丽　赵晓燕　张爱环

　　　　王丽平　陈会军　刘素花

气象出版社
China Meteorological Press

内 容 简 介

本书系统地介绍了观赏植物病害的概念、症状、病原，发生发展，观赏植物害虫的形态特征、生物学特性，昆虫的发生与环境的关系，以及观赏植物病虫害的防治原理及技术措施。在此基础上介绍了常见的观赏植物病虫害，包括其分布与为害特点、症状或识别特征，昆虫或病原物类别、发生规律及防治技术。书中是按照教育部高等职业技术教育教材建设的要求，结合农林高等职业技术教育院校职业性、技艺性的特点和培养应用型人才的目标组织编写的，书中着重突出实用性、针对性，力图帮助读者全面、系统地认识和了解各类观赏植物病虫害，掌握观赏植物病虫害防治的基本原理和技能。本书也可作为观光农业、园林花卉技术推广及种植和管理者的参考书。

图书在版编目(CIP)数据

观赏植物保护学/魏艳敏，王进忠主编. —北京：气象出版社，2009.7
（观光农业系列教材）
ISBN 978-7-5029-4788-0

Ⅰ.观… Ⅱ.①魏…②王… Ⅲ.园林植物—植物保护 Ⅳ.S68

中国版本图书馆 CIP 数据核字(2009)第 114812 号

出版发行：气象出版社

地　　址：北京市海淀区中关村南大街 46 号	邮政编码：100081
总 编 室：010-68407112	发 行 部：010-68409198
网　　址：http://www.cmp.cma.gov.cn	E-mail： qxcbs@263.net
责任编辑：方益民　王小甫	终　　审：朱文琴
封面设计：博雅思企划	责任技编：吴庭芳
责任校对：赵　瑗	
印　　刷：北京昌平环球印刷厂	
开　　本：750 mm×960 mm　1/16	印　　张：15　彩插：8
字　　数：280 千字	印　　数：1—4000
版　　次：2009 年 7 月第 1 版	印　　次：2009 年 7 月第 1 次印刷
定　　价：40.00 元	

出 版 说 明

观光农业是新型农业产业,它以农事活动为基础,农业和农村为载体,是农业与旅游业相结合的一种新型的交叉产业。利用农业自然生态环境、农耕文化、田园景观、农业设施、农业生产、农业经营、农家生活等农业资源,为日益繁忙的都市人群闲暇之余提供多样化的休闲娱乐和服务,是实现城乡一体化,农业经济繁荣的一条重要途径。

农村拥有美丽的自然景观、农业种养殖产业资源及本地化农耕文化民俗,农民拥有土地、庭院、植物、动物等资源。繁忙的都市人群随着经济的发展、生活水平的提高,有强烈的回归自然的需求,他们要到农村去观赏、品尝、购买、习作、娱乐、疗养、度假、学习,而低产出的农村有大批剩余劳动力和丰富的农业资源,观光农业有机地将农业与旅游业、生产和消费流通、市民和农民联系在一起。总而言之是经济的整体发展和繁荣催生了新兴产业,观光农业因此应运而生。

《观光农业系列教材》经过专家组近一年的酝酿、筹谋和紧张的编著修改,终于和大家见面了。本系列教材既具有专业性又具有普及性,既有强烈的实用性,又有新兴专业的理论性。对于一个新兴的产业、专业,它既可以作为实践性、专业性教材及参考书,也可以作为普及农业知识的科普丛书。它包括了《观光农业景观规划设计》《果蔬无公害生产》《观光农业导游基础》《观赏动物养殖》《观赏植物保护学》《植物生物学基础》《观光农业商品与营销》《花卉识别》《观赏树木栽培养护技术》《民俗概论》等十多部教材,涵盖了农业种植、养殖、管理、旅游规划及管理、农村文化风俗等诸多方面的内容,它既是新兴专业的一次创作,也是新产业的一次归纳总结,更是推动城乡一体化的一个教育工程,同时也是适合培养一批新的观光农业工作者或管理者的成套专业教材。

带着诸多的问题和期望,《观光农业系列教材》展现给大家,无论该书的深度和广度都会显示作者探索中的不安的情感。与此同时,作者在面对新兴产业专业知识尚存在着不足和局限性。在国内出版观光农业的系列教材尚属首次，无论是从专业的系统性还是从知识的传递性都会存在很多不足，加之各地农业状况、风土人情各异及作者专业知识的局限性，肯定不能完全满足广大读者的需求，期望学者、专家、教师、学生、农业工作者、旅游工作者、农民、城市居民和一切期待了解观光农业、关心农村发展的人给予谅解，我们会在大家的关爱下完善此套教材。

　　丛书编委会再次感谢编著者，感谢你们的辛勤工作，你们是新兴产业的总结、归纳和指导者，你们也是一个新的专业领域丛书的首创者，你们辛苦了。

　　由于编著者和组织者的水平有限，多有不足，望得到广大师生和读者的谅解。

　　本套丛书在出版过程中得到了气象出版社方益民同志的大力支持，在此表示感谢。

《观光农业系列教材》编委会

2009 年 4 月 26 日

《观光农业系列教材》编委会

前　言

　　观赏植物是绿化和美化环境的重要材料。它既能反映出大自然的美,又能反映出人类匠心的艺术美,培养和提高人们精神文明的素质。目前,我国观赏植物生产发展迅速,并已经进入了区域化、专业化和社会化,把几千年小农方式的观赏植物栽培,逐步转变成科学的、商品化的、综合开发的,立足国内供应,力争出口创汇的观赏植物产业。然而,观赏植物在其生长发育过程中,经常会遭受各种病虫害的侵害,导致观赏植物生长发育不良甚至死亡,失去观赏价值。因此,有效地保护观赏植物,充分发挥观赏植物绿化和美化功能,具有重要意义。

　　本教材根据农业高等职业院校培养目标,结合观光农业生产对植物保护科技知识的需求,在编写过程中,力求简明扼要,适合职业学校教学特点,在注重科学性和系统性的基础上,注重理论联系实际,尽量提高本书的适用性和实用性。全书共分五章,第一章至第三章,讲授观赏植物保护学的基础知识和综合防治理论,第四章、第五章,分别讲述观赏植物病害和虫害及其防治。该书图文并茂,通俗易懂,不仅可以帮助读者直观准确地辨认病虫害种类和危害特征,而且可以正确地掌握病虫害的发生发展规律和防治技术。本书适用于高等职业院校植物生产类各专业相关课程的理论教学,也可作为观光农业、园林花卉技术推广及种植和管理者的参考书。

　　限于编者的水平,书中可能会有疏漏和错误之处,希望各位同行和广大读者在使用过程中随时向我们提出批评和指正,不胜感激!

编者

2009 年 1 月

目　录

绪　论

一、观赏植物保护的重要性

观赏植物一般是指花卉与园林植物,包括赏花观叶植物、林荫树木、盆景和草地等,它们不仅可以美化城镇园林风景和家居生活,愉悦人们身心,还可以防尘、减噪和净化环境。近年来,随着我国城乡园林绿化建设和风景观光旅游事业的发展以及人民生活水平的提高,观赏植物逐渐成为人们精神文明与物质文明生活中必不可少的一部分。观赏植物所形成的园林、绿化地带,成为人类与自然共处形式的体现,使人类获得美学的享受。然而,这些观赏植物在生长发育过程中,经常会遭受各种病虫害的侵害。而且随着观赏植物的大量栽植,一些病虫的危害也日益猖獗。它们不但把美丽的花木咬成千疮百孔,满目惨状,还常常泄物狼藉,不堪入目,严重地阻碍了绿化、美化事业的进程,影响了观光旅游事业的发展。同时还影响了花卉树木的国际贸易和出口创汇,造成巨大的经济损失。因此,观赏植物保护工作对城市绿化,公园绿地和风景名胜园林树木、花卉草地及地被植物的健康生长,充分发挥其观赏植物绿地功能,具有重要意义。反之,养护不善,观赏植物在其生长发育过程中都会遭到各种病虫害及自然灾害的侵袭而蒙受损失。例如在虫害方面,松毛虫每年可使松林受害面积达200多万公顷,松干蚧可使大批松林毁坏,刺蛾、尺蛾、灯蛾类害虫为害严重时可食尽树叶,介壳虫类为害可使千年古树毁于一旦。在病害方面,松材线虫病是松树上的一种毁灭性病害,曾在我国境内迅速扩散蔓延,发生面积达130万亩[①],累计致死松树3500多万株,直接经济损失已达25亿元,间接损失达250亿,并严重威胁着著名的黄山风景区。菊花线虫叶枯病是菊花等花卉植物上的重要病害之一,广泛地分布在世界各地。近年来,在我国很多省份也发现了线虫叶枯病的危害,发病轻则早落叶,重则不开花,或整株死亡。据云南调查,昆明地区一般发病率在30%以上,病

――――――――――

①1 亩≈666.67 m², 下同。

重的公园内发病率则在 90％以上,线虫叶枯病给菊花的工业化生产带来很大的威胁。此外,观赏植物病毒、根结线虫病、细菌性根癌病、芍药红斑病、月季黑斑病等发生也极普遍。

由于观赏植物种类多,栽培方式复杂多样,在病虫害传播方式和发生规律等方面都有某些特殊性,因此,对其防治方法和技术也有特殊要求。为了有效地控制观赏植物病虫害的发生与危害,必须要了解这类病害虫的生物学和生态学特点,掌握它们在园林绿地小生境中发生的规律,并根据观赏植物的特性,遵循经济观点、生态观点和环保观点的原则。只有这样才能有效地控制其为害,保护观赏植物健康生长,实现人类、环境与植物的和谐共存,使观赏植物生产得到可持续发展。

二、观赏植物保护学的性质、任务及与其他学科的关系

观赏植物保护学,顾名思义,是一门保护观赏植物的科学。它是植物保护学的一个分支,是综合利用多学科知识,以经济、科学的方法保护观赏植物免受生物危害,提高观赏植物生产投入的回报,维护人类的物质利益和环境利益的实用科学。它主要包括观赏植物病理学和观赏植物昆虫学,从而形成了以观赏植物病虫害发生发展规律和控制为主要研究内容的完整的知识体系。我国对观赏植物保护学的研究起步较晚,大量系统而深入的研究始于 20 世纪 70 年代末和 80 年代初,从 1984 年起,进行了大量的观赏植物病虫害的调查研究,初步摸清了我国观赏植物病虫害的种类、分布和危害程度,以及观赏植物害虫的天敌的种类等,并初步确定了我国观赏植物的检疫对象,为进一步开展观赏植物保护学研究奠定了基础。

学习观赏植物保护学的任务是在认识观赏植物病虫害重要性的基础上,掌握主要观赏植物重要病虫害的发生、发展规律,吸取前人研究成果和国内外最新成就,结合生产实际,积极推广行之有效的综合防治措施,不断总结群众的防治经验,进一步提高现有的防治水平,创造新的防治方法。同时,对有些或新发生的病虫害,目前尚未搞清发病规律的,要加强科学研究工作,以提高理论水平,解决生产问题。

观赏植物保护学属于生命科学范畴,它与其他的学科,如动物学、植物学、植物生理学、微生物学、遗传学、生态学、细胞生物学、生物化学、分子生物学以及工学中的化学工程与技术等学科关系密切。另外,本学科与许多新兴学科和技术也有着密切的关系。它与其他学科具有相互依存、共同发展的关系。它的发展既积极、合理利用生命科学的研究成果,同时又不断丰富和发展生命科学的内容。在学习和研究观赏植物病虫害时,必须注意它与有关学科的联系,全面掌握观赏植物高产、稳产的栽培技术,搞好观赏植物病虫害的防治工作。

第一章　观赏植物病害的基础知识

第一节　植物病害的概念

一、植物病害的定义

观赏植物在生长发育和贮运过程中,由于病原物的侵袭或不良环境条件的影响,使正常的代谢作用受到干扰和破坏,从而使植物在外部形态和内部结构上表现出不正常的状态,甚至死亡,造成经济上的损失,这种现象称为观赏植物病害。例如杨树烂皮病,常引起杨树主干和枝条皮层腐烂,甚至植株枯死,新移栽的杨树发病尤重,发病率可达90％以上。

当植物受到不良环境条件的影响或病原物的侵袭后,通常在生理上、组织上、形态上会发生一系列变化。这一逐步的变化过程,称为病理程序,各种植物病害都有一定的病理程序。而风、雹、昆虫及高等动物对植物造成的机械损失,没有逐步地、不断地病变过程,即不产生病理程序,因此不属于植物病害。另外,某些植物患病后,不仅没有产量损失,反而提高了其经济价值,如茭白因感染了黑粉菌使茎部组织肥大,成为鲜嫩可口的蔬菜;郁金香受病毒侵染后出现了美丽的杂色花瓣,提高了观赏价值;花椰菜也是一种病态的花序,这些都不称为植物病害。因此,尽管从生物学的观点看,植物生病了,但从经济学的观点看,这种生病对人类有利,所以也不能称之为植物病害。由此可见,有无病理程序和是否造成经济损失是判断植物病害的重要标准。

二、植物病害发生的原因

1. 植物病害的病原

引起植物发生病害的原因称为病原。这里所指的原因是指病害发生过程中起直接作用的主导因素。而那些对病害发生和发展仅起促进或延缓作用的因素，只能称做病害诱因或发病条件。

病原的种类很多，依据性质不同通常分为生物病原与非生物病原两大类。

（1）生物病原及其引起的病害　生物性病原是指引起观赏植物发生病害的有生活力的生物，被称为病原生物，简称病原物。

病原物生活在所依附的植物内（或上），这种习性被称为寄生习性；病原物也被称为寄生物，它们依附的植物被称为寄主植物，简称寄主。病原物的种类很多，有动物界的线虫、植物界的寄生性植物、菌物界的真菌、原核生物界的细菌和植原体，还有非细胞形态的病毒界的病毒和类病毒。它们大都个体微小，形态特征各异。由这些生物因子引起的植物病害通常能相互传染，有侵染过程，称为侵染性病害或传染性病害。如月季黑斑病、月季白粉病、菊花褐斑病、月季根癌病和一串红花叶病等。

生物性病原中还应包括植物种质由于先天发育不全，或带有某种异常的遗传因子，而显示出的遗传性病变或称生理性病变，例如白化苗，先天不孕等；它与外界环境因素无关，也没有外来生物的参与，这类病害是遗传性疾病，病因是植物自身的遗传因子异常，属于生物病因的非传染性病害。

（2）非生物病原及其引起的病害　非生物性病原是指不适宜于观赏植物生长发育的环境条件，包括各种物理因素与化学因素。物理因素包括温度、湿度、光照的变化；化学因素包括营养的不均衡、空气污染、化学毒害等。

不同的观赏植物都有其最适合的生长发育环境条件，对气候因素的要求也有很大的差别。一般来讲，超过其适应的范围，植物就有可能发生病害。如高温、强光照导致的果实向阳面的日灼病；低湿引起的冬青叶缘干枯；弱光引起的植物黄化、徒长；排水不良、积水造成根系的腐烂，直至植株枯死；还有空气和土壤中的有害化学物质及农药使用不当所造成的植株生长不良、组织坏死甚至整株死亡等现象。

由于观赏植物具有较高的经济价值和需要精耕细作管理，生长环境往往与自然生态环境差别较大，物理因素的变化和营养不均衡问题也日渐突出。部分植物出现了所谓"富贵病"，即某种养分过多，影响到其他养分的吸收和利用。

由这些非生物因子引起的病害，不能互相传染，没有侵染过程，称为非侵染性病害或非传染性病害，也称生理病害。

侵染性病害与非侵染性病害之间，是互相联系、互相影响的。植物发生了非侵染性病害,导致其生长发育不良,削弱了生长势和抗病力,易诱发或加重侵染性病害的发生。如受冻害的植株常易感染溃疡病;在氮肥过多、光照不足的条件下,月季常因组织嫩弱发生白粉病。同样,由于病原物侵染,降低了植株对环境条件的适应性,使寄主更易遭受不良气候的影响,而发生非侵染性病害。如月季感染黑斑病后,叶片大量早落,影响新抽嫩梢的木质化,易遭受冻害,引起枯梢。因此,确定病害发生的原因时,必须对各种影响发病的原因及它们之间的复杂关系,进行长期全面地观察和细致地分析研究,才能得出比较正确的结论。

2. 植物病害发生的基本因素(病害三角)

仅有病原生物和寄主植物两方面存在,植物并不一定发生病害。植物病害的发生需要病原生物、寄主植物和环境条件的协同作用,即需要有病原生物、寄主植物和一定的环境条件三者配合才能发生。

病原生物的侵袭和寄主植物的抵抗反应,始终贯穿于植物病害的全过程。在这一过程的进展中,病原物与寄主之间的相互作用无不受环境条件的制约。病原生物致病性越强,则植物病害发生越重;寄主植物抗病性越强,则病害发生越轻。当环境条件有利于寄主植株生长而不利于病原物的活动时,病害就难以发生或发展缓慢,甚至病害过程终止,植株仍保持健康状态或受害很轻。相反,病害则容易发生,发展较快,受害也重。如真菌引起的月季黑斑病,在多雨的季节和年份,如采用叶面浇水的方式,病害发生就严重;若遇干旱少雨或改变浇水的方式,发病则轻。这是因为若水滴在叶面保持时间较长,就给真菌孢子的萌发提供了必要的条件。因此,植物病害是病原物、寄主植物和环境条件这三个因素共同作用的结果。寄主植物、病原和环境条件三者共存于病害系统中,相互依存,缺一不可。任何一方的变化均会影响另外两方。这三者之间的关系称为"病害三角"或"病害三要素"的关系(图1-1)。

图1-1　病害三角

三、植物病害的症状

园林植物感病后,在外部形态上所表现出来的不正常变化,称为症状。

症状可分为病状和病征。病状是指感病植物本身所表现的不正常状态,而病征则是指病原生物在植物发病部位表现出来的特征。如大叶黄杨褐斑病,在叶片上形成的近圆形、灰褐色的病斑是病状,后期在病斑上由病原菌长出的小黑点是病征。所有的园林植物病害都有病状,而并不是都具有病征。病毒病不表现病征,非侵染性病害因为没有病原生物的侵袭,也不表现病征。植物病害通常先表现病状,病状易被发现,而病征常要在病害发展过程中的某一阶段才能显现。

1. 病状

(1)变色　植物生病后局部或全株失去正常的颜色称为变色。变色主要是由于叶绿素或叶绿体受到抑制或破坏,色素比例失调造成的。

变色病状有两种主要表现形式。一种是整个植株、整个叶片或其一部分均匀地变色,主要表现为褪绿和黄化,褪绿是叶绿素的减少而使叶片表现为浅绿色,当叶绿素减少到一定程度就表现为黄化,如果树缺铁黄化病(彩图 1)。另外,由于病害的原因,可能造成花青素增加使整个或部分叶片变为红色或紫色,称为变红和变紫。另一种形式是不均匀地变色,表现为叶片色泽深浅不匀,浓绿与淡绿相间,形成不规则的杂色,并进一步发展为叶片凹凸不平的病状,如菊花花叶病、枣树花叶病(彩图 2)等。花叶症状在单子叶植物上常常表现为平行叶脉间出现的细线状变色(条纹)、梭状长条形斑(条斑)或条点相间出现(条点)。

(2)坏死　是指植物细胞和组织的死亡。坏死在叶片上常表现为叶斑和叶枯。叶斑的形状、大小和颜色因病害而不同,但轮廓都比较清楚。根据病斑颜色有黑斑、白斑、褐斑和灰斑等,根据病斑形状有圆斑、角斑和不规则病斑等。如菊花褐斑病、朱顶红红斑病、樱花褐斑穿孔病、杨树炭疽病(彩图 3)等。有的叶斑周围有一圈变色环,称为晕环。病斑的坏死组织有时可以脱落而形成穿孔症状,有的坏死斑上有轮状纹,这种病斑称做轮斑。叶枯是指叶片上较大面积的坏死,坏死的轮廓有的不像叶斑那样明显。叶尖和叶缘的大块坏死,一般称做叶烧。

植物叶片、果实和枝条上还有一种称做疮痂的症状,病部较浅而且是很局限的,斑点的表面粗糙,有的还形成木栓化组织而稍微突起。植物根茎可以发生各种形状的坏死斑。幼苗茎基部组织的坏死,引起猝倒(幼苗在坏死处倒伏)和立枯(幼苗枯死但不倒伏)。木本植物茎的坏死还有一种梢枯症状,枝条从顶端向下枯死,一直扩展到主茎或主干,如竹叶枯病、桂花叶枯病、橡皮树枯梢病(彩图 4)等。果树和树木的枝干上有一种溃疡症状,坏死的主要是木质部,病部稍微凹陷,周围的寄主细胞有时增生和木栓化,呈开裂状。如杨树溃疡病。

(3)腐烂　是植物组织较大面积的分解和破坏。

植物的根、茎、花、果都可发生腐烂,幼嫩或多汁的组织则更容易发生腐烂。腐烂可以分为干腐、湿腐和软腐。组织腐烂时,随着细胞的消解而流出水分和其他物质。如果细胞的消解较慢,腐烂组织中的水分能及时蒸发而消失则形成干腐。相反,如果细胞的消解很快,腐烂组织不能及时失水则形成湿腐。软腐则是细胞间的中胶层受到破坏,腐烂组织的细胞离析。根据腐烂的部位,分别称为根腐、基腐、茎腐、果腐、花腐等。腐烂时常带有特殊气味,并常出现病征。如大白菜软腐病、唐菖蒲干腐病、番茄灰霉病(彩图5)、仙人掌类茎腐病、一串红花腐病(彩图6)等。

(4)萎蔫　是指植物的整株或局部因脱水而枝叶下垂的现象。主要由于植物根部受害,水分吸收和运输困难或病原毒素的毒害、诱导的导管堵塞物造成。

病原物侵染引起的凋萎一般是不能恢复的。根据受害部位的不同,有局部性的,如一个枝条的凋萎,但更常见的是全株性的凋萎,萎蔫的后果是植株的变色干枯;而萎蔫期间失水迅速、植株仍保持绿色的称为青枯,如大丽花青枯病、彩椒青枯病(彩图7)等。不能保持绿色的又分为枯萎和黄萎,如鸡冠花枯萎病、唐菖蒲枯萎病、茄枯萎病(彩图8)等。

(5)畸形　是指植物受害部位的细胞分裂和生长发生促进性或抑制性的病变,致使植物整株或局部的形态异常。主要表现为:植株生长特别细长,即徒长;节间缩短,植株矮小形成萎缩;叶片变形,有卷叶、缩叶、细叶等病状,如番茄病毒病、凤仙花病毒病(彩图9)等;根、茎、叶的过度分化生长,常产生毛根、丛枝,如泡桐丛枝病、枣疯病等;植株部分细胞过度分裂或生长造成癌肿、虫瘿、菌瘿等畸形病状。如根结线虫病、桃树根癌病(彩图10)等。

2. 病征

(1)粉状物　粉状物可以直接生在植株表面,也可在植物表皮下及组织中产生,以后破裂而散出。

粉状物常因真菌类群不同而具有各自的特异性,通常可分为四大类:锈粉,植株病部所长出的鲜黄色或深褐色如铁锈状粉末,为锈菌所致病害特有的病征,如玫瑰锈病;白粉,在得病植株的叶片正面着生大量白色粉状物,是白粉病的典型病征,如月季白粉病(彩图11)、大叶黄杨白粉病等;黑粉,在植株病部形成菌瘿,成熟后散出大量的黑色粉末,成为各种黑粉病的典型病征,如玉米瘤黑粉病;白锈,在得病植株的表皮下面,病原菌所产生的乳白色疱状突起,为白锈所致病害的病征,如牵牛花白锈病。

(2)霉状物　霉是真菌的菌丝或各种孢子在植物表面所构成的特征。霉状物根据其质地和颜色分为霜霉、绵霉、灰霉、绿霉、赤霉、黑霉等,如黄瓜霜霉病、仙客来灰霉病、夹竹桃煤污病(彩图12)等。

(3)粒状物　很多真菌性病害,在病部常常长有黑色小点粒状物,即为真菌的子囊壳,分生孢子器、分生孢子盘等着生在植物体上的特征,如大叶黄杨炭疽病(彩图13)。

(4)溢脓　溢脓是细菌性病害特有的病征。潮湿时,可在植株发病部位溢出含菌的脓状液体,一般呈液滴状,或散布在病部表面成为菌液层。

上述植物病害病征的出现,常与空气湿度有密切关系,空气湿度大时有利于病征的形成和表现。为了识别病害,可利用"人工保湿法"诱发病征的产生。

症状是植物与病原在外界环境条件影响下相互作用,进而引起植物病害的外部表现。由于植物和病原的种类不同,其相互作用的过程和结果也不相同。因此,各种症状反映了不同植物病害本质的差别,而且这种差别具有相对的稳定性。在很多情况下,病害常因特异性症状而命名,如各种植物的锈病、白粉病、黑粉病、霜霉病、褐斑病等。生产实践中,人们经常需要根据症状特点,对各种植物病害做出正确的诊断,以便开展病害防治工作。但病害症状并不都是固定不变的,同一病害,往往因植株品种、环境条件、发病时期以及不同部位而异。而且,许多不同的病原,却常常引起相似的症状。因此,有时仅根据症状去诊断病害并不完全可靠,必要时还应进行病原鉴定。

第二节　　植物病害的病原

引起观赏植物侵染性病害的病原生物(简称病原物)包括病原真菌、原核生物、病毒、线虫和寄生性植物等。

一、植物病原真菌

真菌是一类真核微生物,营养体通常为丝状体,具细胞壁,以吸收为营养方式,通过产生孢子进行繁殖。真菌种类多,分布广,可以存在于水和土壤中以及地面上的各种物体上。在寄生的真菌中,有些可寄生在植物、人类和动物上引起病害。在观赏植物病害中,约有 80% 以上的病害是由真菌引起的,如观赏植物的霜霉病、疫病、白粉病、灰霉病、炭疽病、菌核病等都是危害严重的病害。

1. 真菌的一般性状

(1)真菌的营养体　真菌营养生长阶段的结构称为营养体。大多数真菌的营养体为分枝的丝状体,单根丝状体称为菌丝,菌丝的集合体称为菌丝体。菌丝通常呈圆管状,直径一般为2～30 μm,最大的可达 100 μm。菌丝无色或有色。高等真菌的菌丝有隔膜,将菌丝分隔成多个细胞,称为有隔菌丝;低等真菌的菌丝一般无隔膜,通常认为是一个多核的大细胞,称为无隔菌丝(图1-2)。此外,少数真菌的营养体是原质团(如黏菌)或单细胞(如酵母菌和壶菌)。

菌丝体是真菌获得养分的结构,寄生真菌以菌丝侵入寄主的细胞间或细胞内,通过渗透作用和离子交换作用吸收营养物质。有些真菌侵入寄

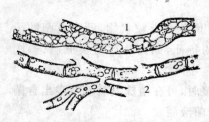

图 1-2　真菌的营养体
1. 无隔菌丝　2. 有隔菌丝

主后,往往从菌丝体上形成吸收养分的特殊机构——吸器,伸入寄主细胞内吸收养分和水分。吸器的形状不一,因真菌的种类不同而异,如有些白粉菌的吸器为掌状,霜霉菌的吸器为丝状或囊状,锈菌的吸器为指状,白锈菌的吸器为小球状等(图1-3)。

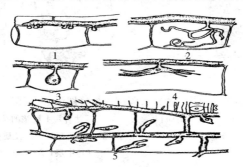

图 1-3　真菌吸器的类型
1. 白锈菌　2. 霜霉菌　3、4. 白粉菌　5. 锈菌

　　真菌的菌丝体一般是分散的,但有时可以密集而形成菌组织。菌组织有两种:一种是菌丝体组成比较疏松的疏丝组织;另一种是菌丝体组成比较紧密的拟薄壁组织。有些真菌的菌组织可以形成菌核、子座和菌索等菌组织结构。菌核是由菌丝紧密交织而成的休眠体,内层是疏丝组织,外层是拟薄壁组织。菌核的形状和大小差异较大,通常似绿豆、鼠粪或不规则状。颜色初期常为白色或浅色,成熟后呈褐色或黑色,特别是表层细胞壁厚、色深、较坚硬。菌核的功能主要是抵抗不良环境,当条件适宜时,菌核能萌发产生新的营养菌丝或从上面形成新的产生孢子的机构(图1-4)。子座是由菌丝在寄主表面或表皮下交织形成的一种垫状结构,有时与寄主组织结合而成。子座的主要功能是形成产生孢子的机构,但也有度过不良环境的作用。菌索是由菌丝体平行交织构成的长条形绳索状结构,外形与植物的根有些相似,所以也称为根状菌索。菌索的粗细不一,长短不同,有的可长达几十厘米。菌索可抵抗不良环境,也有助于菌体在基质上蔓延(图1-5)。

　　(2)真菌的繁殖体　真菌在生长发育过程中,经过营养生长阶段后,即进入繁殖阶段,形成各种繁殖体即子实体。大多数真菌只以一部分营养体分化为繁殖体,其余营养体仍然进行营养生长,少数低等真菌则以整个营养体转变为繁殖体。真菌的繁殖方式分为无性和有性两种,无性繁殖产生无性孢子,有性生殖产生有性孢子。

　　①无性繁殖及无性孢子的类型。无性繁殖是指真菌不经过性细胞或性器官的结合,而从营养体上直接产生孢子的繁殖方式。所产生的孢子称为无性孢子。常见的无性孢子有 4 种类型(图1-6)。

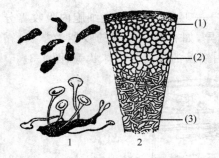

图 1-4　菌核及其结构

1. 菌核及其萌发(产生子囊盘)　2. 菌核剖面:

(1)皮层；(2)拟薄壁组织；(3)疏丝组织

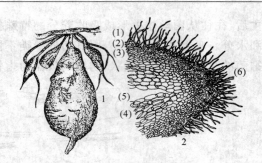

图 1-5　真菌的菌索及其结构

1. 甘薯块上缠绕的菌索　2. 菌索的结构:

(1)疏松的菌丝；(2)胶质的疏松菌丝层；(3)皮层；

(4)中层；(5)中腔；(6)尖端的分生组织

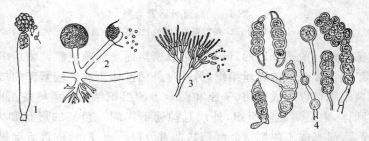

图 1-6　真菌的无性孢子

1. 孢子囊和游动孢子　2. 孢子囊和孢囊孢子　3. 分生孢子梗和分生孢子　4. 厚垣孢子

　　a. 游动孢子。产生于游动孢子囊中的内生孢子。游动孢子囊由菌丝或孢囊梗顶端膨大而成。游动孢子无细胞壁,具1~2根鞭毛,释放后能在水中游动。

　　b. 孢囊孢子。产生于孢子囊中的内生孢子。孢子囊由孢囊梗的顶端膨大而成。孢囊孢子有细胞壁,无鞭毛,释放后可随风飞散。

　　c. 分生孢子。生于由菌丝分化而形成的分生孢子梗上,成熟后从孢子梗上脱落。分生孢子的种类很多,它们的形状、色泽、形成和着生的方式都有很大的差异。不同真菌的分生孢子梗的分化程度也不一样,有散生的、丛生的,也有些真菌的分生孢子梗着生在分生孢子果内。孢子果主要有两种类型,即近球形的具孔口的分生孢子器和杯状或盘状的分生孢子盘。

　　d. 厚垣孢子。有些真菌菌丝或分生孢子的个别细胞膨大变圆、原生质浓缩、细胞壁加厚而形成厚垣孢子。它能抵抗不良环境,待条件适宜时再萌发成菌丝(图1-6)。

　　②有性生殖及有性孢子的类型。真菌的有性生殖是指真菌通过性细胞或性器官的结合而产生孢子的繁殖方式。有性生殖产生的孢子称为有性孢子。真菌的性细胞,称为配子,性器官称为配子囊。真菌有性生殖的过程有质配、核配和减数分裂三

个阶段。常见的有性孢子有 4 种类型(图 1-7)。

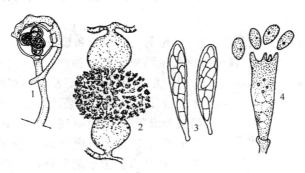

图 1-7　真菌的有性孢子
1. 卵孢子　2. 接合孢子　3. 子囊孢子　4. 担孢子

　　a. 卵孢子。由两个异型配子囊——雄器和藏卵器结合而形成。如鞭毛菌亚门卵菌的有性孢子。

　　b. 接合孢子。由两个同型配子囊结合产生。如接合菌亚门真菌的有性孢子。

　　c. 子囊孢子。子囊菌亚门真菌的有性孢子,通常是由两个异型配子囊——雄器和产囊体相结合,经质配、核配和减数分裂而形成的单倍体孢子。子囊孢子大多着生在无色透明、棒状或卵圆形的囊状结构即子囊内。子囊通常产生在有包被的子囊果内。子囊果一般有 4 种类型(图 1-8)。

　　1)闭囊壳:球状无孔口。

　　2)子囊壳:瓶状或球状且有真正壳壁和固定孔口。

　　3)子囊腔:由子座溶解而成、无真正壳壁和固定孔口。

　　4)子囊盘:盘状或杯状。

　　d. 担孢子。担子菌亚门真菌的有性孢子。通常直接由菌丝结合形成双核菌丝后,双核菌丝顶端细胞膨大成棒状的担子,或双核菌丝细胞壁加厚形成冬孢子。在担子内或冬孢子内的双核经过核配和减数分裂,最后在担子上产生 4 个外生的单倍体的担孢子。

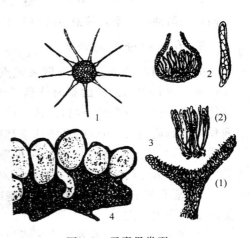

图 1-8　子囊果类型
1. 闭囊壳及附着丝　2. 子囊壳、子囊和子囊孢子
3. 子囊盘:(1)子囊盘切面;(2)子囊、子囊孢子
4. 子囊腔

　　真菌的有性生殖存在性分化现象。有些真菌单个菌株就能完成有性生殖,称为同宗配合,而多数真菌需要两个性亲和的菌株

生长在一起才能完成有性生殖,称为异宗配合。

2. 真菌的生活史

真菌从一种孢子萌发开始,经过一定的营养生长和繁殖,最后又产生同一种孢子的过程,称为真菌生活史。真菌的典型生活史包括无性和有性两个阶段。真菌有性阶段产生的有性孢子萌发后形成菌丝体,菌丝体在适宜条件下进行无性繁殖产生无性孢子,无性孢子萌发形成新的菌丝体(图1-9)。有性阶段一般在植物生长后期或病菌侵染的后期进行,产生有性孢子,完成从有性孢子萌发开始到产生下一代有性孢子的过程。无性阶段往往在一个生长季节可以连续循环多次,产生大量的无性孢子,对病害的传播和流行起着重要作用。有性阶段一般只产生一次有性孢子,其作用除了繁衍后代外,主要是度过不良环境,并成为翌年病害初侵染的来源。

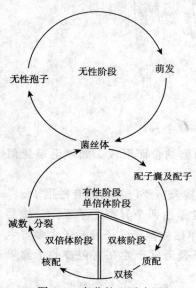

图 1-9　真菌的生活史图解

在真菌生活史中,有的真菌不止产生一种类型的孢子,这种形成几种不同类型孢子的现象,称为真菌的多型现象。典型的锈菌在其生活史中可以形成5种不同类型的孢子。有些真菌在一种寄主植物上就可完成生活史,称为单主寄生;有些真菌需要在两种或两种以上不同的寄主植物上才能完成其生活史,称为转主寄生,如锈菌。

3. 真菌的分类与命名

关于真菌的分类,学术界历来观点不一,许多人提出了不同的分类系统,其中Ainsworth(1971,1973)的真菌分类系统被较多的人所接受。这个系统根据营养体的特征将真菌界分为两个门,即营养体为变形体或原质团的黏菌门和营养体主要是菌丝体的真菌门,植物病原真菌几乎都属于真菌门。根据营养体、无性繁殖和有性生殖的特征,真菌门中分为5个亚门,即鞭毛菌亚门、接合菌亚门、子囊菌亚门、担子菌亚门和半知菌亚门。它们的主要特征如下:

(1)鞭毛菌亚门　营养体是单细胞或无隔膜菌丝,无性繁殖产生游动孢子,有性生殖主要产生卵孢子。

(2)接合菌亚门　营养体是无隔膜菌丝,无性繁殖产生孢囊孢子,有性生殖形成接合孢子。

(3)子囊菌亚门　营养体是有隔膜菌丝及少数是单细胞,有性生殖形成子囊孢子。

(4)担子菌亚门　营养体是有隔膜菌丝,有性生殖形成担孢子。

（5）半知菌亚门　营养体是有隔膜菌丝或单细胞，暂时未发现有性阶段。

真菌的各级分类单元是界、门、亚门、纲、亚纲、目、科、属、种。种是真菌最基本的分类单元，许多亲缘关系相近的种就归于属。在种下面有时还可分为变种、专化型和生理小种。

真菌的命名与高等动植物一样采用拉丁双名法。前一个名称是属名，后一个名称是种名。属名第一个字母要大写，种名第一个字母不大写。学名之后加注定名人的名字（通常是姓，可以缩写），如果原学名不恰当而被更改，则将原定名人放在学名后的括号内，在括号后再注明更改人的姓名。如芍药褐斑病菌：*Cladosporium paeoniae* Pass，丁香褐斑病菌：*Cercospora lilacis*（Desmaz.）Sacc.。

4. 观赏植物病原真菌的主要类群

（1）鞭毛菌亚门　鞭毛菌大多数生于水中，少数具有两栖和陆生习性。它们有腐生的，也有寄生的，有些高等鞭毛菌是植物上的活体寄生菌。鞭毛菌的主要特征是营养体多为无隔的菌丝体，少数为原质团或具细胞壁的单细胞；无性繁殖产生具鞭毛的游动孢子；有性生殖主要形成卵孢子。与观赏植物病害关系较密切的鞭毛菌主要有：

①腐霉属（*Pythium*）。孢囊梗菌丝状。孢子囊球状或姜瓣状，成熟后一般不脱落，萌发时产生泡囊，原生质转入泡囊内形成游动孢子（图 1-10）。腐霉多生于潮湿肥沃的土壤中，引起多种植物幼苗根腐病、猝倒病以及瓜果腐烂病。如苗木猝倒病（*P. aphanidermatum*）。

②疫霉属（*Phytophthora*）。孢囊梗分化不显著至显著，孢子囊在孢囊梗上形成。孢子囊近球形、卵形或梨形，成熟后脱落。游动孢子在孢子囊内形成，不形成泡囊（图 1-11）。疫霉主要引起观赏植物疫病，如芍药（牡丹）疫病（*P. cactorum*）、长春藤疫病（*P. nicotiana*）等。

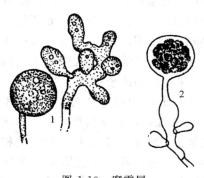

图 1-10　腐霉属

1. 孢囊梗和孢子囊　2. 孢子囊萌发形成泡囊

图 1-11　疫霉属

孢囊梗、孢子囊和游动孢子

③霜霉菌。霜霉菌是高等植物上的活体寄生菌。孢囊梗有限生长,其分枝特点及其尖端的形态是分属的依据。孢子囊在孢囊梗上形成,孢子囊卵圆形,顶端多有乳头状突起(图1-12)。霜霉菌主要包括霜霉属(*Peronospora*)、假霜霉属(*Pseudoper-onospora*)、盘梗霉属(*Bremia*)和单轴霉属(*Plasmopara*)等真菌,为害植物叶片引起霜霉病,如二月兰霜霉病(*Peronospora parasitica*)。

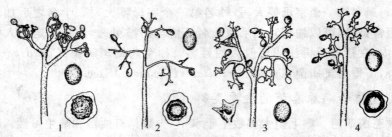

图1-12　霜霉菌孢囊梗、孢子囊和卵孢子
1. 霜霉属　2. 假霜霉属　3. 盘梗霉属　4. 单轴霉属

(2)接合菌亚门　接合菌亚门真菌绝大多数为腐生菌,少数为弱寄生菌。接合菌的主要特征是营养体为无隔菌丝;无性繁殖在孢子囊内产生孢囊孢子;有性生殖产生接合孢子。本亚门真菌与植物病害有关的主要是根霉属(*Rhizopus*)。

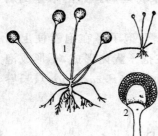

根霉属菌丝发达,有匍匐丝和假根。孢囊梗从匍匐丝上长出,与假根对生,顶端形成孢子囊,其内产生孢囊孢子。有性生殖形成接合孢子,但不常见(图1-13)。常引起果实、球根、鳞茎的腐烂。如桃软腐病(*R. stolonifer*)、百合鳞茎软腐病(*R. stolonifer*)等。

(3)子囊菌亚门　子囊菌亚门真菌属于高等真菌,有些腐生在朽木、土壤、粪肥和动植物残体上,有些则寄生在植物、人体和牲畜上引起病害。子囊菌的营养体为有隔菌丝,少数(如酵母菌)为单细胞;许多子囊菌的菌丝体可以形成子座和菌核等菌组织结构。无性繁殖产生分生孢子;有性生殖产生子囊和子囊孢子,大多数子囊菌的子

图1-13　根霉属
1. 孢囊梗、孢子囊、假根和匍匐枝
2. 放大的孢子囊

囊产生在子囊果内,少数是裸生。与植物病害关系较密切的子囊菌主要有:

①白粉菌。是高等植物上的活体寄生物,菌丝表生,以吸器伸入表皮细胞中吸取养料。子囊果为闭囊壳,内生一个或多个子囊,闭囊壳外部有不同形状的附属丝。无性阶段产生直立的分生孢子梗,顶端串生分生孢子。由于寄主体外生的菌丝和分生孢子呈白色粉状,故引起的植物病害称为白粉病。白粉菌主要包括叉丝单囊壳属(*Podosphaera*)、球针壳属(*Phyllactinia*)、钩丝壳属(*Uncinula*)、单丝壳属(*Sphaerotheca*)和白粉菌属(*Erysiphe*)等真菌(图1-14),引起苹果、梨、葡萄、瓜类、月季、牡

丹和丁香等观赏植物的白粉病。

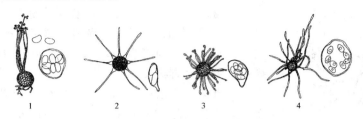

图 1-14　白粉菌闭囊壳、子囊和子囊孢子
1. 叉丝单囊壳属　2. 球针壳属　3. 钩丝壳属　4. 单囊壳属

②核菌。这类真菌的子囊果都为子囊壳，散生或聚生，着生在基质表面，或半埋于寄主组织中，或埋生于子座内。子囊在子囊壳基部有规律地排列成子实层，子囊内一般含有 8 个子囊孢子。子囊孢子单胞、双胞或多胞，有色或无色。子囊间大多有侧丝。无性阶段一般很发达，产生大量的分生孢子。引起观赏植物病害的重要属有：

小丛壳属（*Glomerella*）。子囊壳多埋生于子座内，子囊棒棒形，子囊孢子单胞，无色，椭圆形（图 1-15）。可引起苹果炭疽病（*G. cingulata*）、兰花炭疽病（*G. cingulata*）等。

黑腐皮壳属（*Valsa*）。子囊壳具长颈，成群埋生于寄主组织中的子座基部。子囊孢子单细胞，无色，腊肠形（图 1-16）。可引起苹果腐烂病（*V. mali*）、梨腐烂病（*V. ambiens*）等。

图 1-15　小丛壳属的子囊壳和子囊

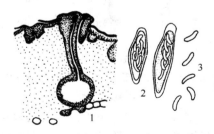

图 1-16　黑腐皮壳属
1. 着生于子座组织内的子囊壳　2. 子囊　3. 子囊孢子

③腔菌。这类真菌的子囊果为子囊腔。有的子囊间有子座消解形成的拟侧丝。子囊具有双层壁。腔菌无性阶段很发达，其危害植物的主要是无性阶段，形成各种形状的分生孢子。引起园艺植物病害的重要属有：

黑星菌属（*Venturia*）。子囊腔孔口周围有少数黑色、多隔的刚毛。子囊棒棒形，平行排列，其间有拟侧丝。子囊孢子椭圆形，双胞，无色或淡黄色（图 1-17）。此属真菌大多危害果树和树木的叶片、枝条和果实，引起的病害常称为黑星病，如苹果黑星

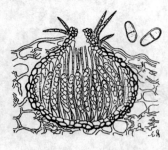

图 1-17　黑星菌属

病（*V. inaequalis*）、梨黑星病（*V. nashicola*）等。

④盘菌。这类真菌的子囊果是子囊盘。子囊盘多呈盘状或杯状，有柄或无柄，子囊和侧丝组成排列整齐的子实层。盘菌大多为腐生菌，少数可以寄生在植物上引起病害。重要属有：

核盘菌属（*Sclerotinia*）。菌丝体形成菌核，菌核萌发产生具长柄的褐色子囊盘。子囊与侧丝平行排列于子囊盘的开口处，形成子实层。子囊棍棒形，子囊孢子椭圆形或纺锤形，无色，单细胞（图 1-18）。引起的观赏植物病害有非洲菊菌核病（*S. sclerotiorum*）、风信子菌核病（*S. bulborum*）等。

链盘菌属（*Monilinia*）。子囊盘盘形或漏斗形，由假菌核上产生。子囊圆桶形，子囊间有侧丝。子囊孢子单胞，无色，椭圆形（图 1-19）。可引起桃褐腐病（*M. fructicola*，*M. laxa*）、苹果和梨褐腐病（*M. fructigena*）、苹果花腐病（*M. mali*）等。

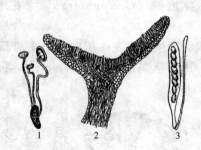

图 1-18　核盘菌属
1. 菌核萌发形成子囊盘　2. 子囊盘剖面示子实层
3. 子囊、子囊孢子

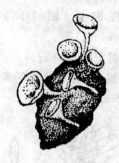

图 1-19　链盘菌属
从菌核化的僵果上长出的子囊盘

（4）担子菌亚门　担子菌亚门真菌是最高级的一类真菌，寄生或腐生。营养体为有隔菌丝体，细胞一般是双核的。双核菌丝体可以形成菌核、菌索和担子果。担子菌一般没有无性繁殖，有性生殖产生担子和担孢子。高等担子菌的担子上产生 4 个小梗和 4 个担孢子。与观赏植物病害关系较密切的担子菌主要有：

①锈菌。锈菌是活体寄生菌，菌丝在寄主细胞间隙中扩展，以吸器伸入寄主细胞内吸取养料。在锈菌的生活史中可产生多种类型的孢子，典型锈菌具有 5 种类型的孢子，即性孢子、锈孢子、夏孢子、冬孢子和担孢子。有些锈菌还有转主寄生现象。锈菌引起的植物病害，由于在病部可以看到铁锈状物（孢子堆）故称锈病。引起观赏植物病害的重要病原属如下（图 1-20）。

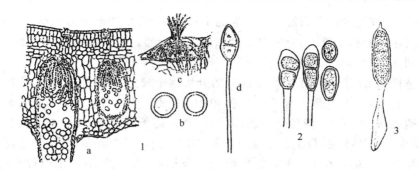

图 1-20　引起观赏植物锈病的重要病原属

1. 胶锈菌属：a. 锈孢子器；b. 锈孢子；c. 性孢子器；d. 冬孢子　2. 柄锈菌属　3. 多胞锈菌属

胶锈菌属（*Gymnosporangium*）。冬孢子双细胞，浅黄色至暗褐色，具有长柄；冬孢子柄遇水膨胀胶化；锈孢子器长管状，锈孢子串生，近球形，黄褐色，表面有小的瘤状突起；无夏孢子阶段。该属锈菌大都侵染果树和林木，转主寄生，即担孢子侵染蔷薇科植物，如梨树等，而锈孢子则侵害桧属植物。可引起梨锈病（*G. haraeanum*）、苹果锈病（*G. yamadai*）、贴梗海棠锈病（*G. haraeanum*）等。

柄锈菌属（*Puccinia*）。冬孢子有柄，双细胞，深褐色，单主或转主寄生；性孢子器球形；锈孢子器杯状或筒状，锈孢子单细胞，球形或椭圆形；夏孢子黄褐色，单细胞，近球形，壁上有小刺。引起美人蕉锈病（*P. cannae*）、锦葵锈病（*P. malvacearum*）、结缕草锈病（*P. zoysiae*）等。

多胞锈菌属（*Phragmidium*）。冬孢子多细胞，壁厚，表面光滑或有瘤状突起，柄基部膨大。可引起玫瑰锈病（*P. mueronatum*）、月季锈病（*P. rosae-multiflorae*）等。

②黑粉菌。黑粉菌以双核菌丝在寄主的细胞间寄生，吸器伸入寄主细胞内。典型特征是形成黑色粉状的冬孢子，萌发形成担子和担孢子，引起各种植物黑粉病。如：慈菇黑粉病（*Doassansiopsis horiana*）等（图 1-21）。

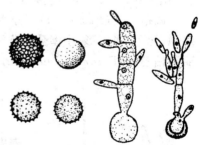

图 1-21　黑粉菌
黑粉菌属冬孢子及其萌发

③外担子菌。外担子菌多分布在温带和热带，通常寄生在杜鹃花科、茶科、樟科、岩高兰科、鸭跖草科植物上，危害叶、茎或果实，使受害部位肿胀，有时也引起组织坏死或发生系统性病害。常见的有杜鹃花饼病。

（5）半知菌亚门　半知菌亚门的真菌，腐生或寄生，生活史中只发现其无性阶段，暂时未发现有性阶段，所以称为半知菌。当发现其有性阶段时，大多数属于子囊菌，少数属于担子菌。半知菌营养体为分枝繁茂的有隔菌丝体；无性繁殖产生各种类型的分生孢子;有性阶段尚未发现。分生孢子梗散生、束生或形成分生孢子座;有的形成盘状或球状的孢子果,称分生孢子盘和分生孢子器。与观赏植物病害有关的半知菌有下列几类:

①丛梗孢菌。分生孢子着生于疏散的分生孢子梗上,或着生于孢梗束上,或着生于分生孢子座上。分生孢子有色或无色,单胞或多胞。引起观赏植物病害的重要属有:

粉孢属(*Oidium*)。菌丝体白色,表生。分生孢子梗直立,不分枝。分生孢子长圆形,单胞,无色,串生,自上而下依次成熟(图1-22)。可引起多种植物的白粉病。

葡萄孢属(*Botrytis*)。分生孢子梗细长,灰褐色,有分枝,分枝顶端常明显膨大呈球状,上面有许多小梗,其上着生分生孢子。分生孢子聚生成葡萄穗状,分生孢子卵圆形,单胞,无色或灰色(图1-23)。可引起葡萄、秋海棠等植物的灰霉病(*B. cinerea*)。

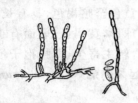

图1-22　粉孢属分生孢子梗和分生孢子　　　　图1-23　葡萄孢属分生孢子梗和分生孢子

链格孢属(*Alternaria*)。分生孢子梗淡褐色至褐色,单枝,短或长,弯曲或成屈膝状。分生孢子单生或串生,褐色,形状不一,卵圆形、倒棍棒形,有纵横隔膜,顶端常具喙状细胞(图1-24)。可引起梨黑斑病(*A. kikuchiana*)、香石竹黑斑病(*A. dianthi*)等。

镰孢霉属(*Fusarium*)。分生孢子梗聚集成垫状的分生孢子座。大型分生孢子多胞,无色,镰刀形;小型分生孢子单胞,无色,椭圆形(图1-25)。可引起香石竹和大丽菊枯萎病(*F. sambucinum* var. *coeruleum*)等。

②黑盘孢菌。分生孢子着生在分生孢子盘上。引起观赏植物病害的重要属有:

炭疽菌属(*Colletotrichum*)。分生孢子盘生于寄主表皮下,有时生有褐色、具分隔的刚毛。分生孢子梗无色至褐色,短而不分枝,分生孢子无色,单胞,长椭圆形或新月形(图1-26)。可引起多种植物的炭疽病,如柑橘炭疽病(*C. gloeosporioides*)、梅花炭疽病(*C. mume*)等。

痂圆孢属(*Sphaceloma*)。分生孢子梗短,不分枝,紧密排列在分生孢子盘上。分生孢子较小,单胞,无色,椭圆形(图1-27)。可引起葡萄黑痘病(*S. ampelinum*)、柑橘疮痂病(*S. fawcettii*)等。

图1-24　链格孢属分生孢子梗
和分生孢子

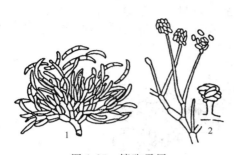

图 1-25　镰孢霉属

1. 大型分生孢子梗和分生孢子　2. 小型分生孢子梗和分生孢子

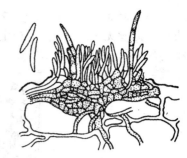

图 1-26　炭疽菌属分生孢子盘和
分生孢子

③球壳孢菌。分生孢子着生在分生孢子器内。引起观赏植物病害的重要病原属有：

叶点霉属（*Phyllosticta*）。分生孢子器埋生，有孔口。分生孢子梗短，分生孢子小，单胞，无色，近卵圆形（图 1-28）。可引起凤仙花斑点病（*P. impatientis*）等。

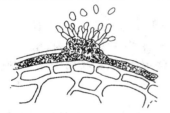

图 1-27　痂圆孢属着生于子座上的
分生孢子盘和分生孢子

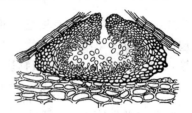

图 1-28　叶点霉属分生孢子器
和分生孢子

茎点霉属（*Phoma*）。分生孢子器埋生或半埋生。分生孢子梗短，着生于分生孢子器的内壁。分生孢子小，卵形，无色，单胞（图 1-29）。可引起柑橘黑斑病（*P. citricarpa*）等。

④无孢菌。这类半知菌不产生孢子，只有菌丝体，有时可以形成菌核。引起观赏植物病害的重要病原属有：

丝核菌属（*Rhizoctonia*）。菌丝褐色，多为近直角分枝，分枝处有缢缩；菌核褐色或黑色，表面粗糙，形状不一，表里颜色相同，菌核间有丝状体相连（图 1-30）。丝核菌主要侵染植物根、茎引起猝倒或立枯病，如柑橘、翠菊立枯病（*R. solani*）等。

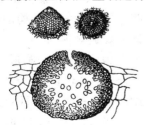

图 1-29　茎点霉属分生孢子器
和分生孢子

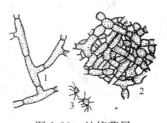

图 1-30　丝核菌属

1. 直角状分枝的菌丝　2. 菌丝纠结的菌组织　3. 菌核

小核菌属（*Sclerotium*）。菌核组织坚硬,初呈白色,老熟后呈褐色至黑色,内部浅色。菌丝无色或浅色,不产生分生孢子(图1-31)。可引起苹果、梨、君子兰等多种植物的白绢病(*S. rolfsii*)。

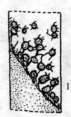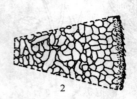

图 1-31　小核菌属
1. 菌核　2. 菌核剖面

二、植物病原原核生物

原核生物是指含有原核结构的单细胞生物,一般由细胞壁和细胞膜或只有细胞膜包围细胞质的单细胞微生物。作为病原物的原核生物主要有细菌、植原体和螺原体等,引起许多重要的观赏植物病害,如蔷薇科植物根癌病、柑橘黄龙病、枣疯病等。

1. 植物病原原核生物的一般性状

细菌的形态有球状、杆状和螺旋状。植物病原细菌大多为杆状,菌体大小为$0.5\sim0.8$ $\mu m \times 1\sim3$ μm;胞壁外有厚薄不等的黏质层,但很少有荚膜。大多数的植物病原细菌有鞭毛,着生在菌体一端或两端的鞭毛称为极鞭,着生在菌体四周的鞭毛称为周鞭(图1-32)。细菌没有固定的细胞核,它的核物质集中在细胞质的中央,形成一个椭圆形或近圆形的核区。在有些细菌中,还有独立于核质之外的呈环状结构的遗传因子,称为质粒。细胞质中有颗粒状内含物,如异粒体、中心体气泡、液泡和核糖体等(图1-33)。植物病原细菌通常无芽孢;革兰氏染色反应大多是阴性,少数是阳性。

植物菌原体没有细胞壁,没有革兰氏染色反应,也无鞭毛等其他附属结构。菌体外缘为三层结构的单位膜。植物菌原体包括植原体和螺旋体两种类型。植原体的形态、大小变化较大,表现为多型性,如圆形、椭圆形、哑铃形、梨形等,大小为$80\sim1\ 000$ nm(图1-34)。螺原体菌体呈线条状,在其生活史的主要阶段菌体呈螺旋形。一般长度为$2\sim4$ μm,直径为$100\sim200$ nm。

图 1-32　细菌着生鞭毛的方式
1. 单极鞭　2、3. 极鞭　4. 周鞭

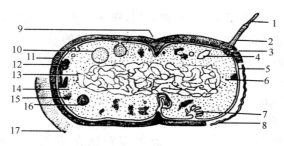

图 1-33 细菌的模式结构

1. 鞭毛 2. 鞭毛鞘 3. 鞭毛基体 4. 气泡 5. 细胞质膜 6. 核糖体 7. 中间体
8. 革兰氏阴性细菌细胞壁 9. 隔膜的形成 10. 液泡 11. 革兰氏阳性细菌细胞壁
12. 载色体 13. 核区(核物区) 14. 核糖体 15. 聚核糖体 16. 异染体 17. 荚膜

原核生物多以裂殖的方式进行繁殖。细菌的繁殖速度很快,在适宜的条件下,每20 分钟就可以分裂一次。植原体一般以裂殖、出芽繁殖或缢缩断裂法繁殖,螺原体繁殖时是芽生长出分枝,断裂而成子细胞。

大多数植物病原细菌都是好氧的,对营养要求不严格,可在一般人工培养基上生长,在中性偏碱的条件下生长良好,培养的最适温度一般为 26～30℃,在 33～40℃时停止生长,50℃、10 分钟时多数死亡。

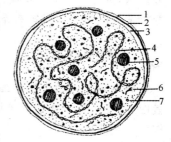

图 1-34 植原体模式图
1～3. 三层单位膜 4. 核酸链
5. 核糖体 6. 蛋白质 7. 细胞质

2. 植物病原原核生物的主要类群

伯杰氏细菌鉴定手册(第九版,1994)采用 Gibbons 和 Murray(1978)的分类系统,将原核生物分为 4 个门。植物病原细菌分属于薄壁菌门和厚壁菌门,主要有土壤杆菌属(*Agrobacterium*)、欧文氏菌属(*Erwinia*)、假单胞菌属(*Pseudomonas*)、黄单胞菌属(*Xanthomonas*)和棒形杆菌属(*Clavibacter*)。软壁菌门没有细胞壁,也称菌原体,主要有螺原体属(*Spiroplasma*)和植原体属(*Phytoplasma*)。

(1)土壤杆菌属(*Agrobacterium*) 土壤习居菌。菌体短杆状,大小为 0.6～1.0 μm×1.5～3.0 μm,鞭毛 1～6 根,周生或侧生。革兰氏反应阴性。菌落为圆形、隆起、光滑、灰白色至白色。寄主范围极广,可侵害 90 多科 300 多种双子叶植物,尤以蔷薇科植物为主,引起桃、苹果、葡萄、月季等的根癌病。

(2)欧文氏菌属(*Erwinia*) 菌体短杆状,大小为 0.5～1.0 μm×1～3 μm,多根周生鞭毛。革兰氏阴性。菌落圆形、隆起灰白色。可侵害 20 多科的数百种观赏植物,引起肉质或多汁组织的软腐。

(3)假单胞菌属(*Pseudomonas*) 菌体短杆状或略弯,单生,大小为 0.5～

1.0 μm×1.5~5.0 μm,鞭毛 1~4 根或多根,极生。革兰氏阴性。菌落圆形、隆起、灰白色。寄主范围很广,可侵害多种木本和草本植物的枝、叶、花和果,引起各种叶斑、坏死及茎秆溃疡。

(4)黄单胞菌属(*Xanthomonas*)　菌体短杆状,多单生,少双生,大小为 0.4~0.6 μm×1.0~2.9 μm,单鞭毛,极生。革兰氏阴性。菌落圆形隆起,蜜黄色,产生非水溶性黄色素。该属的成员都是植物病原菌。

(5)棒形杆菌属(*Clavibacter*)　菌体短杆状至不规则杆状,大小为 0.4~0.75 μm×0.8~2.5 μm,无鞭毛。革兰氏染色反应阳性。菌落为圆形光滑凸起,不透明,多为灰白色。主要危害植物的维管束组织,引起维管束组织坏死。

(6)螺原体属(*Spiroplasma*)　菌体的基本形态为螺旋形,繁殖时可产生分枝,分枝亦呈螺旋形。在固体培养基上的菌落很小,煎蛋状,直径 1 mm 左右,常在主菌落周围形成更小的卫星菌落。菌体无鞭毛但可在培养液中做旋转运动。主要寄主是双子叶植物。

(7)植原体属(*Phytoplasma*)　菌体的基本形态为圆球形或椭圆形,可以成为变形体状,如丝状、杆状或哑铃状等。菌体大小为 80~1000 nm。目前还不能人工培养。常见的植原体病害有桑萎缩病、泡桐丛枝病、枣疯病等。

三、植物病毒

病毒是个体微小的非细胞生物,又称分子寄生物。通常是由保护性的蛋白(或脂蛋白)衣壳包被着核酸分子构成,只能在适宜的寄主细胞内完成自身复制。植物病毒作为一类病原,能引起许多植物病害。

1. 植物病毒的形态、结构和成分

病毒的个体称做病毒粒体。各类病毒粒体的形状、大小、结构的差别很大。高等植物病毒粒体主要为杆状、线条状和球状等。杆状粒体一般长 130~300 nm,宽 15~20 nm,两端钝圆头或平截;线状粒体一般长 480~1250 nm,宽 10~13 nm;球状病毒粒体直径 16~80 nm。

植物病毒粒体由核酸和蛋白质衣壳组成。一般杆状或线条状的植物病毒,中间是螺旋状核酸链,外面是由许多蛋白质亚基组成的衣壳。蛋白质亚基也排列成螺旋状,核酸链就嵌在亚基的凹痕处。因此,杆状和线条状粒体是空心的(图1-35)。

球状病毒大都是近似正 20 面体,衣壳由 60 个或其倍数的蛋白质亚基组成。蛋白质亚基镶嵌在粒体表面,粒体的中心是空的(图 1-36)。但核酸链的排列情况还不清楚。

植物病毒的主要成分为核酸和蛋白质,此外,还含有水分和矿质元素。一种病毒

粒体内只含有一种核酸（RNA 或 DNA）。植物病
毒的基因组核酸大多数是 RNA，少数是 DNA（如
花椰菜花叶病毒科）。蛋白质衣壳具有保护核酸
免受核酸酶或紫外线破坏的作用。蛋白质亚基是
由许多氨基酸以多肽连接形成的。病毒粒体的氨
基酸将近有 20 种。

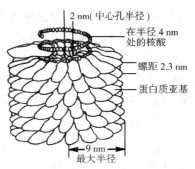

图 1-35　烟草花叶病毒（TMV）
的模式结构图

　　许多植物病毒的基因组分布于两个或多个核
酸链上，称为多分体基因组。它们可以装配在同
一个病毒粒体内，也可以装配在不同的病毒粒体
内，称为多分体病毒。多分体病毒可有几种大小
或形状相同或不同的粒体所组成，当这几种粒体同时存在时，该病毒才具有侵染性。
如烟草脆裂病毒有大小两种杆状粒体；苜蓿花叶病毒具有大小不同的 5 种粒体。

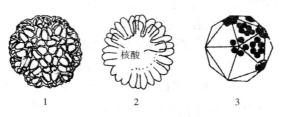

图 1-36　球状病毒的模式结构图
1. 模型图　2. 核酸在蛋白亚基中的排列　3. 模式图

2. 植物病毒的理化特性

　　（1）钝化温度　　钝化温度是把病组织汁液在不同温度下处理 10 分钟后，使病毒
失去侵染力的最低处理温度，用摄氏度表示。番茄斑萎病毒的钝化温度最低，只有
45℃；烟草花叶病毒的钝化温度最高，为 97℃；而大多数植物病毒在 55～70℃ 之间。

　　（2）稀释限点　　把病组织汁液加水稀释，当超过一定限度时，病毒便失去了侵染
力，这个最大的稀释限度，称为该病毒的稀释限点。如烟草花叶病毒的稀释限点为
10^{-6}，黄瓜花叶病毒的稀释限点为 10^{-4}。

　　（3）体外存活期　　在室温（20～22℃）下，病汁液保持侵染力的最长时间。大多数
病毒的存活期为数天到数月。

3. 植物病毒的复制增殖

　　植物病毒作为一种分子寄生物，没有细胞结构，不像真菌那样具有复杂的繁殖器
官，也不像细菌那样进行裂殖生长，而是分别合成核酸和蛋白组分再组装成子代粒

体。这种特殊的繁殖方式称为复制增殖。

病毒侵染植物以后,在活细胞内增殖后代需要两个步骤,一是病毒核酸的复制,即从亲代向子代病毒传送遗传信息的过程;二是病毒基因组核酸信息的表达,即病毒mRNA 的合成及专化性蛋白质翻译的过程。从病毒进入寄主细胞到新的子代病毒粒体合成的过程即为一个增殖过程。

4. 植物病毒的传播

病毒是专性寄生物,在自然界生存发展必须在寄主间转移。植物病毒从一植株转移或扩散到其他植株的过程称为传播。根据自然传播方式的不同,可以分为介体传播和非介体传播两类。介体传播是指病毒依附在其他生物体上,借其他生物体的活动而进行的传播。植物病毒的常见传播方式有:

(1)种子和其他繁殖材料传播 大多数植物病毒是不通过种子传播的,只有豆科、葫芦科和菊科等植物上的某些病毒可以通过种子传播。植物的营养繁殖材料(块根茎、接穗、插条等)若来自病株,也可成为病毒的传播途径。

(2)嫁接传播 所有植物病毒,只要是寄主能进行嫁接的均可传播,果树病毒以这种传毒方式比较普遍。因此,选用无病接穗和砧木是防治此类病害的有效措施。

(3)机械传播(汁液传播) 病毒可以通过摩擦所造成的微伤而传播,这种传毒方式,仅限于大部分花叶型的病毒。在自然界中机械传毒的主要是由于人工移苗、整枝、打杈等田间操作,因工作者的手和工具沾染了病毒汁液从而传播了病毒。

(4)土壤传播 土壤传播病毒其实是通过土壤中的真菌或线虫传播病毒。但有些病毒,例如烟草花叶病毒(TMV),稳定性强,可以在土壤中保持其生物活性。

(5)昆虫传播 大部分植物病毒可以通过昆虫传播。传毒的昆虫主要是刺吸式口器的昆虫,如蚜虫、叶蝉、飞虱、粉虱等。有些螨类也可传毒。

昆虫在病株上获毒后,保持传毒能力时间的长短有很大差别,这主要是由病毒与介体的性质来决定的。根据昆虫获毒后传毒期限的长短,可分为三种情况:

①非持久性。昆虫获毒后立刻就能传毒,但很快即会失去传毒能力。

②半持久性。昆虫在获毒后不能马上传毒,要经过一段时间才能传毒,这段时间叫做"循回期"。昆虫保持传毒能力是有一定期限的,一般为数日至十余日,并且病毒不能在昆虫体内繁殖。

③持久性。昆虫获毒后也要经过一定的时间才能传毒。但此类昆虫一旦传毒后,终生保持传毒能力,病毒可以在昆虫体内繁殖。因此这类昆虫体内的病毒浓度不会降低,甚至其后代也可传毒。

5. 重要的植物病毒

(1)烟草花叶病毒(TMV) 形态为直杆状,寄主范围较广,自然传播不需要介体生物,靠植株间的接触(有时为花粉或种苗)传播,对外界环境的抵抗力强。可引起兰花等观赏植物的花叶病,世界各地发生普遍,损失严重。

(2)马铃薯Y病毒(PVY)　形态为线状,分布广泛,寄主范围局限于特定科的植物,如茄科。可在茄科植物和杂草(地樱桃等)上越冬,温暖地区和保护地栽培情况下,可在寄主植物上连续侵染。由桃蚜等蚜虫以非持久性方式传播。该病毒主要侵染马铃薯、番茄以及唐菖蒲等园艺花卉植物。

(3)黄瓜花叶病毒(CMV)　粒体为球状,寄主范围十分广泛,包括十余科的上百种植物。在自然界主要依赖多种蚜虫以非持久性方式传播,也可机械传播。多数情况与另一种病毒复合侵染,从而使寄主植物表现出复杂多变的病害症状。

四、植物病原线虫

线虫是一类低等动物,属于线形动物门线虫纲,在自然界分布很广,通常生活于海洋、淡水和土壤中。危害植物的线虫称为植物寄生线虫或植物病原线虫。由线虫引起的植物病害称为植物线虫病。目前危害较重的有菊花、仙客来、牡丹、月季等根结线虫病,菊花叶枯线虫病,水仙茎线虫病,植物检疫性病害松材线虫病。线虫除直接危害植物引起病害外,还可成为其他病原物的传播媒介。

1. 线虫的形态与解剖

(1)形态和大小　植物寄生线虫细小,宽为$15\sim35~\mu m$,长为$0.2\sim1~mm$,个别种类体长达到4 mm。线虫的体形因类别而异,有雌雄同形和雌雄异形。雌雄同形的线虫其成熟雌虫和雄虫均为蠕虫形,除生殖器官有差别之外,其他的形态结构都相似(图1-37)。雌雄异形的线虫其成熟雄虫为蠕虫形,而雌虫为球形、柠檬形或肾形。

(2)体壁和体腔　线虫的体壁由角质层、下皮层和肌肉层构成。角质层包住整个虫体,表面有环纹或横纹、鳞片、刺和鞘。角质层之下为下皮层和肌肉层,下皮层在背面、腹面和侧面加厚。线虫的肌肉一般为纵行肌,肌肉层下为体腔。体腔内有消化系统、生殖系统、神经系统和排泄系统,其中消化系统和生殖系统发达,几乎占据了线虫的整个体腔。

2. 植物病原线虫的生活史和生态

(1)生活史　植物线虫生活史一般较简单,具有卵、幼虫和成虫3种虫态。卵通常为椭圆形;幼虫有4个龄期,1龄幼虫在卵内发育并完成第一次蜕皮,2龄幼虫从卵内孵出,再经过3次蜕皮发育为成虫。植物

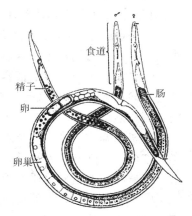

图1-37　植物病原线虫形态

线虫一般为两性交配生殖,也可以孤雌生殖。

(2)生态特点　线虫在田间的水平分布一般是不均匀的,呈块状或多中心分布;在田间的垂直分布与作物根系分布密切相关。

3. 植物病原线虫的传播

线虫的传播有主动传播和被动传播。主动传播是在作物生长季节,线虫在有水或水膜的条件下从栖息地向寄主表面迁移,或从发病点向无病点扩散。这种主动传播距离有限,在土壤中每年迁移的距离不会超过 $1\sim2$ m。被动传播有自然力传播(水、风、昆虫)和人为传播。自然力传播中以水流传播,特别是灌溉水的传播最重要。有些线虫通过昆虫携带传播,例如松材线虫由松褐天牛传播,椰子红环腐线虫由棕榈象甲传播。线虫的人为传播以带病的、黏附病土的或机械混杂线虫虫瘿的种子、苗木或其他繁殖材料的流通,以及污染线虫的农林产品和包装物品的流通最重要。这种人为传播不受自然条件和地理条件限制,可造成远距离传播。

4. 植物病原线虫的寄生性和致病性

(1)寄生性　植物寄生线虫都是活体寄生物,至今还不能单独用人工培养基培养。寄生线虫利用口针穿刺活的植物细胞,吸食细胞原生质等内含物。有些植物寄生线虫侵染和危害植物茎、叶和种子,大多数线虫则寄生于植物根部。根部寄生线虫的寄生方式有外寄生、半内寄生和内寄生。

外寄生线虫在根部取食时虫体完全露在根外,仅以口针刺入植物表皮或在根尖附近取食。半内寄生线虫仅虫体前部钻入根内取食。内寄生线虫整个虫体侵入根组织内,或至少在其生活史中有一段时间整个虫体钻入根内取食。

植物寄生线虫具有寄生专化性,有一定的寄主范围。有的种类寄主范围很广,能在几百种植物上取食和繁殖;而另一些线虫种类则只能在少数几种植物上取食和生殖。

(2)致病性　大多数线虫侵染植物的地下部根、块根、块茎、鳞茎、球茎。有些线虫与寄主接触后则从根部或其他地下部器官和组织向上转移,侵染植物地上部茎、叶、花、果实和种子。线虫很容易从伤口和裂口侵入植物组织内,但是,更重要的是从植物的表面自然孔口(气孔和皮孔)侵入和在根尖的幼嫩部分直接穿刺侵入。线虫致病机制一般认为有以下方式:

①机械损伤。由线虫穿刺植物进行取食造成的伤害。

②营养掠夺和营养缺乏。由于线虫取食夺取寄主的营养,或者由于线虫对根的破坏阻碍植物对营养物质的吸收。

③化学致病。线虫的食道腺能分泌各种酶或其他生物化学物质,影响寄主植物细胞和组织的生长代谢。

④复合侵染。线虫侵染造成的伤口引起真菌、细菌等微生物的次生侵染,或者作

为真菌、细菌和病毒的介体导致复合病害。

5. 植物病原线虫的主要类群

(1)茎线虫属(*Ditylenchus*)　虫体细长,尾端尖细,雄虫大小为 0.9~1.6 mm×
0.03~0.04 mm,雌虫稍微粗大,大小为 0.9~1.86 mm×0.04~0.06 mm。主要种
有鳞球茎茎线虫(*D. dipsaci*)和腐烂茎线虫(*D. destructor*),寄生于植物茎、块茎、球
茎和鳞茎,也危害叶片。可引起寄主组织坏死、腐烂、矮化、变色和畸形。

(2)根结线虫属(*Meloidogyne*)　雌、雄虫形态明显不同,雄虫细长,尾短,成熟
雌虫膨大为梨形。重要种有南方根结线虫(*M. incognita*)、花生根结线虫
(*M. arenaria*)、爪哇根结线虫(*M. javanica*)、北方根结线虫(*M. hapla*)。寄主范围
广泛,能危害许多观赏园艺植物引起根结线虫病。

(3)滑刃线虫属(*Aphelenchoides*)　虫体细长,雄虫尾端弯曲呈镰刀形,雌虫尾端不
弯曲,逐渐变细。在植物的叶片、芽、茎和鳞茎上营外寄生或内寄生,引起叶片皱缩、枯
斑,死芽、茎枯和茎腐,全株畸形等。重要的种有草莓芽叶线虫(*A. fragariae*)、菊花叶
线虫(*A. ritzembosi*)、毁芽滑刃线虫(*A. blastophthorus*)。

五、寄生性植物

大多数植物是自养的,能够自行吸收水分和营养物质,并依靠光合作用合成自身
所需的有机物,称为自养生物。但也有少数植物由于根系或叶片退化,或者缺乏足够
的叶绿素,必须从其他植物上获取营养物质而营寄生生活,称之为寄生性植物。目前
已发现有 2500 多种高等植物和少数藻类属于此类,其中大多数属于高等植物中的双
子叶植物,可以开花结籽,又称为寄生性种子植物。

1. 寄生性植物的寄生性和致病性

根据寄生性植物从寄主植物上获取营养物质的方式可以将寄生性植物分为全寄
生和半寄生两大类。全寄生植物是指寄生性植物从寄主植物上获取它自身生活需要
的所有营养物质,包括水分、无机盐和有机物质。这些植物叶片退化,叶绿素消失,根
系蜕变为吸根。另一些寄生植物本身具有叶绿素,能够进行光合作用来合成有机物
质,但由于根系缺乏而需要从寄主植物中吸取水分和无机盐。由于它们与寄主植物
的寄生关系主要是水分的依赖关系,故称为半寄生,又称为"水寄生"。

根据寄生性植物在寄主植物上的寄生部位,又可将其分为根寄生和茎寄生。

寄生性植物对寄主植物的致病作用主要表现为对营养物质的争夺。一般来说,
全寄生植物比半寄生植物的致病能力要强,可引起寄主植物黄化和生长衰弱,严重时
造成大片死亡,对产量影响极大;而半寄生植物寄生初期对寄主生长无明显影响,当
寄生植物群体较大时会造成寄主生长不良和早衰,虽有时也会造成寄主死亡,但与全

寄生植物相比,发病速度较慢。寄生性藻类可引起观赏植物的藻斑病或红锈病,影响其观赏价值和商品价值。

2. 寄生性植物的主要类群

寄生性植物包括寄生性种子植物和寄生性藻类两大类,以寄生性种子植物在生产上更为常见。寄生性种子植物在分类学上主要包括被子植物门中的菟丝子科菟丝子属(*Cuscuta*)、列当科列当属(*Orobanche*),桑寄生科桑寄生属(*Loranthus*)和槲寄生属(*Viscum*),樟科无根藤属(*Cassytha*),玄参科独脚金属(*Striga*)等。寄生性藻类主要是绿藻门中的头孢藻属(*Cephleurros*)和红点藻属(*Rhodochytrium*)等。

(1)菟丝子属(*Cuscuta*) 菟丝子是全寄生性种子植物,无根,叶片退化为鳞片状,无叶绿素;茎多为黄色或橘黄色丝状体,呈旋卷状;花较小,淡黄色,果实扁球形,种子很小,卵圆形,黄褐色至深褐色。

我国目前已发现 10 多种菟丝子,其中主要有中国菟丝子(*C. chinensis*)、南方菟丝子(*C. australis*)、田野菟丝子(*C. campestris*)和日本菟丝子(*C. japonicus*)等。主要寄生于豆科、菊科、茄科、百合科、伞形科、蔷薇科等植物上。常危害一串红、翠菊、扶桑、杜鹃、山茶花、木槿、紫丁香、榆叶梅和银杏等。

(2)列当属(*Orobanche*) 列当是观赏园艺植物上一类重要的寄生性种子植物,主要寄生于寄主植物的根部,营全寄生生活。列当茎肉质,单生或有分枝;叶片退化为鳞片状,无叶绿素;根退化成吸根,吸附于寄主植物的根表;穗状花序,花冠筒状,多为蓝紫色;果球状,种子极小,卵圆形,深褐色,表面有网状花纹。

我国重要的列当种类有埃及列当(*O. aegyptica*)、向日葵列当(*O. cumana*),主要寄生于瓜类、豆类、向日葵、茄科等植物。

(3)桑寄生属(*Loranthus*)和槲寄生属(*Viscum*) 主要分布在温带、亚热带和热带,是木本植物上常见的寄生性种子植物。这类寄生性植物多数具有叶绿素,营半寄生生活,寄生于木本植物的茎枝上。主要寄主包括山茶、杨、柳、榆、桦、蔷薇、柑橘、石榴等多种观赏林木和果树。

桑寄生为常绿小灌木,枝条褐色,有匍匐茎;叶多对生,少数退化为鳞片状;总状花序,果实为浆果。桑寄生种子萌发产生胚根,胚根与寄主接触后形成吸盘,吸盘上产生初生吸根,侵入寄主表皮,再产生次生吸根深入木质部与寄主的导管相连,吸取寄主的水分和无机盐。在初生吸根上不断产生新的枝条,同时又可长出匍匐茎,并产生吸根侵入寄主树皮。受害植株生长衰弱,落叶早,次年放叶迟,严重时枝条枯死。桑寄生在我国有 30 多种,以桑寄生(*L. parasitica*)和樟寄生(*L. yadoriki*)最为常见。

槲寄生为绿色小灌木。叶对生,有些全部退化;茎多分枝,节间明显,无匍匐茎;花极小，雌雄异株；果实为浆果。我国以槲寄生（V. album）和东方槲寄生（V. orientale）较为常见，与寄主的寄生关系和桑寄生相似。

（4）寄生性藻类　观赏植物上的寄生藻主要属于绿藻门的头孢藻属（Cephaleu-ros）。其营养体由多层细胞组成，无性繁殖产生孢子囊和游动孢子，有性生殖由配子囊释放的游动配子结合产生"结合子"。寄生藻的游动孢子可直接或从气孔侵入寄主，在寄主表皮组织内形成分枝状假根吸取寄主营养。初期在寄主植物的枝叶上产生黄褐色斑点，逐渐向四周呈放射状扩展，形成近圆形、灰绿色至黄褐色、边缘不整齐的藻状斑。后期病斑呈棕褐色，故又称红锈病。常受害的观赏植物有山茶、梅、玉兰、含笑、冬青、白兰花等，引起严重的叶斑、早期落叶和顶枯。

六、非侵染性病害的病因

引起非侵染性病害的因子有很多，主要可归为营养失调、水分失调、温度不适、有害物质等。

1. 营养失调

植物正常生长发育需要氮、磷、钾、铁、铜、锰、锌等 16 种营养元素，当营养元素缺乏时，植物就不能正常生长发育，表现为缺素症。造成植物营养元素缺乏的原因有多种，一是土壤中缺乏营养元素；二是土壤中营养元素的比例不当；三是土壤的物理性质不适而影响植物对营养元素的吸收。

土壤中某些营养元素含量过高对植物生长发育也是不利的，甚至造成严重伤害。如造成植物徒长、植株矮化、延迟成熟、叶色变深、生长不良、幼苗死亡等。

某些营养元素过剩还会产生对其他营养元素的颉颃作用。如锰、铜、锌过量，可抑制植物对铁的吸收；铵过量可抑制镁和钾的吸收；钾离子太多可影响对镁离子的吸收，钠过量可导致植物缺钙等，从而使植物出现营养元素缺乏症。

通常情况下，氮、磷、钾、镁、锌是可以由植物下部组织向上部输导的，所以缺素症首先表现在下部叶片上。钙、硼、硫、铁、铜、钼、锰 7 种元素是不可由植物下部组织向上运输的，所以缺素症往往出现在植物的上部组织。

观赏植物常见的缺素症有番茄缺钙引起的脐腐病，苹果缺钙引起的苦痘病、缺铁引起的黄叶病、缺锌引起的小叶病、缺硼引起的缩果病等。

2. 水分失调

植物的光合作用及对营养元素的吸收和运输，都必须有水分才能进行，水分在调节植物体温上也起着重要作用。当植物吸水不足时，营养生长受到抑制，叶面积减小，花的发育也受到影响。缺水严重时，植株萎蔫，蒸腾作用减弱或停止，气孔关闭，光合作用不能正常进行，生长量降低，下部叶片变黄、变红，叶缘枯焦，造成落叶、落花和落果,甚至整株凋萎枯死。

土壤水分过多,会影响土温的升高和土壤的通气性,使植物根系活力减弱,甚至受到毒害,引起烂根,植株生长缓慢,下部叶片变黄、下垂,落花、落果,严重时,导致植株枯死。

水分供应不均或变化剧烈时,也会给植物带来伤害,造成植株畸形、果实开裂等。

3. 温度不适

植物的生长发育都有它特定的温度范围,如果温度过高或过低,超过了它的适应范围,植物代谢过程将受到阻碍,就不能正常地生长发育,或发生病理变化而生病。

高温可使光合作用迅速下降,呼吸作用上升,碳水化合物积累减少,生长减慢,有时使植物矮化和提早成熟。温度过高,并伴有强日照和干旱时,常使植物的茎、叶、果等组织产生灼伤。灼伤主要发生在植株的向阳面,如苹果、葡萄、柑橘、番茄等果实发生灼伤,形成白色或褐色干斑,观赏树木枝干的皮焦、树皮龟裂等。

低温对植物危害也很大,轻者产生冷害,植株生长减慢,叶缘及叶肉变黄,授粉不良,造成大量落花、落果和畸形果,有的木本植物则表现芽枯、顶枯症状。低温严重时(0℃以下),可使植物细胞内含物结冰,细胞间隙脱水,原生质破坏,导致细胞及组织死亡。如晚秋的早霜、春天的晚霜、冬季的异常低温,均可使植株的幼芽、新梢、花芽、叶片等器官或组织受冻死亡。低温还能造成苗木冻害,尤其是新栽的苗木。

4. 有害物质

空气、土壤和植物表面的有害物质,可使植物中毒。由冶金、发电、炼油、化工及玻璃厂、砖瓦厂等工厂烟囱中排出的有毒物质常造成大气污染,污染物主要有硫化物、氟化物、氯化物、氮化物、臭氧等。植株受二氧化硫危害,在叶缘及叶脉间产生褪绿的坏死斑点,多为白色,有时也呈红棕色或深褐色。氟化物主要危害植株幼嫩叶片,在叶尖、叶缘产生枯焦斑,病斑颜色因植物种类而异,病健交界处产生红棕色条纹。氯化物主要危害刚刚展开的叶片,破坏叶绿素,在叶脉间产生边缘不明显的褪绿斑,严重时,全叶变白、枯卷、脱落。植株受氮化物危害,也在叶缘及叶脉间产生坏死斑。臭氧危害植物的典型症状是在叶片上产生褪绿及坏死斑。

使用杀菌剂、杀虫剂、除草剂、植物生长调节剂等化学农药和化学肥料时,若选用种类不当、施用方法不合理、使用时期不适宜、施用浓度过高等都会对植物造成伤害。

水质及土壤污染也可对植物造成严重伤害。从工厂排出的废水、土壤中残留的除草剂等农药以及石油、有机酸、氰化物、重金属等污染物,可抑制植物根系生长,影响水分吸收,导致叶片褪绿,代谢紊乱,严重时植株枯死。

第三节　观赏植物病害的发生与发展

一、病原物的寄生性和致病性

自然界的生物,特别是微生物很少单独生存,它们与同一生境中的其他生物之间有不同类型的相互关系。植物与相关微生物之间主要有共生、共栖、寄生三种相互关系。植物病害的病原物都是异养生物,自身不能制造营养物质,需依赖对植物的寄生而生存。

1. 病原物的寄生性与致病性

植物病原物的寄生性和致病性是两种不同的性状。寄生性是指病原物在寄主植物活体内取得营养物质而生存的能力;致病性是指病原物所具有的破坏寄主和引起病变的能力。

病原物从寄主植物获得养分,有两种不同的方式。一种是先杀死寄主植物的细胞和组织,然后从中吸取养分,称为死体营养;另一种是从活的寄主中获得养分,并不立即杀伤寄主植物的细胞和组织,称为活体营养。死体营养的病原物腐生能力一般都较强,它们能在死亡的植物残体上生存,营腐生生活,有的还可以利用土壤或其他场所的有机物与无机物长期存活。这类病原物对植物的细胞和组织的直接破坏强烈而迅速,在适宜条件下只要几天甚至几小时,就能杀伤植物的组织,对幼嫩多汁的植物组织破坏更大。活体营养的病原物是更高级的寄生物,这些病原物的寄主范围一般较窄,有较高的寄生专化性。它们的寄生能力很强,但是它们对寄主细胞的直接杀伤作用较小,这对它们在活细胞中的生长繁殖是有利的。但是,一旦寄主细胞和组织死亡,它们也随之停止生育,迅速死亡。活体营养的病原物不能脱离寄主营腐生生活。

有时,人们将只能活体寄生的寄生物,称为专性寄生物,而将兼具寄生与腐生能力的,称为兼性寄生物或兼性腐生物,前者以营腐生为主,后者以寄生为主。

2. 植物病原物的致病机制

病原物侵入寄主,对寄主植物的破坏作用是多方面的。病原物的致病性大致通过以下几种方式来实现:第一,夺取寄主的营养物质和水分。如寄生性种子植物和线虫,靠吸收寄主的营养使寄主生长衰弱,从而使植物营养不良,表现黄化、矮化、枯死等症状。第二,机械压力的破坏作用。如植物病原真菌、线虫和寄生性种子植物可以通过对寄主表面施加机械压力而侵入,造成植物表面的伤害;线虫口针的反复刺吸、虫体在寄主植物内的运动;真菌在寄主表皮下薄壁组织中形成子实体后对寄主组织造成的机械压力,使植物表皮开裂等。如:小麦秆锈病。第三,分泌各种酶类,消解和破坏植物组织和细胞。病原物产生的与致病性有关的酶有角质酶、细胞壁降解酶、蛋白酶、淀粉酶、脂酶等。例如软腐病菌分泌的果胶酶,可分解消化寄主细胞间的果胶物质,使寄主组织的细胞彼此分离,组织软化而呈水渍状腐烂;第四,毒素对植物的破坏作用。毒素是植物病原真菌和细菌代谢过程中产生的,能在非常低的浓度范围内干扰植物正常生理功能,对植物有毒害的非酶类化合物。在各类主要病原物中,病毒不产生毒素,细菌和真菌大多能产生毒素,能够使寄主植物产生褪绿、坏死、萎蔫等病变。第五,许多病原菌能合成与植物生长调节物质相同或类似的物质,严重扰乱寄主植物正常的生理过程,诱导产生徒长、矮化、畸形、赘生、落叶、顶端抑制和根尖钝化等多种形态病变。病原菌产生的生长调节物质主要有生长素、细胞分裂素、赤霉素、脱落酸和乙烯等。此外,病原物还可通过影响植物体内生长调节系统的正常功能而引起病变。

不同的病原物往往有不同的致病方式,有的病原物同时具有上述两种或多种致病方式,也有的病原物在不同的阶段具有不同的致病方式。

二、植物的抗病性

植物的抗病性是指植物避免、中止或阻滞病原物侵入与扩展,减轻发病和损失程度的一类特性。抗病性是植物与其病原生物在长期的协同进化中相互适应、相互选择的结果。抗病性植物的一种属性,是植物普遍存在的、相对的性状。所有的植物都具有不同程度的抗病性,从免疫和高度抗病到高度感病存在连续的变化,抗病性强便是感病性弱,抗病性弱便是感病性强,抗病性与感病性两者共存于一体,并非互相排斥。

1. 植物抗病性的分类

抗病性是植物的遗传潜能,其表现受寄主与病原的相互作用的性质和环境条件的共同影响。按照遗传方式的不同可将植物抗病性区分为主效基因抗病性和微效基因抗病性,前者由单个或少数几个主效基因控制,按孟德尔法则遗传,抗病性表现为质量性状;后者由多数微效基因控制,抗病性表现为数量性状。

植物抗病性的机制是非常复杂的,根据寄主植物的抗病机制不同,可将抗病性区分为被动抗病性和主动抗病性。被动抗病性是植物与病原物接触前就已具有的抗病性。主动抗病性则是受病原物侵染后所诱导的寄主保卫反应。

植物抗病反应是多种抗病因素共同作用、顺序表达的动态过程,根据其表达的病程阶段不同,又可划分为抗接触、抗侵入、抗扩展、抗损失和抗再侵染。其中,抗接触又称为避病,抗损害又称为耐病,而植物的抗再侵染则通称为诱发抗病性。

2. 植物抗病性的机制

植物在与病原物长期的共同演化过程中,针对病原物的多种致病手段,发展了复杂的抗病机制。植物的抗病机制是多因素的,有先天具有的被动抗病性因素,也有病原物侵染引发的主动抗病性因素。按照抗病因素的性质则可划分为形态的、机能的和组织结构的抗病因素,即物理抗病性因素;生理的和生物化学的抗病因素,即化学抗病性因素。

(1)物理的被动抗病性因素　是植物固有的形态结构特征,它们主要以其机械坚韧性和对病原物酶作用的稳定性而抵抗病原物的侵入和扩展。如植物表皮上的蜡质层因其可湿性差,不易沾附雨滴,不利于病原菌孢子萌发和侵入,有减轻和延续发病的作用。对直接侵入的病原菌来说,植物表皮的蜡质层越厚,抗侵入能力越强。对于从气孔侵入的病原菌,特别是病原细菌,气孔的结构、数量和开闭习性也是抗侵入因素。柑橘属不同种类植物的气孔结构与溃疡病的发生密切有关。橘的气孔有角质脊,开口狭窄,气孔通道内外难以形成连续水膜,病原细菌难以侵入,而甜橙和柚的气孔开口宽容易被侵入。另外叶片肥大、开张角度大的植物可以使叶片遮荫,表面湿度大,孢子容易萌发,就容易感病。

(2)化学的被动抗病性因素　植物普遍具有化学的被动抗病性因素,抗病植物可能含有天然抗菌物质或抑制病原菌某些酶的物质。在受到病原物侵染之前,健康植物体内就含有多种抗菌性物质,如酚类物质、皂角苷、不饱和内酯、有机硫化合物等。紫色鳞茎表皮的洋葱品种的鳞茎最外层死鳞片中含有原儿茶酸和邻苯二酚,能抑制病菌孢子萌发,防止侵入,比无色表皮品种的洋葱对炭疽病有更强的抗病性。从郁金香中已分离出抑菌性内酯郁金香苷,能使郁金香花蕊抗灰霉病。

植物化学的被动抗病性因素也可能是缺乏病原物寄生和致病所必需的重要成分。在寄主病原物相互关系中,病原真菌常产生一种寄主专化毒素,如果一种植物无这种毒素的受体或敏感部位,它就可以抵抗这种毒素,表现出抗病性。

(3)物理的主动抗病性因素　是由于病原物侵染后引起植物代谢变化从而导致的亚细胞、细胞或组织水平的形态和结构改变,能将病原物的侵染局限在细胞壁、单个细胞或局部组织中。

病原物侵染后植物细胞壁的木质化和木栓化是最常见的细胞壁保卫反应。木质素的沉积使植物细胞壁能够抵抗病原侵入的机械压力,木质素的透性较低,还可以阻断病原真菌与寄主植物之间的物质交流,防止水分和养分由植物组织输送给病原菌,也阻止了真菌的毒素和酶渗入植物组织。木栓质在细胞壁微原纤维间积累,增强了细胞壁对真菌侵染的抵抗能力,木栓化的同时常伴随植物细胞重新分裂和保护组织形成,以替代已受到损害的角质层和栓化周皮等原有的透性屏障。

病原物侵染诱导产生了胶质和侵填体引起维管束的阻塞是抵抗维管束病害的主要保卫反应,它既能防止真菌孢子和细菌等病原物随蒸腾液流上行扩展,又能导致寄主抗菌物质积累和防止病菌酶和毒素扩散。胶质是由导管端壁、纹孔膜以及穿孔板的细胞壁和胞间层产生的,其主要成分是果胶和半纤维素。侵填体是导管相邻的薄壁细胞通过纹孔膜在导管腔内形成的膨大球状体。

(4)化学的主动抗病性因素　　主要有过敏性坏死反应、植物保卫素形成和植物对毒素的降解作用等。

过敏性坏死反应是植物对非亲和性病原物侵染表现高度敏感的现象,此时受侵细胞及其邻近细胞迅速坏死,病原物受到遏制或被杀死,或被封锁在枯死组织中。过敏性坏死反应是植物发生最普遍的保卫反应类型,长期以来被认为是小种专化抗病性的重要机制,对真菌、细菌、病毒和线虫等多种病原物普遍有效。

植物保卫素是植物受到病原物侵染后或受到多种生理的、物理的刺激后所产生或积累的一类低分子量抗菌性次生代谢产物。植物保卫素对真菌的毒性较强。现在已知 21 科 100 种以上的植物产生植物保卫素,豆科、茄科、锦葵科、菊科和旋花科植物产生的植物保卫素最多。90 多种植物保卫素的化学结构已被确定,其中多数为类异黄酮和类萜化合物。类异黄酮植物保卫素主要由豆科植物产生,例如豌豆的豌豆素,大豆、苜蓿和三叶草等产生的大豆素等。类萜植物保卫素主要由茄科植物产生,例如马铃薯块茎产生的日齐素,甜椒产生的甜椒醇等。植物保卫素在病菌侵染点周围代谢活跃细胞中合成并向毗邻已被病菌定植的细胞扩散,抗病植株中植物保卫素迅速积累,病菌停止发展。

植物组织能够代谢病原菌产生的植物毒素,将毒素转化为无毒害作用的物质。植物的解毒作用是一种主动保卫反应,能够降低病原菌的毒性,抑制病原菌在植物组织中的定植和症状表达,因而被认为是重要的抗病机制之一。

三、侵染过程

病原物的侵染过程,是指从病原物与寄主植物接触、侵入到植物发病为止的过程,又称病程。病程是一个连续性的过程,为了便于分析,侵染过程通常分为接触、侵入、潜育和发病四个时期。

1. 接触期

接触期是指从病原物与寄主接触到开始萌发侵入之前这段时期。一般情况下,接触期是从病原物与寄主接触,或达到能够受到寄主外渗物质影响的根围或叶围后,开始向侵入的部位生长或运动,并形成某种侵入结构的一段时间。接触期的长短因病原物种类不同而异,如病毒和植原体的接触与侵入同时完成,真菌和细菌的接触期长短不一。

在接触期间,病原物与寄主之间有一系列的识别活动,其中包括物理和生化识别等。物理识别包括寄主表皮的作用,水和电荷的作用。关于寄主表皮的作用,包括表皮毛、表皮结构等对病原物的刺激作用,称做趋触性。单子叶植物锈菌的芽管沿纵行叶脉的生长,是物理刺激。真菌的芽管和菌丝向植物气孔分泌的水滴或有水的方向运动,这是趋水性。关于生化识别,就是趋化性,落在叶片表面上的真菌孢子,很多都能在蒸馏水中萌发,虽然它们的萌发不需要外界的营养物质,但叶片表面的营养物质对它的侵染有一定影响。如灰葡萄孢菌(*Botrytis cinerea*)的孢子在含有葡萄汁的水中要比在清水中萌芽得早而快,而在自然条件下发病轻重与湿度保持时间的长短有很大关系,所以孢子萌发和生长快慢就成为侵染的重要因素。但有时植物组织分泌到表面的某些物质也可能抑制孢子的萌发,而且有些孢子本身分泌的物质,特别是在侵染液滴中孢子浓度很高时,也能抑制孢子的萌发。抑制物质也可以由植物表面的其他微生物产生。此外,植物的分泌物也将影响病原物的生长。

对接触期病原物的影响以湿度、温度关系最大。许多真菌孢子,在湿度接近饱和的条件下虽然也能萌发,但不及在水滴中好。温度的影响也很大,它主要影响病原物的萌发和侵入速度。真菌孢子在一定的温度范围内(最低和最高)萌发,真菌孢子萌发最适温度一般在 20～25℃左右,但是各种真菌是不同的,霜霉目真菌孢子囊萌发的最适温度要低一些,子囊孢子和分生孢子萌发的最适温度则要高一些。在适宜温度下,不仅孢子萌发的百分率增加,萌发所需要的时间也较短。

2. 侵入期

侵入期是指从病原物侵入寄主到病原物与寄主建立寄主关系为止的这段时间。

植物的病原物几乎都是内寄生的,只有极少数是真正外寄生的。引起植物煤污病的小煤炱科的真菌是以附着枝附着在植物叶或果实的表面而生活,主要是以植物或者昆虫的分泌物为营养物质,有时也稍微进入到角质层,但并不形成典型的吸器。这类真菌就是典型的外寄生。白粉菌虽然也称为外寄生物,但是一般都有吸器伸入表皮细胞中,有的白粉菌的菌丝体还从气孔侵入叶肉组织中寄生。植物的寄生线虫也有外寄生的,但一般外寄生的线虫还是以头、颈伸入植物组织中吸吮植物的汁液,所以也有侵入问题。

(1)侵入途径　各种病原物的侵入途径不同,主要有直接侵入、自然孔口侵入和伤口侵入 3 种。

①直接侵入。是指病原物直接穿透寄主的角质层和细胞壁侵入。除线虫和寄生性种子植物以外,有些真菌也可以直接侵入,其中最常见和研究最多的是白粉菌属

（*Erysiphe*）、刺盘孢属（*Colletotrichum*）和黑星菌属（*Venturia*）等。直接侵入的真菌就是以侵染丝穿过植物的角质层。有的真菌穿过角质层后就在角质层下扩展，有的穿过角质层后随即穿过细胞壁进入细胞内，也有的真菌穿过角质层后先在细胞间扩展，然后再穿过细胞壁进入细胞内。

②自然孔口侵入。植物的许多自然孔口如气孔、排水孔、皮孔、柱头、蜜腺等，都可能是病原物侵入的途径，许多真菌和细菌都是从自然孔口侵入的。在自然孔口中，尤其以气孔最为重要。真菌的芽管或菌丝从气孔侵入寄主的情况是最常见的，许多细菌也是从气孔侵入的。

③伤口侵入。植物表面各种损伤的伤口，都可能是病原物侵入的途径，除去外因造成的机械损伤外，植物自身在生长过程中也可以造成一些病原物侵入的自然伤口，如叶片脱落后的叶痕和侧根穿过皮层时所形成的伤口等。

植物病毒的伤口侵入情况是比较特殊的，它需要有寄主细胞并不死亡的极轻微的伤口作为侵入细胞的途径。至于其他病原物如真菌和细菌的伤口侵入则有不同的情况。有的只是以伤口作为侵入的途径；另一种情况是一部分病原物除以伤口作为侵入途径外，还利用伤口的营养物质；最后还有一种关系更为密切的情况，即病原物先在伤口附近的死亡组织中生活，然后再进一步侵入健全的组织。这类病原物有时也称做伤口寄生物，大都是属于寄生性较弱的寄生物。

病原物的侵入途径与防治方法有关。伤口侵入的病害，应该注意在栽培和操作上避免植物的损伤和注意促进伤口的愈合。

（2）影响侵入的因素　病原物的侵入和环境条件有关，其中以湿度和温度的关系最大。湿度和温度对病菌孢子的萌发和生长及以后的侵入虽然都有影响，但影响的程度并不完全相同。在一定范围内，湿度决定孢子能否萌发和侵入，温度则影响萌发和侵入的速度。在生长季节或冬季温室中，一般温度都能满足孢子萌发的要求，因此温度不成为限制入侵的因素，而湿度条件则变化较大，常成为病菌侵入的限制因素。此外，光照与侵入也有一定的关系。对于气孔侵入的病原真菌，光照可以决定气孔的开闭，因而影响侵入。

3. 潜育期

从病原物与寄主建立寄生关系，到表现明显的症状为止，这一时期就是病害的潜育期。潜育期是病原物在植物体内进一步繁殖和扩展的时期，也是寄主植物调动各种抗病因素积极抵抗病原危害的时期。植物病害侵染过程的一般规律是：病原物的侵入并不表示寄生关系的建立，而建立了寄生关系的病原物能否得到进一步的发展从而引起病害，还要根据具体条件决定。

在病原物和寄主的关系中，营养关系是最基本的。病原物必需从寄主获得必要的营养物质和水分,才能进一步繁殖和扩展。许多病原物都能分泌淀粉酶,将淀粉等高分子碳水化合物分解为葡萄糖等低分子化合物,分泌蛋白酶,将蛋白质等含氮的高分子化合物分解为氨基酸等低分子化合物,以利病原物吸收。病原物在植物体内的繁殖和蔓延,消耗了植物的养分和水分,同时由于病原物分泌的酶、毒素和生长激素或其他物质的作用,破坏了植物的细胞和组织,促使它们增殖或膨大,植物的新陈代谢发生了显著的改变,这就是大多数病原物的致病机理。植物对于病原物的侵染并不完全是被动的,它也发生一系列的保护反应,以上这些改变都是先从生理的变化开始的。生理上的病变引起组织的改变,最后外部形态亦发生失常而出现了症状,也就是潜育期的结束。

各种病原物在植物体内繁殖和蔓延的部位是不同的。病原物的分布,有的局限在侵入点附近,形成局部的或点发性的感染,称做局部侵染;有的则从侵入点向各个部位蔓延,甚至引起全株性的感染,称做系统侵染。植物病害以局部感染的较多。有些病原真菌菌丝体仅在表皮细胞和角质层之间发展蔓延。白粉菌菌丝体大都在植物表面,而产生的吸器则伸进表皮细胞吸取养分。大部分病原真菌的菌丝体是在植物叶片、茎、根等部分的组织内蔓延,它们可以直接穿透寄主细胞(细胞内生菌丝),也可以在细胞间生长(细胞间生菌丝)。引起蒌萎症状的真菌和细菌是在维管束木质部生长的。大多数的病原细菌,开始在组织的细胞间隙蔓延,以后细胞壁破坏后,细菌才进入细胞内生长。病毒和类病毒等病原物在细胞内的蔓延是从细胞壁上的胞间连丝由一个细胞进入另一个细胞。病毒和类病毒可以在各种类型的细胞组织内蔓延,类菌原体只在维管束韧皮部细胞内寄生。绝大部分的病毒、类病毒、类菌原体病害都引起全株性的感染。

植物病害潜育期的长短是不一致的,一般 10 天左右,但是也有较短或较长的。全株性病害的潜育期一般较长。主要决定于病原物的生物学特性,常见的叶斑病潜育期一般 7～15 天,枝干病害十几天至数十天,系统性侵染的病害,特别是丛枝病类潜育期要长些。此外,环境条件和寄主的抗病性也有一定的影响。潜育期的长短亦受环境的影响,其中以温度的影响最大。在一定范围内,温度升高,潜育期缩短。寄主本身的抗病能力也影响潜育期的长短,如毛白杨锈病侵染易感病的幼叶时潜育期约为 10 天,而侵染较抗病的老叶,潜育期可延缓到 17 天。

4. 发病期

从寄主表现症状到症状停止发展为发病期。发病期是病原物扩大危害,许多病原物大量产生繁殖体出现病征的时期。许多病害症状不仅表现在病原物侵入和蔓延的部位,有时还可以影响到其他部位,甚至引起整株植物的死亡。随着症状的发展,真菌性的病害往往在受害部位产生孢子等子实体,称为产孢期。

在外界条件中,湿度、温度、光照等,对真菌孢子的产生都有一定的影响。孢子产生的最适温度一般在 25℃左右,高湿度对病斑的扩大和孢子形成的影响最显著,光照对许多真菌产生各种繁殖器官都是必需的,但对某些真菌有抑制作用。

四、侵染循环

侵染循环是指病害从前一生长季节开始发病,到下一生长季节再度发病的过程,又称做病害循环。侵染循环是研究植物病害发展规律的基础,也是研究病害防治的中心问题,病害防治措施的提出就是以侵染循环的特点为依据的。侵染循环包括以下三个环节。

1. 初(次)侵染和再(次)侵染

越冬或越夏的病原物,在植物的新一代植株开始生长以后引起最初的侵染称为初次侵染。受到初侵染的植株在同一生长季节内完成侵染过程,又产生大量的病原繁殖体,再次侵染植物,称为再次侵染或再侵染。许多植物病害在一个生长季中可能发生若干次再侵染。

一种病害是否有再次侵染,涉及到这种病害的防治方法和防治效率。有些病害在一个生长季节内只有初侵染,没有再侵染。如黑穗病、桃缩叶病、苹果锈病等,只要防止初侵染,这些病害几乎就能得到完全控制。而大多数植物病害在一个生长季节内既有初侵染,又可以发生多次再侵染。如霜霉病、白粉病、锈病等。对于这类病害,情形比较复杂,除注意初次侵染以外,还要解决再次侵染的问题,防治效率的差异也较大。

2. 病原物的越冬和越夏

病原物的越冬和越夏就是指病原物在一定场所度过寄主休眠阶段而保存自己的过程。病原物度过寄主休眠期后引起下一季节的初侵染,因此,病原物越冬和越夏的场所一般也就是初次侵染的来源。病原物越冬和越夏的场所往往比较集中,且处于相对静止状态,所以在防治上是关键时期。

不同病原物的越冬、越夏场所各异,同一病原物也可有不同的越冬场所。病原物的越冬、越夏一般有寄生、休眠、腐生等不同方式,而越冬、越夏的场所主要有土壤、植株、繁殖器官、病残体和介体昆虫等几方面。

(1)田间病株　病原物可在多年生、两年生或一年生的寄主植物上越冬、越夏。如苹果树腐烂病菌可在寄主枝干的病斑内越冬;桃缩叶病菌可潜伏在芽鳞内;十字花科蔬菜病毒可在栽培或野生的中间寄主上越夏。对许多蔬菜病害来说,保护地的病株也是病原物的越冬场所。

(2)病残体　包括寄主植物的秸秆、残枝、败叶、落花、落果和死根等各种形式的残余组织。绝大部分的弱寄生物,如多数病原真菌和细菌都能在病残体中存活,或以腐生的方式在残体上生活一段时期。病毒也可随病残体休眠。病残体对病原物既可起到一定的保护作用,增强对恶劣环境的抵抗力,也可提供营养条件,作为形成繁殖体的能源。当残体分解和腐烂的时候,其中的病原物往往也逐渐死亡和消失,因此病原物在病残体上存活的时间与病残体腐解的速度有密切关系,腐解的速度越快,存活的时间就越短。

(3)种子、苗木和其他繁殖材料　病原物可附着在种子表面、夹杂在种子间或潜伏在内部越冬,如有些病毒和植原体可在苗木、块根、鳞茎、球茎内部上越冬,菟丝子的种子混在大豆种子中,辣椒炭疽病菌以分生孢子附着在种子表面等。带病种子和各种繁殖材料,在播种和移栽后即可在田间形成发病中心,如将其作远距离的调运,则成为病害远距离传播的重要原因。世界各国在口岸实行检疫,主要是对种子和其他繁殖材料进行检验处理,防止危险性病害传播和蔓延。在播种前进行种苗处理也是一项极为重要的防病方法。

(4)土壤　土壤是许多病原物越冬或越夏的重要场所。各种病原物常以休眠体的形式保存于土壤中,也有的以腐生的方式在土壤中存活。以病原物的休眠体存活的,如鞭毛菌的休眠孢子、卵菌的卵孢子、黑粉菌的冬孢子、菟丝子和列当的种子以及线虫的胞囊或卵囊等。病原物在土壤中存活期限的长短与环境条件有关,土壤的温度低,病原物容易处于休眠状态,存活的时期就比较长。以腐生方式在土壤中存活的,根据病原物在土壤中存活能力的强弱,可分为土壤寄居菌和土壤习居菌。土壤寄居菌必须在病残体上营腐生生活,一旦寄主残体分解,便很快在其他微生物的竞争下丧失生活能力。土壤习居菌有很强的腐生能力,当寄主残体分解后能直接在土壤中营腐生生活。

(5)肥料　病菌的休眠孢子可以直接散落于粪肥中,也可以随病残体混入肥料。如作物秸秆、谷糠场土、枯枝落叶、野生杂草等残体都是堆肥、垫圈和沤肥的好材料,因此病菌经常随各种病残体混入肥料进行越冬或越夏。在有机肥未经充分腐熟的情况下,即可成为多种病害的侵染来源,如各种叶斑病菌和黑粉病菌等。有的病株残体作为饲料,当病原休眠体随秸秆经过牲畜消化道后,仍能保持其生活力,从而增加了病菌在肥料中越冬的数量。农家有机肥料中的病菌经过堆沤和充分腐熟后即可死亡,这是防治病害的重要措施。

(6)昆虫等传播介体　许多靠介体昆虫传播的持久性病毒,传播介体往往成为这些病毒的越冬场所。

3. 病原物的传播

越冬或越夏的病原物必须传播到可以侵染的植物上才能发生初侵染,初侵染产生的病原物必须在植株之间传播才能引起进一步再侵染。病原物的传播方式很多，主要分为主动传播、自然动力传播和人为传播三大类。

(1)病原物的主动传播　有些病原物可以依靠自身的能力作短距离的传播，称为主动传播。如鞭毛菌亚门的游动孢子的游动、担子菌亚门的根状菌索的主动延伸、细菌的游动、线虫的蠕动等。但是病原物主动传播的范围极其有限，仅对病菌的传播起一定的辅助作用，主动传播是不重要的。病原物的传播主要依靠自然因素和人为因素被动传播。

(2)自然动力传播　自然界中风、雨、流水、昆虫和其他动物的活动是病原物传播的主要动力。

①风力传播。一般真菌孢子数量多、体积小、重量轻，最适合气流传送。锈菌、白粉菌、霜霉菌及各类叶斑病菌的孢子都可借气流传播。气流传播的距离较远，有时在10 km以上的高空和远离海岸的海洋上空都可发现真菌的孢子。由于传播距离远，覆盖面积大，常易引起病害流行。如小麦锈菌的夏孢子，可随风传到1000 km以外，造成病害的大区流行。附在尘土、病组织碎片内的细菌、病毒、线虫的胞囊和卵囊也可随风传播。不是所有经气流传播的病原都能形成侵染，有的可能在传播过程中死亡。其传播的有效距离与病原传播体的耐久力、风向、风速、温湿度及光照等多种因素有关。

借气流远距离传播的病害防治比较困难，因为除注意消灭当地越冬的病原体以外，更要防止外地传入的病原物的侵染，有时就有必要组织大面积的联防，才能得到更好的防治效果，采用抗病品种最为有效。

②雨水传播。有些植物病原真菌、细菌和线虫可以通过雨水传播。如真菌中黑盘孢目和球壳孢目的分生孢子，多数黏聚在胶质物质中，在干燥条件下不易传播，而雨水能把胶质物质溶解，使分生孢子散入水中，随水流或雨滴飞溅进行传播。一些低等鞭毛菌的游动孢子，也只能在水滴中产生并保持它们的活动性。许多细菌病害产生的菌脓，也只有靠雨水传播。此外，雨水还可以把病株上部的病原菌冲洗到下部或土壤内，或者借雨滴的飞溅作用，把水中与土表的病原菌传播到距地面较近的寄主体上。另外，在土壤中生存的一些病原菌，如腐霉病菌、立枯病菌和软腐病菌等，均可随地面雨水或灌溉水的流动进行传播。

雨水传播的病害，一般传播距离较短，对这类病害的防治，应注意控制当地菌源，防止灌溉水从病田流向无病田。

③生物介体。多数植物病毒、类病毒、植原体等都可借助昆虫传播，其中尤以蚜虫、叶蝉、飞虱等昆虫传播为多。某些真菌和细菌也靠昆虫传播，如黄条跳甲可以传播十字花科蔬菜的软腐病菌。昆虫传播的方式可以是体内带毒或体表带毒。鸟类可以传播寄生性种子植物，如桑寄生和槲寄生的种子就是靠鸟类传播。

（3）人为因素传播　各种病原物都以多种方式由人为因素传播。在人为传播因素中，以带病的种子、苗木和其他繁殖材料的流动最重要。农产品和包装材料的流动与病原生物传播的关系很大。人为的传播往往都是远距离的，而且不受自然条件和地理条件的限制，它不像自然传播一样有一定的规律，并且是经常发生的，因此，人为的传播更容易造成病区的扩大和形成新病区。植物检疫的作用就是限制这种人为传播，避免将危险性的病害带到无病的地区。在人为因素的传播中，一般的农事操作也可以传播植物病害，如施肥、灌溉、播种、移栽、修剪、嫁接、整枝等。

五、植物病害的流行

病害在植物群体中大量而严重的发生，并对农业生产造成极大损失的状态，称为病害流行。在群体水平研究植物病害发生规律、病害预测和病害管理的综合性学科称为植物病害流行学，它是植物病理学的分支学科。

1. 植物病害流行的因素

植物病害的流行受到寄主植物群体、病原物群体、环境条件和人类活动诸方面多种因素的影响。这些因素的相互作用决定了流行的强度和广度。

（1）病害流行与病原物的关系　病原物的数量多、致病力强和高的传播效率是病害流行的基本条件之一。许多病原物群体内部有明显的致病性分化现象，具有强致病性的小种或菌株、毒株占据优势就有利于病害大流行。在种植寄主植物抗病品种时，病原物群体中具有匹配致病性（毒性）的类型将逐渐占据优势，使品种抗病性丧失，导致病害重新流行。有些病原物能够大量繁殖和有效传播，短期内能积累巨大菌量，有的病菌抗逆性强，越冬或越夏存活率高，初侵染菌源数量较多，这些都是重要的流行因素。对于生物介体传播的病害，传毒介体数量也是重要的流行因素。

（2）病害流行与寄主植物的关系　易感病的寄主植物大量而集中的存在是病害流行的必要条件。存在感病寄主植物是流行的基本前提。感病的野生植物和栽培植物都是广泛存在的。虽然人类已能通过抗病育种选育高度抗病的品种，但是现在所利用的主要是小种专化性抗病性，在长期的育种实践中因不加选择而逐渐失去了植物原有的非小种专化性抗病性，致使抗病品种的遗传基础狭窄，易因病原物群体致病性变化而丧失抗病性，沦为感病品种。农业规模经营和保护地栽培的发展，往往在特定的地区大面积种植单一农作物甚至单一品种，从而特别有利于病害的传播和病原物增殖，常导致病害大流行。

（3）病害流行与环境的关系　决定病害流行的环境条件主要包括气象条件和耕作栽培条件。环境条件不仅影响病原物的生长、繁殖、传播和越冬，也影响植物的生长发育和抗病力。一般来说，强烈削弱寄主植物抗病力或非常有利于病原物积累和侵染活动的环境条件,都是诱使病害流行的重要因素。

应该看到,病害流行的各因素都很重要,任何一种传染性病害在某个地区流行时期的早晚,发展的快慢,对生产的危害程度,都是这三个基本因素相互作用的结果。但在一定时间范围内必然有一种因素在起主要作用,强烈影响病害的发展和流行,而不能把三个因素同等看待。

2. 植物病害的流行学类型

根据病害的流行学特点不同,可分为单循环病害和多循环病害两类。

单循环病害是指在病害循环中只有初侵染而没有再侵染或者虽有再侵染,但作用很小的病害。此类病害多为种传或土传的全株性或系统性病害,其自然传播距离较近,传播效能较小。病原物可产生抗逆性强的休眠体越冬,越冬率较高,且较稳定。单循环病害每年的流行程度主要取决于初始菌量,寄主的感病期较短,在病原物侵入阶段易受环境条件影响,一旦侵入成功,则当年的病害数量基本已成定局,受环境条件的影响较小。此类病害在一个生长季中菌量增长幅度虽然不大,但能够逐年积累,稳定增长,若干年后将导致较大的流行,因而也称为"积年流行病害"。

多循环病害是指在一个生长季中病害既有初侵染,也有多次再侵染的病害,例如锈病、白粉病、霜霉病等气流和流水传播的病害。这类病害绝大多数是局部侵染的,寄主的感病时期长,病害的潜育期短。病原物的增殖率高,但其抗逆性不强,对环境条件敏感,在不利条件下会迅速死亡。病原物越冬率低,且不稳定,越冬后存活的菌量(初始菌量)不高。多循环病害在有利的环境条件下增长率很高,病害数量增幅大,具有明显的由少到多、由点到面的发展过程,可以在一个生长季内完成菌量的积累,造成病害的流行,因而又称为"单年流行病害"。

单循环病害与多循环病害的流行特点不同,防治策略也不相同。防治单循环病害,消灭初始菌源很重要,除选用抗病品种外,田园卫生、土壤消毒、种子清毒、拔除病株等措施都有良好防效。即使当年发病很少,也应采取措施抑制菌量的逐年积累。防治多循环病害主要应种植抗病品种,采用药剂防治和农业防治措施,降低病害的增长率。

第四节　观赏植物病害的诊断

植物病害的诊断是植物病害防治的前提和依据。通常根据症状、发生特点和室外检查来确定病害种类及其病因,从而为采取相应的防治措施奠定基础。植物保护工作者的职责是对有病植物作准确的诊断鉴定,然后提出合适的防治措施来控制病害,力求减少因病所造成的损失。植物医学不同于人体医学,服务的对象是植物,它的经历和受害程度,全凭植病专家的经验和知识去调查与判断。及时准确的诊断,采取合适的防治措施,可以挽救植物的生命和产量。如果诊断不及时或误诊,就会贻误防治时机,造成巨大的经济损失。

一、观赏植物病害诊断的步骤

植物病害诊断的程序:首先是仔细观察发病植物的所有症状,寻找对诊断有关键性作用的症状特点,如有无病征、是否大面积同时发生等;其次是仔细分析,包括询问和查对资料在内,要掌握尽量多的病例特点;然后再结合镜检、剖检等全面检查,观察并鉴定病原;最后确定植物病害种类。

1. 症状观察

根据症状的特点,先区别是伤害、虫害还是病害,再区别是侵染性病害还是非侵染性病害。非侵染性病害没有病征,常成片发生。侵染性病害大多数都有病征,常零散分布。

症状是诊断病害的重要依据之一。虽然观赏植物病害的症状多种多样,但是每一种植物病害的典型症状是相对固定的,具有一定的稳定性。因此,认识和掌握各种病害的典型症状是迅速诊断植物病害的基础。有些特殊病害可以仅仅通过症状观察进行诊断,如白粉病、锈病、霜霉病、黑粉病和寄生性种子植物病害等。但是有时植物病害的症状是变化的,不固定的,症状有它的复杂性,典型症状并不真典型,例外的事是常有的。如同一病原物在不同寄主上,或在同一寄主的不同发育阶段,或处在不同环境条件下,可能会出现不同症状。不同病原物也可能引起相同症状。因此,仅凭症状诊断病害,有时并不完全可靠。常常需要对发病现场进行认真的调查和观察,进一步分析发病原因或鉴定病原物。

2. 病原物的显微观察

经过现场观察和症状观察,初步鉴定为侵染性病害,可进一步进行病原物的形态观察。对于真菌性病害,可挑取、刮取或切取病组织表面或内部的病原菌进行镜检,观察植物病原真菌营养体和繁殖体的特征等,以确定病原物的分类地位和种类。如果病征不够明显,可将发病植物放在保湿器中保湿使其产生病征后再镜检。对于细菌性病害,可在显微镜下观察病组织遇水后细菌从病组织边缘呈云雾状溢出的现象,称为"细菌溢"。对于病毒病、植原体等引起的病害,因为这些病原物太小,在光学显微镜下看不见,须在电子显微镜下才能观察清楚其形态,但有些病毒病可以在光学显微镜下看到其在受病细胞内的内含体。对于观赏植物线虫病,因为其形态较大,可以在显微镜下观察其虫体。非侵染性病害没有病原生物,可以通过现场观察、治疗性诊断等方式确定病害种类。

3. 人工诱发试验

人工诱发试验即从病组织中把病菌分离出来,然后人工接种到同种植物的健康植株上,以诱发病害发生。如果被接种的健康植株产生同样症状,并能再一次分离出相同的病菌,就能确定该菌为这种病害的病原菌。

柯赫氏法则(Koch's Rule),又称柯赫氏证病律,是确定侵染性病害病原物的操作程序。如发现一种不熟悉的或新的病害时,可应用柯赫氏法则的四步来完成诊断与鉴定。

柯赫氏法则表述为:①在病植物上常伴随有一种病原生物存在;②该微生物可在离体的或人工培养基上分离纯化而得到纯培养;③将纯培养接种到相同品种的健株上,出现症状相同的病害;④从接种发病的植物上再分离到纯培养,其性状与接种物相同。

如果进行了上述四步鉴定工作,得到确实的证据,就可以确认该微生物即为该病害的病原物。但有些专性寄生物如病毒、菌原体、霜霉菌、白粉菌和一些锈菌等,目前还不能在人工培养基上培养,所以不能使用柯赫氏法则,可以采用其他实验方法来加以证明。

非侵染性病害可以采用治疗性诊断方法,就是以某种怀疑因素来代替病原物的作用。例如当判断是缺乏某种元素引起病害时,可以补施某种元素来缓解或消除其症状,即可确认是某元素的作用。

二、植物病害的诊断要点

植物病害的诊断,首先要区分是属于侵染性病害还是非侵染性病害,区分病害的类型可以缩小病害诊断的范围。许多植物病害的症状有很明显的特点,一个有经验或观察仔细善于分析的植病工作者是不难区分的。但在多数情况下,正确的诊断还需要作详细和系统的检查,而不仅仅是根据外表的症状。

1. 侵染性病害的诊断

侵染性病害的特征是病害有一个发生发展或传染的过程;在特定的品种或环境条件下,病害轻重不一;在病株的表面或内部可以发现其病原物存在(病征),它们的症状也有一定的特征。大多数的真菌病害、细菌病害和线虫病害以及所有的寄生植物都可以在病部表面看到病原物,少数要在组织内部才能看到。有些真菌和细菌病害,所有的病毒病害和原生动物的病害,在植物表面没有病征,但症状特点仍然是明显的。

(1)真菌病害　大多数真菌病害在病部产生病征,或稍加保湿培养即可长出子实体来。但要区分这些子实体是真正病原真菌的子实体,还是次生或腐生真菌的子实体,因为在病斑部,尤其是老病斑或坏死部分常有腐生真菌和细菌污染,并充满表面。

较为可靠的方法是从新鲜病斑的边缘作镜检或分离,选择合适的培养基是必要的,一些特殊性诊断技术也可以选用。按柯赫氏法则进行鉴定,尤其是接种后看是否发生同样病害是最基本的,也是最可靠的一项。

(2)细菌病害　大多数细菌病害的症状有一定特点,初期有水渍状或油渍状边缘,半透明,病斑上有菌脓外溢,斑点、腐烂、萎蔫、肿瘤大多数是细菌病害的特征,部分真菌也引起萎蔫与肿瘤。切片镜检有无喷菌现象是最简便易行又最可靠的诊断技术,要注意制片方法与镜检要点。用选择性培养基来分离细菌挑选出来再用于过敏反应的测定和接种也是很常用的方法。革兰氏染色、血清学检验和噬菌体反应也是细菌病害诊断和鉴定中常用的快速方法。

(3)病毒病害　病毒病的症状以花叶、矮缩、坏死为多见,无病征,撕取表皮镜检时有时可见有内含体。在电镜下可见到病毒粒体和内含体。采取病株叶片用汁液摩擦接种或用蚜虫传毒接种可引起发病;用病汁液摩擦接种在指示植物或鉴别寄主上可见到特殊症状出现。用血清学诊断技术可快速作出正确的诊断。必要时作进一步的鉴定试验。

(4)线虫病害　在植物根表、根内、根际土壤、茎或籽粒(虫瘿)中可见到有线虫寄生,或者发现有口针的线虫存在。线虫病的病状有:虫瘿或根结、胞囊、茎(芽、叶)坏死、植株矮化黄化、缺肥状。

(5)寄生性植物引起的病害　在病植物体上或根际可以看到其寄生物,如寄生藻、菟丝子、独脚金等。

(6)植原体病害　特点是植株矮缩、丛枝或扁枝,小叶与黄化,少数出现花变叶或花变绿。只有在电镜下才能看到菌原体。注射四环素以后,初期病害的症状可以隐退消失或减轻。对青霉素不敏感。

(7)复合侵染的诊断　当一株植物上有两种或两种以上的病原物侵染时可能产生两种完全不同的症状,如花叶和斑点、肿瘤和坏死。首先要确认或排除一种病原物,然后对第二种作鉴定。两种病毒或两种真菌复合侵染是常见的,可以采用不同介体或不同鉴别寄主过筛的方法将其分开。柯赫氏法则在鉴定侵染性病原物时是始终要遵守的一条准则。

2. 非侵染性病害的诊断

非侵染性病害的特征是从病植物上看不到任何病征,也分离不到病原物;往往大面积同时发生同一症状的病害;没有逐步传染扩散的现象等。具有上述特征大体上可考虑是非侵染性病害。除了植物遗传性疾病之外,主要是不良的环境因素所致。不良的环境因素种类繁多,但大体上可从发病范围、病害特点和病史几方面来分析。

（1）病害突然大面积同时发生，发病时间短，只有几天，大多数可能是由于大气污染、三废污染或气候因素如冻害、干热风、日灼所致。

（2）病害只发生在某一品种上，出现生长不良或有系统性症状的表现，多为遗传性障碍所致。

（3）出现明显的枯斑、灼伤，并且多集中在植物某一部位的叶或芽上，无既往病史，多数是由于使用农药或化肥不当所致。

（4）明显的缺素症状，多见于老叶或顶部新叶。

非侵染性病害约占植物病害总数的 1/3，植病工作者应该充分掌握对非侵染性病害的诊断技术。只有分清病因以后，才能准确地提出防治对策，提高防治效果，减少农业损失。

复习思考题

1. 什么叫植物病害？发生植物病害的原因有哪些？

2. 阐述植物病害发生的基本要素。

3. 调查温室内植物病害发生情况，指出病害症状类型。

4. 什么是真菌？

5. 真菌的营养体有哪些类型？

6. 真菌的菌组织有哪两类？构成的菌组织结构有哪些类型？

7. 真菌是如何繁殖的？

8. 真菌无性孢子和有性孢子各有哪些？

9. 什么是真菌生活史？

10. 植物病原真菌是如何分类的？

11. 真菌五个亚门的主要特征是怎样的？

12. 与观赏植物病害相关的细菌有哪些？可引起哪些病害？

13. 什么是植物病毒？其形态、结构和组分是怎样的？

14. 病毒的理化性状包括什么？

15. 植物病毒的传播途径有哪些？最主要的是什么？

16. 植物病原线虫是如何对植物致病的？

17. 与观赏植物病害相关的线虫有哪些？特征如何？

18. 什么是寄生性植物？什么是全寄生、半寄生、根寄生、茎寄生？

19. 引起非侵染性病害的因子主要有什么？分别对植物造成怎样的危害？

20. 为什么说植物病原物的寄生性和致病性是其最基本的两个属性？

21. 病原物的致病因素包括哪几个方面？

22. 植物主动抗病因素的抗病作用有何特点？与植物的被动抗病因素有何异同。
23. 简述各种类型病原物侵入寄主的途径和机制。
24. 谈谈植物病原物的主要越冬和越夏场所(初侵染来源)。
25. 试述各种病原物传播的方式和方法。
26. 多循环病害和单循环病害各有什么特点，在防治策略上有什么不同？
27. 怎样才能快速、准确地诊断植物病害？
28. 试述柯赫氏法则的含义。

第二章　观赏植物昆虫的基础知识

第一节　昆虫的形态结构

　　危害观赏植物的害虫及与观赏植物相关的昆虫数以万计,它们生活在错综复杂的环境中,通过长期适应环境和自然选择,昆虫的外部形态和生物学特性等发生了很大变异,形成了丰富的生物多样性。但其基本构造及其功能却是一致的。昆虫属于无脊椎动物的节肢动物门(Arthropoda)昆虫纲(Insecta)。节肢动物的共同特征是体躯左右对称,具有外骨骼的躯壳;体躯由一系列体节组成;有些体节上有成对的分节附肢,故名"节肢动物";循环系统位于体背面,神经系统位于体腹面。昆虫纲除具有以上节肢动物门的共同特征外,其成虫还具有以下特征(图 2-1)。

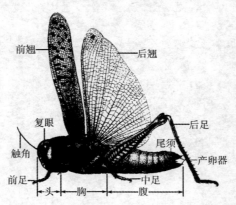

图 2-1　东亚飞蝗[*Locusta migratoria manilensis* (Meyen)]体躯的基本构造
(仿彩万志)

（1）体躯分成头、胸和腹部 3 个体段。

（2）头部有 1 对触角和口器，还有复眼和单眼。

（3）胸部有 3 对足，一般还有 2 对翅。

（4）腹部大多数由 9～11 个体节组成，末端具有肛门和外生殖器。

掌握以上特征，就可以把昆虫与节肢动物门的其他常见类群（图 2-2）分开。如多足纲（Myriopoda）（如蜈蚣、马陆等）体分头部和胴部 2 个体段，胴部每节有足 1～2 对；甲壳纲（Crustacea）（如虾、蟹、鼠妇、水蚤等）体分头胸部和腹部 2 个体段，触角 2 对，足至少 5 对，无翅；蛛形纲（Arachnida）（如蜘蛛、蜱、螨、蝎等）体分头胸部、腹部或颚体与躯体 2 个体段，无触角而有须肢 1 对，有足 4 对，无翅。

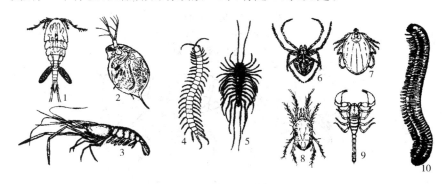

图 2-2　节肢动物门常见类群

1. 剑水蚤　2. 水蚤　3. 虾　4. 蜈蚣　5. 钱串子　6. 蜘蛛　7. 蜱　8. 螨　9. 蝎　10. 马陆

（仿李照会）

一、昆虫的头部

头部是昆虫体躯最前的一个体段，以膜质的颈与胸部相连。头上着生触角、复眼、单眼等感觉器官和取食的口器，所以头部是昆虫感觉和取食的中心。

1. 头部的构造

昆虫的头部由若干环节愈合而成（图 2-3）。各节已愈合成为一个坚硬的头壳而无法辨别。昆虫的头壳表面由于有许多的沟和缝，从而将头部划分为若干区。这些沟、缝和区都有一定的名称。

昆虫的头部，由于口器着生位置不同，可分为 3 种头式（图 2-4）。

（1）下口式　口器着生在头部的下方，头部纵轴与体躯纵轴几乎成直角。大多见于植食性昆虫，如蝗虫等。

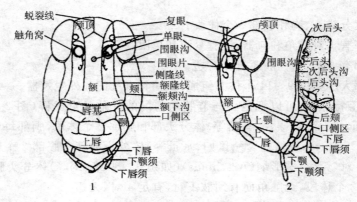

图 2-3　东亚飞蝗的头部

1. 头部正面观　2. 头部侧面观

（仿陆近仁,虞佩玉）

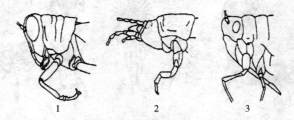

图 2-4　昆虫的头式

1. 下口式　2. 前口式　3. 后口式

（仿 Chapman）

（2）前口式　口器着生在头的前方,头部纵轴与体躯纵轴近于一直线。大多见于捕食性昆虫,如步甲等。

（3）后口式　口器从头的腹面伸向体后方,头部纵轴与体躯的纵轴成锐角。多见于刺吸植物汁液的昆虫,如蚜虫、叶蝉等。

昆虫头式的不同,反应了取食方式的差异,是昆虫对环境的适应。利用头式还可区别昆虫大的类别,因此昆虫头式也是分类学的特征。

2. 昆虫的触角

昆虫中除少数种类外,头部都有 1 对触角,一般位于头部前方或额的两侧,其形状构造因种类而异。

（1）触角的基本构造　触角的基本构造由 3 部分组成（图 2-5A）:

①柄节。为触角连接头部的基节,通常粗短,以膜质连接于触角窝的边缘上。

②梗节。为触角的第 2 节,一般比较细小。

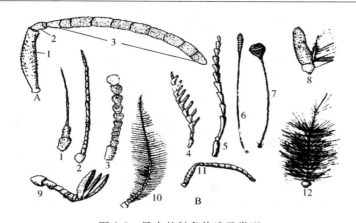

图 2-5　昆虫的触角构造及类型

A. 触角的构造:1. 柄节　2. 梗节　3. 鞭节

B. 触角的类型:1. 刚毛状　2. 丝状　3. 念珠状　4. 栉齿状　5. 锯齿状　6. 棍棒状

7. 锤状　8. 具芒状　9. 鳃片状　10. 双栉齿状　11. 膝状　12. 环毛状

(仿周尧)

③鞭节。为梗节以后各节的统称,通常由若干形状基本一致的小节或亚节组成。

柄节、梗节直接受肌肉控制,鞭节的活动由血压调节,受环境中气味、湿度、声波等因素的刺激而调整方向。

(2)触角的类型　由于昆虫的种类和性别不同,触角的形状变化多样,其变化主要在于鞭节。大体上有以下几种类型(图 2-5B)。

①刚毛状(鬃形、鞭状)。触角很短,基部 2 节粗大,鞭节纤细似刚毛。如蝉和蜻蜓的触角。

②丝状(线形)。除基部两节稍粗大外,其余各节大小相似,相连成细丝状。如蝗虫和蟋蟀的触角。

③念珠状(连珠形)。鞭节各节近似圆珠形,大小相似,相连如串珠。如白蚁的触角。

④锯齿状。鞭节各节近似三角形,向一侧作齿状突出,形似锯条。如叩头甲及绿豆象雌虫的触角。

⑤栉齿状(梳形)。鞭节各节向一边作细枝状突出,形似梳子。如雄性绿豆象的触角。

⑥双栉齿状(羽形)。鞭节各节向两侧作细丝状突出,形似鸟羽。如雄蚕蛾的触角。

⑦膝状(肘形)。柄节特长,梗节细小,鞭节各节大小相似与柄节成膝状屈折相接。如胡蜂的触角。

⑧具芒状。触角短,鞭节仅 1 节,但异常膨大,其上有刚毛状的触角芒。如蝇类的触角。

⑨环毛状。鞭节各节都具 1 圈细毛,愈近基部的毛愈长。如雄蚊的触角。

⑩棍棒状(球杆形)。基部各节细长如杆,端部数节逐渐膨大,以至整个形似棍棒。如蝶类的触角。

⑪锤状。基部各节细长如杆,端部数节突然膨大似锤。如瓢虫的触角。

⑫鳃片状。触角端部数节扩展成片状,相叠一起形似鱼鳃。如金龟子的触角。

(3)触角的功能 触角是昆虫重要的感觉器官,具有嗅觉和触觉的功能。触角对昆虫的取食、求偶、选择产卵场所和逃避敌害都具有十分重要的作用。有些昆虫的触角还有其他的功能。如雄蚊的触角具有听觉的作用;雄芫菁的触角在交配时,可以抱握雌体;螳蚊的触角有捕食小虫的能力;水龟虫成虫的触角能吸取空气;仰泳蝽的触角具有保持身体平衡的作用。

3. 复眼

复眼位于昆虫头部的侧上方,常呈卵圆形、圆形或肾形,由一至多个小眼集合而成。成虫和不全变态类的若虫及稚虫,一般都有 1 对复眼。但眼天牛属、二翅蜉蝣属和豉甲属每侧的复眼各分为 2 个;一些雄性双翅目和膜翅目昆虫的复眼背面相接合并为一体;原尾目和双尾目无复眼,虱目、蚤目、雌性介壳虫和一些穴居昆虫的复眼常退化或消失。善于飞翔的昆虫,复眼趋向于扩大和向外鼓出以开阔视野。昆虫复眼的小眼数目变化很大。多数昆虫每个复眼大体由几千个小眼组成,但猛蚁(*Ponera punctatissima*)的工蚁每个复眼仅由 1 个小眼组成,而蜻蜓每个复眼的小眼可达 30 000 个。

复眼是昆虫的主要视觉器官,对光的强度、波长、颜色等都有较强的分辨能力,而且还能看到人类所不能看到的短光波,尤其对 330～400 nm 的紫外光敏感。许多昆虫都有趋绿的习性,蚜虫则有趋黄反应。复眼还能够分辨近处的物体,特别是运动着的物体。视觉的清晰程度与小眼的数目、大小及构造有关,小眼数目越多,造像越清晰。

4. 单眼

单眼也是视觉器官,但单眼只能感受光的强弱与方向,不能分辨物体,也不能分辨颜色。昆虫的单眼可分为背单眼和侧单眼两类。

(1)背单眼 成虫和不全变态类若虫及稚虫的单眼位于额区的上部,称为背单眼。大多数昆虫有 2～3 个背单眼,极少种类仅 1 个,原尾目、纺足目、捻翅目、半翅目的盲蝽科和红蝽科等无背单眼。若背单眼为 3 个,则常呈倒三角形排列。

(2)侧单眼 全变态昆虫幼虫的单眼位于头部两侧,称为侧单眼。侧单眼通常

1～7对，呈单行、双行或弧形排列。膜翅目叶蜂幼虫的侧单眼仅有 1 对；鳞翅目幼虫的侧单眼多为 6 对，且常排成弧形；高等双翅目幼虫无侧单眼。

5. 口器

口器是昆虫的取食器官，也称取食器。由属于头部体壁构造的上唇和舌，以及头部的 3 对附肢，即上颚、下颚和下唇共 5 部分组成。各种昆虫因食性和取食方式的不同，形成了不同的口器类型。主要包括下面几种常见类型。

(1)咀嚼式口器　特点是具坚硬而发达的上颚以咬碎固体食物。无翅亚纲和有翅亚纲的𫍯翅目、直翅目、鞘翅目成虫与幼虫，蜚蠊目、蜻蜓目、脉翅目和膜翅目成虫以及很多类群的若虫和稚虫都是这种口器类型。其中以直翅目昆虫的口器最为典型。现以东亚飞蝗为例叙述如下(图 2-6)。

上唇：是衔接在唇基前缘盖在上颚前面的 1 个宽叶状双层薄片。其外壁骨化，表

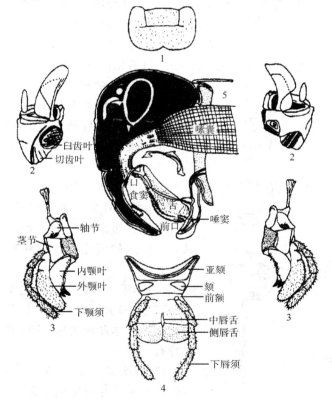

图 2-6　东亚飞蝗口器的构造
1. 上唇　2. 上颚　3. 下颚　4. 下唇　5. 头部纵切面
(仿陆近仁、虞佩玉)

面有一些次生沟;内壁膜质,着生有感觉器。上唇作为口器的上盖,有防止食物外落的功能。上唇可以前后运动,或稍作左右活动。

上颚:位于上唇后方的 1 对坚硬、不分节的锥状构造。上颚端部具齿的部分称为切齿叶,用以切断和撕裂食物;基部粗糙面叫臼齿叶,用以磨碎食物。上颚具有握持、切断、撕破和咀嚼食物及御敌、筑巢和造蜡的功能。上颚仅能做左右活动。

下颚:为上颚后方与下唇前方的 1 对分节构造。可分为轴节、茎节、外颚叶、内颚叶和下颚须 5 个部分。有协助上颚握持和刮切食物以及嗅觉和味觉的功能。下颚可以做前后和左右活动。

下唇:是下颚后面、头孔下方的 1 对分节构造。可分为后颏、前颏、侧唇舌、中唇舌和下唇须 5 个部分。后颏又可分为基部的亚颏和端部的颏。下唇有味觉和托挡食物的功能,可以做前后和左右活动。

舌:是头部颚节区腹面体壁扩展成的 1 个囊状构造,位于口前腔中央、下唇前方。舌表面有浓密的毛和感觉器,司味觉作用,并帮助吞咽食物。

具有咀嚼式口器的昆虫,其口器各部分的构造随虫态、食性、习性等稍有变化。鳞翅目幼虫口器的上唇和上颚与一般咀嚼式口器相似,但下颚、下唇和舌愈合成 1 个复合体,两侧为下颚,中央为下唇和舌,端部具有 1 个突出的吐丝器,末端的开口即为下唇腺特化而成的丝腺开口。膜翅目叶蜂幼虫的口器与鳞翅目幼虫基本相似,下颚、下唇和舌也构成复合体,但复合体中央端部无突出的吐丝器。

咀嚼式口器是最基本、最原始的类型,其他口器类型(图 2-7)都是由此演化而来的,尽管各个组成部分外形有很大变化,但都可以从其基本构造的演化过程找到它们之间的同源关系。

(2)嚼吸式口器 特点是上颚发达以咀嚼花粉、筑巢和御敌,下颚和下唇特化成可临时组成吮吸液体食物的喙,为膜翅目蜜蜂总科成虫特有。

(3)虹吸式口器 特点是上颚消失,由下颚的 1 对外颚叶特化成 1 条卷曲能伸展的喙,适于吮吸花管底部的花蜜,为绝大多数鳞翅目成虫所特有。上唇只是 1 条很窄的横片;下颚的轴节和茎节缩入头内,下颚须不发达;舌

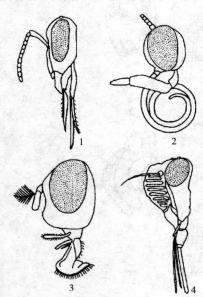

图 2-7 其他常见口器类型
1. 嚼吸式 2. 虹吸式 3. 舐吸式 4. 刺吸式
(仿 Elzinga)

退化;下唇退化成三角形小片,但下唇须发达,卷曲的喙被夹在两下唇须之间。

(4)舐吸式口器　特点是口器主要由下唇特化成的喙构成。为双翅目蝇类成虫所特有。例如家蝇的口器:上颚消失,下颚除留有 1 对下颚须外,其余部分也消失。口器由基喙、中喙和端喙组成。

家蝇取食时,喙伸直,唇瓣展开平贴在食物表面,在唧筒的抽吸作用下,液体食物经环沟和纵沟汇到前口,再经食物道流入消化道。不取食时喙折叠于头下或缩入头内。

(5)锉吸式口器　为蓟马类昆虫所特有。特点是上颚不对称(右上颚退化或消失),两下颚口针组成食物道,舌和下唇间构成唾道,上唇、下颚的一部分及下唇组成喙,右上颚退化或消失,左上颚和下颚的内颚叶特化成口针,下颚须和下唇须短小。

这类昆虫取食时,先以左上颚口针锉破寄主表皮,然后以喙端贴于寄主表面,借唧筒的抽吸作用将汁液吸入消化道内。

(6)刺吸式口器　这种口器能刺入动植物的组织内吸取血液或汁液,为同翅目、半翅目、蚤目和双翅目蚊类昆虫所具有。如蝉的口器中的上颚和下颚延长,特化成细长的口针;食窦的前肠咽喉部分形成强有力的抽吸机构——咽喉唧筒。

除上述几种口器之外,昆虫还有刮吸式口器和捕吸式口器等。

二、昆虫的胸部

胸部是昆虫的第 2 体段,位于头部之后。在胸部和头部之间有一环状的颈膜相连。颈膜上有一些小骨片,其中位于两侧的侧颈片上着生有肌肉,可使头部前伸、后缩及上下和左右活动。胸部着生有足和翅,所以是运动中心。

1. 胸部的构造

胸部由前胸、中胸和后胸 3 节组成。各节均具胸足 1 对,分别称为前足、中足和后足。多数昆虫在中、后胸上还各具翅 1 对,分别称为前翅和后翅。

胸部的每一胸节都由 4 块骨板构成。位于背面的称背板,左右两侧的称侧板,下面的称腹板。骨板按其所在的胸节而命名,如前胸的背板称前胸背板,中胸的称中胸背板。骨板又被若干沟划分成一些骨片,这些骨片又各有其名称,如前胸背板后方常有 1 块小型骨片称为小盾片(属于中胸),其形状、大小、色泽常作为辨别昆虫种类的依据。

2. 胸足的构造与类型

(1)胸足的构造　胸足着生在各胸节的侧腹面,是胸部的行动附肢。成虫的胸足自基部向端部常分为基节、转节、腿节、胫节、跗节和前跗节 6 节(图 2-8)。

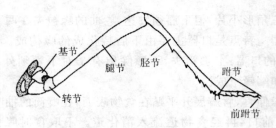

图 2-8　昆虫胸足的基本构造

(仿 Chapman)

基节:常粗短,多呈圆锥形,但捕食性种类的前足基节却很长,如螳螂的前足基节。

转节:常短小,为 1 节,但蜻蜓和钩腹蜂等昆虫的转节为 2 节。

腿节:又叫股节。常是胸足中最粗长的 1 节。在善跳昆虫中,后足腿节明显膨大。

胫节:一般细长,末端常有距。在螽斯和蟋蟀等昆虫中,胫节上还有听器。

跗节:分 1~5 个亚节。各亚节间以膜相连,可以活动。如原尾目、双尾目、部分弹尾目和多数全变态昆虫幼虫的跗节为 1 节,有翅亚纲成虫和不全变态类若虫及稚虫的跗节多为 2~5 节。第 1 跗节又叫基跗节。

前跗节:是胸足最末 1 节,不同种类昆虫前跗节的构造不同。原尾目、部分弹尾目、部分全变态昆虫幼虫的前跗节为单一爪,多数昆虫的前跗节是两个侧爪,而直翅目昆虫两侧爪中间有 1 个中垫;蝇类昆虫两侧爪下还有爪垫,两侧爪间有爪间突;部分昆虫(如衣鱼)的前跗节是两个侧爪和 1 个中爪。

(2)胸足的类型　胸足的原始功能是运动,但由于适应不同的生活环境,足的形态和功能发生了相应的变化。根据足的形态与功能,可将胸足分为下面常见的类型(图 2-9)。

步行足:一般较细长,适于行走,无显著的特化现象,是最常见的胸足类型,如步甲的足。

跳跃足:腿节特别发达,胫节健壮,用于跳跃。如蝗虫和蟋蟀的后足。

开掘足:胫节和跗节常宽扁,外缘具齿,适于开挖。如蝼蛄和金龟子等土居昆虫的前足。

捕捉足:基节特别延长,腿节和胫节的相对面上多具齿形成捕捉构造。如螳螂、螳蛉和螳螂的前足。

携粉足:后足胫节宽扁,两边有长毛,构成携带花粉的花粉篮;基跗节长扁,内侧约有 10 排毛刷,用以梳集花粉。如蜜蜂总科昆虫的后足。

游泳足:足扁平桨状,有较长的缘毛,适于划水。如龙虱等水生昆虫的足。

抱握足:较粗短,跗节特别膨大,且具吸盘状结构,在交配时能抱持雌虫。如雄性龙虱的前足。

攀握足:各节较粗短,胫节端部有 1 个指状突,与跗节及呈弯爪状的前跗节构成钳状构造,能牢牢夹住寄主的毛发。如生活于毛发上的虱类昆虫的足。

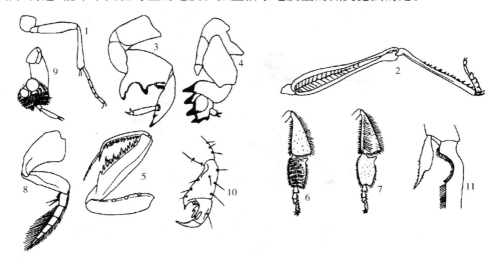

图 2-9 昆虫胸足的基本类型

1. 步行足 2. 跳跃足 3～4. 开掘足 5. 捕捉足 6～7. 携粉足 8. 游泳足

9. 抱握足 10. 攀握足 11. 示净角器

(1～2、4～5、8仿周尧,3仿 Pesson,6～7、9仿 Snodgrass,10仿 Séguy,11仿 Schönitzer & Lawitzky)

3. 翅的基本构造与类型

昆虫是无脊椎动物中唯一有翅的类群,也是动物界中最早出现翅的类群。

(1)翅的基本构造 翅通常近三角形,有 3 条边和 3 个角。翅展开时,前面的边缘称前缘,后面靠近虫体的边缘称为后缘或内缘,在前缘与后缘之间与翅基部相对的一边称外缘。前缘与后缘之间的夹角称肩角,前缘与外缘之间的夹角称顶角,外缘与后缘之间的夹角称臀角。

翅面上常发生一些褶线,可将翅分为 3～4 个区。基褶位于翅基部,将翅基划为 1 个小三角形的腋区;翅后部有臀褶,在臀褶前方的区域称臀前区,臀褶后方的区域称臀区。通常,高等昆虫的臀区较小,较低等昆虫的臀区较发达,栖息时折叠在臀前区下。有些昆虫在臀区后还有 1 条轭褶,其后为轭区(图 2-10)。

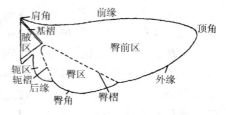

图 2-10 昆虫翅的基本构造

(仿 Oldroyd)

（2）翅的类型　根据翅的形状、质地与功能，可将昆虫的翅分为下列几种常见类型（图 2-11）。

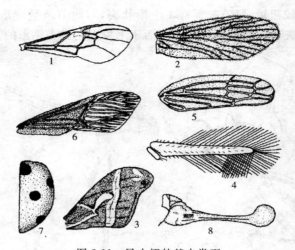

图 2-11　昆虫翅的基本类型

1. 膜翅　2. 毛翅　3. 鳞翅　4. 缨翅　5. 覆翅　6. 半鞘翅　7. 鞘翅　8. 棒翅

（1 仿何俊华，2～8 仿彩万志）

膜翅　膜质，薄而透明，翅脉明显可见，是昆虫中最常见的翅类型。如蜂类的前后翅均为膜翅，故称膜翅目。

毛翅　膜质的翅面上被毛，多不透明或半透明。如石蛾的前后翅均为毛翅，故称毛翅目。

鳞翅　膜质的翅面上密被鳞片，外观不透明。如蛾、蝶类的前后翅均为鳞翅，故称鳞翅目。

缨翅　膜质，狭长，透明，翅脉退化，翅缘有长缨毛。如蓟马的前后翅均为缨翅，故称缨翅目。

覆翅　革质，多不透明或半透明，翅脉大多可见。如直翅目昆虫的前翅。这种翅不司飞行功能，主要起保护作用。

半鞘翅　又叫半翅。翅的基半部角质，翅脉一般不可见；端半部膜质，翅脉清晰可见。如蝽类的前翅为半翅，故称半翅目。

鞘翅　翅质地坚硬，角质化，翅脉一般不可见。甲虫类的前翅为鞘翅，故称鞘翅目。这种翅不司飞行，起保护作用。

棒翅　或称平衡棒。呈棍棒状，能起感觉和平衡体躯的作用。如双翅目昆虫和介壳虫雄虫的后翅，以及捻翅目雄虫的前翅。

（3）翅脉和脉序（图 2-12）　翅脉是翅的两层薄壁间纵横分布的脉纹，由气管部位加厚形成,对翅面起支架作用。翅脉主要分为纵脉与横脉。纵脉是从翅基部伸向翅边缘的脉,与早期气管分支有关,用大写英文字母表示。横脉是横列在两条纵脉之间的短脉,与早期气管分布无关,用小写英文字母表示。当纵脉向翅面上隆起时,又称凸脉,用"+"表示;反之称凹脉,用"－"表示。翅面被翅脉划分成的小区叫翅室。当翅室四周完全为翅脉包围或仅基方与翅基相通时称闭室;有一边不为翅脉包围并向翅缘开放的称开室。翅室的名称以其前缘的纵脉名称表示,如 R 脉主干后的翅室叫径室。

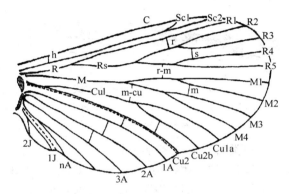

图 2-12　昆虫假想模式脉序图

(仿 Ross)

　　脉序是指翅脉在翅面的排布形式,又称脉相。不同类群的脉序存在一定的差别,而同类昆虫的脉序又相对稳定和相似。所以,脉序是研究昆虫分类和系统发育的重要依据。目前,在形态学和分类学上较普遍采用的脉序是 Comstock 和 Needham (1898)提出的假想原始脉序,其翅脉命名系统叫康—尼系统(Comstock-Needham system)。这一系统虽经后来学者改进,但基本内容无多大变动。

　　(4)翅的连锁　在等翅目、脉翅目和蜻蜓目昆虫中,前后翅不相关连,飞翔时各自动作,这类昆虫叫双动类;而其他昆虫只用 1 对翅飞行,则叫单动类。同翅目、半翅目、鳞翅目和膜翅目等昆虫的前翅发达并用作飞行器官,后翅不发达,在飞行时须以某种构造挂连在前翅上,用前翅来带动后翅飞行。在后一类昆虫中,前后翅之间常借一些连锁器连接起来以相互配合、协调运动。昆虫翅的连锁有如下几种主要类型(图 2-13)。

　　①翅抱型。又叫膨肩型或贴接型。蝶类和一些蛾类(如枯叶蛾和天蚕蛾等)的后翅肩角膨大并有短肩脉,突伸于前翅后缘之下,以使前后翅在飞翔过程中动作协调一致。

　　②翅轭型。低等蛾类如蝙蝠蛾,其前翅轭区基部有 1 个指状突起叫翅轭,飞行时伸在后翅前缘夹住后翅,以使前后翅保持连接。

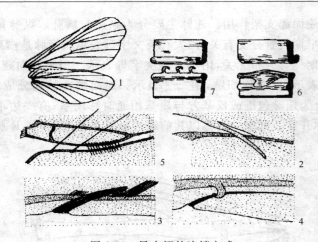

图 2-13　昆虫翅的连锁方式
1. 翅抱型　2. 翅轭型　3～5. 翅缰型　6. 翅褶型　7. 翅钩型
（1仿彩万志，2～7仿 Tillyard）

　　③翅缰型。大部分蛾类后翅前缘基部有 1 或 2～9 根强大的鬃毛称翅缰，在前翅腹面翅脉上有 1 簇毛或鳞片，称为翅缰钩，飞翔时以翅缰插入翅缰钩内连接前后翅。

　　④翅褶型。部分半翅目和同翅目蝉类等昆虫的前翅后缘有 1 个向下卷起的褶，在后翅的前缘有 1 段短而向上卷起的褶，飞翔时前后翅的卷褶挂连在一起协调动作。

　　⑤翅钩型。膜翅目和同翅目蚜虫的后翅前缘中部着生有 1 排向上后弯曲的小钩称翅钩列，在前翅后缘有 1 条向下卷起的褶，飞行时翅钩列即挂在卷褶上协调动作。

三、昆虫的腹部

　　昆虫的腹部是体躯的第 3 体段，前面与胸部相连，是昆虫新陈代谢和生殖的中心。

1. 腹部的基本构造

　　昆虫腹部的原始节数应为 12 节。在现代昆虫中，仅见于一些昆虫的胚胎期和原尾目的成虫，其他昆虫至多有 11 节，一般为 9～10 节，部分双翅目和膜翅目青蜂科的可见腹节只有 3～5 节。

　　腹部除末端有外生殖器和尾须外，一般无附肢，第 1～8 腹节两侧常有气门 1 对。腹节具背板和腹板，两侧只有膜质的侧膜，不像胸部有发达的侧板。由于腹节背板常向下延伸，侧膜往往被背板所遮盖。

2. 腹部的附器

　　昆虫腹部的末端着生外生殖器，有些种类还着生 1 对尾须。鳞翅目、长翅目和膜翅目叶蜂类幼虫的腹部还有腹足。

（1）外生殖器　　是昆虫生殖系统的体外部分，用以交配、授精或产卵器官的统称。主要由腹部生殖节上的附肢特化而成。雌性的外生殖器称为产卵器，雄性的外生殖器称为交配器。

①产卵器。一般为管状构造，通常由 3 对产卵瓣组成。着生在第 8 腹节上的产卵瓣称为第 1 产卵瓣或腹产卵瓣（腹瓣），其基部的生殖突基片称为第 1 副瓣片；着生在第 9 腹节上的产卵瓣称为第 2 产卵瓣或内产卵瓣（内瓣），基部的生殖突基片称为第 2 副瓣片；在第 2 副瓣片上常有向后伸出的 1 对瓣状外生物，称为第 3 产卵瓣或背产卵瓣（背瓣）（图 2-14）。

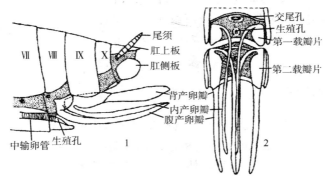

图 2-14　有翅亚纲昆虫产卵器构造模式图
1. 腹部末端侧面观　2. 腹部末端腹面观
（仿 Snodgrass）

②交配器。其构造比产卵器复杂，且常隐藏于体内，交配时才伸出体外。主要包括将精子输入雌性的阳茎及交配时挟持雌体的抱握器。多数有翅亚纲昆虫的交配器构造复杂，在不同类群间差异十分明显，在同一类群内又比较稳定，常作为昆虫分类鉴定的重要依据（图 2-15）。

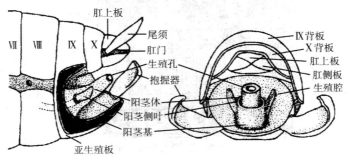

图 2-15　有翅亚纲昆虫交配器构造模式图
（1 仿 Weber，2 仿 Snodgrass）

（2）尾须　尾须是腹部第 11 腹节上的附肢。尾须的形状多样，如部分双尾目、革翅目的尾须呈铗状，部分双尾目、缨尾目、蜉蝣目的尾须细长如丝，蝗虫类和蜚蠊目的尾须为短锥状或棒状。尾须上常具感觉毛，起感觉作用，但铗状的尾须可用于防御，蠼螋的铗状尾须还可以帮助捕获猎物、折叠后翅等。

（3）幼虫的腹足　长翅目、鳞翅目和膜翅目叶蜂类幼虫的腹部有用于行走的附肢，称为腹足。鳞翅目幼虫一般有 5 对腹足，分别着生在第 3～6 腹节和第 10 腹节上。第 10 腹节上的腹足又称臀足（图 2-16）。腹足呈筒状，构造简单，由亚基节、基节和端部能伸缩的囊泡即趾所组成。鳞翅目幼虫腹足末端有成排的小钩称为趾钩，叶蜂类幼虫的腹足无趾钩。

图 2-16　幼虫的腹足

四、昆虫的体壁

体壁是昆虫身体最外层的组织，除具有供肌肉着生的骨骼功能外，还具有皮肤的功能，可防止水分蒸发，保护内脏免受机械损伤和防止微生物及其他有害物质侵入，同时体壁上还有很多感觉器官，可与外界环境取得广泛的联系。

1. 体壁的结构和特性

体壁由内向外分为底膜、皮细胞层和表皮层。表皮层由内向外分为 3 层（图2-17）；内表皮最厚，质地柔软而且有延展性。外表皮质地致密而坚硬；其中上表皮最

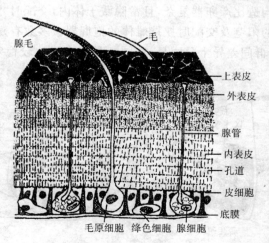

图 2-17　昆虫体壁构造模式图

（仿 Hackman）

薄,主要由脂质、蛋白质和蜡质构成,蜡质具有不透水性,可以使体内水分免于过量蒸发和阻止病原微生物及杀虫剂侵入,提高了昆虫对环境的适应性。

2. 体壁的衍生物

昆虫由于适应各种特殊需要,体壁向外形成各种外长物,如棘、刚毛、刺、距和鳞片等;向内凹入形成各种腺体,如唾腺、丝腺、蜡腺、毒腺和臭腺等。衍生物有些是昆虫生活所必需,有些用来攻击外敌。

五、昆虫的内部器官

昆虫内部器官按生理机能分为消化、呼吸、循环、排泄、神经、内分泌及生殖等系统,位于体壁包被的体腔内(表 2-1,图 2-18)。体腔内充满血液,所以昆虫的体腔又称血腔,各种器官都浸浴在血液中。

表 2-1　昆虫内部器官的结构与功能

内部器官	结　构	功　能
消化系统	消化道(前肠、中肠和后肠)、唾腺	消化吸收食物和营养
呼吸系统	气门、气管(侧纵干、支气管和微气管)	呼吸
循环系统	背血管(大动脉、心室和心门)、血液	运输、排泄、愈伤、脱皮等
排泄系统	马氏管等	排泄
神经系统	中枢、交感和周缘神经系统,神经元	感觉
内分泌系统	神经分泌细胞、腺体	调控
生殖系统	雌性生殖器官、雄性生殖器官	繁殖后代

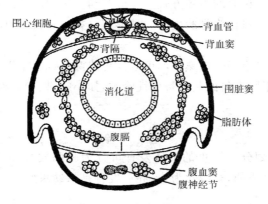

图 2-18　昆虫腹部横切面模式图
(仿 Snodgrass)

第二节　昆虫的生物学特性

昆虫的生物学是研究昆虫的个体发育史,包括昆虫的繁殖、发育与变态以及从卵到成虫各个时期的生活史。通过研究昆虫生物学,可进一步了解昆虫共同的活动规律,对害虫防治和益虫利用都有重要意义。

一、昆虫的生长发育和变态

1. 昆虫的生殖方式

绝大多数昆虫为雌雄异体,但极个别也有雌雄同体现象。自然界中雌雄异体的动物大多进行两性生殖,但也有其他的生殖方式。常见的生殖方式有以下几种:

(1)两性生殖　两性生殖是昆虫最常见的一种生殖方式。这种生殖方式是由雌、雄两性昆虫经过交配后,雌虫产下的受精卵发育成新个体的过程,又称卵生。如蛾蝶类、天牛等昆虫。

(2)孤雌生殖　有的昆虫(如某些粉虱、介壳虫等),无或有极少量雄性个体,雌虫产下未经受精的卵发育成新个体,这种生殖方式称为孤雌生殖,又称为单性生殖。

(3)伪胎生　昆虫的绝大多数种类进行卵生,但也有一些昆虫从母体直接产出幼虫(若虫)。如蚜虫类,其卵在母体内发育并孵化,所产下来的是幼蚜(若蚜)似为胎生,但与哺乳动物的胎生不同,故称伪胎生。

另有少数昆虫在母体未达到成虫阶段,还处于幼虫期时就进行生殖,称为幼体生殖。这是一种特殊的、稀有的生殖方式。凡进行幼体生殖的昆虫,产出的都不是卵而是幼虫,故幼体生殖可以认为是胎生的一种形式。如双翅目瘿蚊科、摇蚊科以及鞘翅目中的部分种类昆虫。

(4)多胚生殖　是指一个成熟的卵可以发育成两个或两个以上个体的生殖方式。这种生殖方式常见于膜翅目的一些寄生性蜂类,如小蜂科、细蜂科、茧蜂科、姬蜂科等寄生性昆虫。

2. 昆虫的发育与变态

(1)发育阶段的划分　昆虫的个体发育可分为胚胎发育和胚后发育两个阶段。胚胎发育是在卵内完成的,至孵化为止;胚后发育是从幼虫孵化开始直到成虫性成熟为止。

昆虫的生长发育是新陈代谢的过程。从幼虫到成虫要经过外部形态、内部构造以及生活习性上一系列变化,这种变化现象称变态。

（2）变态类型　昆虫经过长期的演化,形成了不少变态类型。其中最常见的为不全变态和全变态。

①不全变态。为有翅亚纲外翅部除蜉蝣目以外的昆虫所具有。其特点是只经过卵期、幼期和成虫期 3 个阶段（图 2-19）,翅在幼体外发育。不全变态又可分为 3 个亚型。

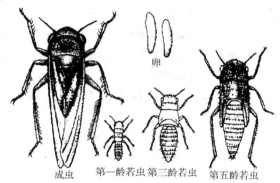

卵

成虫　第一龄若虫 第三龄若虫　第五龄若虫

图 2-19　叶蝉的不全变态的渐变态

蜻蜓目、襀翅目昆虫的幼期水生,其体形、呼吸器官、取食器官、行动及行为等与成虫有明显的差异,其变态特称半变态,幼期虫态统称稚虫。直翅目、竹节虫目、螳螂目、蜚蠊目、革翅目、等翅目、啮虫目、纺足目、半翅目、大部分同翅目昆虫的幼期与成虫在体形、食性、生境等方面非常相似,这样的不全变态特称为渐变态,其幼期虫态统称若虫。在缨翅目、同翅目粉虱科和雄性介壳虫中,幼期向成虫期转变时有一个不取食、类似蛹期的静止时期,这种变态介于不全变态和全变态之间被称为过渐变态。

②全变态。特点是具有卵、幼虫、蛹和成虫 4 个虫期。具有这类变态的昆虫包括有翅亚纲中比较高等的各目,在分类上属于内翅部的昆虫。全变态类的幼虫在外部形态、内部器官上与成虫不同（图 2-20）,翅在体内发育。当幼虫转变为成虫时,很多构造如触角、口器、翅、足等,都要换以成虫的构造,因此必须经历蛹期来完成这些变化。

3. 各虫期生命活动特点

（1）卵期　昆虫的生命活动是从卵开始的,卵自产下后至孵化出幼虫（若虫）所经过的时间称为卵期。昆虫的卵是一个大型细胞,最外面是一层坚硬的卵壳,起着保护胚胎正常发育的作用。紧贴卵壳内面的薄层称卵黄膜,包住里面的原生质、卵黄和细胞核（图

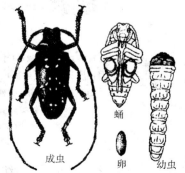

成虫　　　蛹

卵　　　幼虫

图 2-20　天牛的全变态

（仿李照会）

2-21)。有些种类昆虫卵壳的表面具有各式刻纹,可作为识别卵的依据。

各种昆虫卵的大小、形状和产卵方式因种类而异。昆虫卵的大小一般与成虫的大小成正比,种间差异很大。如一种蚕斯的卵长近 10 mm,而葡萄根瘤蚜的卵长仅 0.02～0.03 mm。大多数昆虫的卵长 1.5～2.5 mm。

昆虫卵的形状也呈现多样性,最常见的为卵圆形或肾形。此外,还有半球形、球形、桶形、纺锤形、鱼篓形、瓶形、弹形等(图 2-22),有的卵还具有或长或短的柄。

卵的颜色初产时一般为乳白色,还有淡黄、淡绿、淡红、褐色等,至接近孵化时通常颜色变深。

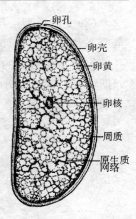

图 2-21　卵的构造

各种昆虫的产卵方式不一。有的单个散产,如天蛾、天牛等,每处产 1～2 粒;有的聚集成卵块,如松毛虫、杨毒蛾等,将卵成堆或成块地产于植物组织上;有的卵裸露,有的卵块表面有各种覆被物,如毒蛾、灯蛾等。

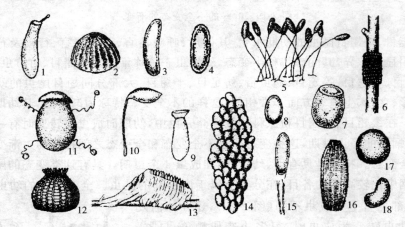

图 2-22　昆虫卵的类型

1. 袋形(三点盲蝽)　2. 半球形(小地老虎)　3. 香蕉型(蝗虫)　4. 长椭圆形(瓜蚜)　5. 有柄形(草蛉)

6. 顶针状(天幕毛虫卵块)　7. 桶形(茶翅蝽)　8. 椭圆形(蝼蛄)　9. 端帽瓶形(玉米象)

10. 有柄珍珠形(一种小蜂)　11. 孢菇形(蚱蜢)　12. 鱼篓形(鼎点金刚钻)

13. 菱形(螳螂卵囊)　14. 鱼鳞状(玉米螟卵块)　15. 双瓣形(豌豆象)

16. 炮弹状(菜粉蝶)　17. 球形(旋花天蛾)　18. 肾形(葱蓟马)

(仿李照会)

(2)幼(若)虫期　昆虫幼虫或若虫从卵孵化至发育到蛹(全变态昆虫)或成虫(不全变态昆虫)为止的时间称为幼(若)虫期。该阶段是昆虫的生长期,特点是大量取食获得营养,满足生长发育的需要。大多数害虫以幼虫期危害观赏植物,而多数天敌昆虫则以幼虫期捕食或寄生于观赏植物害虫。

①孵化。昆虫在胚胎发育完成后,幼虫(若虫)即破壳而出的行为称为孵化。不同种类昆虫的孵化方式不同,如蛾、蝶类幼虫多以上颚直接咬破卵壳,蜻类孵化时则靠幼虫肌肉收缩的压力顶开卵盖。

②生长与蜕皮。幼虫生长到一定程度后,受到了体壁的限制,必须将旧表皮蜕去,重新形成新的表皮,才能继续生长,这种现象称为蜕皮。脱下的旧皮称为蜕。从卵孵化至第 1 次蜕皮前称为第 1 龄虫(若虫),以后每蜕皮 1 次增加 1 龄。所以,计算虫龄是蜕皮次数加 1。两次蜕皮之间所经历的时间,称为龄期。昆虫蜕皮的次数和龄期的长短,因种类及环境条件而不同,一般 5～6 龄。如金龟类 3 龄,草蛉 4 龄,蛾蝶类 2～9 龄,蜉蝣最多可达 20～30 龄。幼虫生长到最后一龄,称为老熟幼虫,若再蜕皮就变成蛹或成虫。

③幼虫的类型。根据足的多少及发育情况可将全变态类昆虫的幼虫分为 4 大类型(图2-23)。

a. 原足型。见于寄生性膜翅目昆虫。幼虫在胚胎发育早期孵化,腹部不分节,头部和胸部的附肢不发达,幼虫不能独立生活,浸浴在寄主体液或卵黄中,通过体壁吸收寄主的营养。

b. 多足型。幼虫除有 3 对胸足外,腹部还具多对附肢,各节的两侧有气门。如鳞翅目蛾蝶类幼虫等。

c. 寡足型。幼虫仅有胸足,无腹足,常见于鞘翅目和部分脉翅目昆虫。典型的寡足型幼虫是捕食性的,通常称为蛴型昆虫,如鞘翅目步甲幼虫。

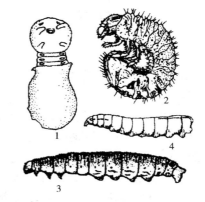

图 2-23　幼虫的类型
1. 原足型　2. 寡足型　3. 多足型　4. 无足型
(仿陈世骧)

d. 无足型。幼虫体无任何附肢,即无胸足、腹足。如鞘翅目天牛、吉丁虫幼虫。

(3)蛹期　蛹是全变态昆虫在胚后发育过程中,由幼虫转变为成虫必须经历的虫态。

①前蛹和蛹期。全变态类昆虫的末龄幼虫老熟后,停止取食,寻找适当场所,有的吐丝结茧,有的建造土室等,随后缩短身体,不再活动,此时称为前蛹。前蛹实际上是末龄幼虫化蛹前的静止时期。自末龄幼虫脱去表皮起至变为成虫时止所经历的时间,称为蛹期。

②蛹的类型。根据翅、触角和足等附肢是否紧贴于蛹体上,以及这些附属器官能

否活动和其他外形特征,可将蛹分为离蛹、被蛹和围蛹 3 种类型(图 2-24)。

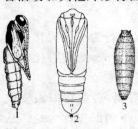

a. 离蛹。又称为裸蛹。其特点是翅和附肢不贴附虫体上,可以活动,腹部也能扭动。一些脉翅目和毛翅目的蛹甚至可以爬行或游泳。长翅目、鞘翅目、膜翅目等昆虫的蛹均属此种类型。

b. 被蛹。其特点是附肢和翅紧贴于虫体上不能活动,表面只能隐约见其形态,大多数腹节或全部腹节不能扭动。鳞翅目、鞘翅目隐翅虫、双翅目虻类和瘿蚊等昆虫的蛹皆为此种类型,其中以鳞翅目的蛹最为典型。

图 2-24　全变态类蛹的类型
1. 离蛹　2. 被蛹　3. 围蛹

c. 围蛹。为双翅目蝇类特有。蛹体被幼虫最后脱下的皮形成桶形外壳所包围,蛹的本体为离蛹。

(4)成虫期　成虫是昆虫个体发育的最后一个阶段。成虫一般不再生长,主要任务是交配产卵、繁殖后代。

①羽化。不全变态的若虫或全变态的蛹,脱去最后一次皮变为成虫的过程称为羽化。

②性成熟与补充营养。有些昆虫在羽化后,性器官已经成熟,不需要取食即可交配、产卵。如一些蛾、蝶类。大多数昆虫羽化为成虫时,性器官还未完全成熟,需要继续取食,才能达到性成熟,如蝗虫、蟓类、叶蝉、叶甲等。这类昆虫成虫阶段对植物仍能造成为害。成虫阶段继续取食,以满足其生殖腺发育对营养的需要,这种取食称为补充营养。

③交配及产卵。成虫从羽化到第 1 次交配的间隔期称为交配前期;从羽化到第 1 次产卵的间隔期称为产卵前期;由第 1 次产卵到产卵终止的时间称为产卵期。

昆虫的交配次数因种而异。有的一生只交配 1 次,有的可进行两次或多次。一般雌虫比雄虫寿命长。交配后雄虫不久死亡,雌虫则多在产卵结束后死去。

④性二型与多型现象。同一种昆虫雌、雄个体除生殖器官等第一性征不同外,其个体大小、体形、颜色等也有差别,这种现象称为性二型或雌雄二型(图 2-25)。如介壳虫、蓑蛾等昆虫的雄虫具翅。雌虫则无翅;鞘翅目锹形虫雄虫的上腭比雌虫发达。此外,还有颜色的不同,如菜粉蝶雄性的体色浅于雌性;触角的类型不同,如蛾类雄虫的触角多为羽毛状,雌虫为丝状。

多型现象是指同种昆虫除雌、雄两型外,还有两种或更多不同类型个体的现象。多型现象常表现在构造或颜色上的不同或性的差异。一些社会性昆虫如蚂蚁、白蚁、蜜蜂中,多型现象最为明显。蚜虫在生长季节里都是雌蚜,但有无翅型与有翅型之别(图 2-26)。

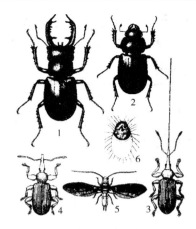

图 2-25　几种昆虫的雌雄二型现象

1～2. 斑股锹　3～4. 苏铁象甲　5～6. 吹绵蚧

(仿彩万志)

图 2-26　棉蚜的多型现象

1. 有翅胎生雌蚜　2. 小型无翅胎生雌蚜

3. 大型无翅胎生雌蚜　4. 干母　5. 有翅若蚜

(仿西北农学院农业昆虫学教学组)

二、昆虫的世代与生活史

1. 世代

昆虫自卵或若虫从离开母体开始到成虫性成熟并能产生后代为止称为一个世代,简称为一代或一化。

昆虫因种类、生活环境不同,完成一个世代、一年内发生的世代数及每个世代历期长短各不相同。短的一年数代或数十代,长的一年或数年甚至数十年才完成一代。一年发生一代的昆虫如天幕毛虫、舞毒蛾等;一年发生二代或更多代的如杨扇舟蛾(随地区不同可发生 2～7 代,个别地区甚至八代),多数蚜虫一年可发生十余代或二三十代。一年发生一代的昆虫称为一化性昆虫,一年发生二代及其以上者称为多化性昆虫。

世代划分顺序均从卵期开始,按一年内先后出现的世代顺序依次称第一代、第二代……但应注意跨年度虫态的世代划分,习惯上凡以卵越冬的,越冬卵就是次年的第一代卵。如梧桐木虱,当年秋末产卵越冬,越冬卵即是来年第一代的卵。以其他虫态越冬的均不是次年的第一代,而是前一年的最后一代,叫做越冬代。如马尾松毛虫当年 11 月中旬以 4 龄幼虫越冬,越冬幼虫则称为越冬代幼虫,来年越冬代成虫产下的卵才是第一代的卵。

2. 年生活史

昆虫在一年中的生活史称为年生活史或生活年史。年生活史包括越冬虫态、一年中发生的世代数、越冬后开始活动的时间、各代及各虫态的历期、生活习性等。昆虫的年生活史除用文字进行叙述外,也可以用图表来表示(表 2-2)。

表 2-2　黄杨绢野螟年生活史

代	4月			5月			6月			7月			8月			9月			10月至翌年3月
	上	中	下	上	中	下	上	中	下	上	中	下	上	中	下	上	中	下	
越冬代	(一)	(一)	(一)/一	△/+	△/+	△/+													
第一代						一	一/△	一/△/+	△/+	+									
第二代									·/一	·/一	·/一/△	一/△/+	△/+	△/+		+			
第三代													·	·	·/一	·/一	一	一	(一)(一)(一)

注:＋为成虫;·为卵;一为幼虫;△为蛹;(一)为越冬幼虫。

(1)世代重叠　每种昆虫都以种群方式存在。由于成虫产卵先后不一、个体营养条件不同和栖息场所小气候存在差异,造成同一个世代的各个个体发生有早有迟,因而一年多代的昆虫经常出现上下世代间重叠。即前后世代同时存在的现象称为世代重叠。世代重叠现象给害虫测报和防治增加了一定的困难。

(2)局部世代　同种昆虫在同一地区发生不同代数的不完整世代现象称为局部世代。如桃小食心虫在辽宁一年内可以发生一个完整的世代及一个局部世代,第一代幼虫脱果早的部分个体继续发生第二代,而脱果迟的个体则入土结茧越冬。

(3)世代交替　大部分多化性昆虫一年中各世代间相应虫态、习性和生活方式大致相同,仅存在历期长短的差异。但有些多化性昆虫在一年中的若干世代间生殖方式甚至生活习性等方面存在明显差异,常以两性世代与孤雌生殖世代交替,这种现象叫世代交替。以蚜虫、瘿蜂、瘿蚊的世代交替现象最为常见,如桃蚜完成其年生活史需要世代间的寄主交替(越冬寄主和夏季寄主)、生殖方式交替(有性生殖和无性生殖)和形态交替(有翅与无翅)。

(4)休眠和滞育 昆虫的生活史总是与环境条件的季节变化相适应。多数种类在隆冬或盛夏季节,常有一段或长或短的生长发育的停滞时期,即所谓的越冬或越夏。这种现象是昆虫安全度过不良环境条件的一种表现。根据引起和解除生长发育停滞的条件,可将停滞现象分为休眠和滞育两类。

①休眠。休眠是由不良环境条件直接引起的(如高温或低温),当不良环境条件消除后,昆虫很快就能恢复正常的生长发育。不同种昆虫休眠越冬的虫态不同,如飞蝗、螽斯、天幕毛虫等以卵越冬;凤蝶、粉蝶、尺蛾以蛹越冬;瓢虫以成虫越冬。

②滞育。滞育是由环境条件引起的,但通常不是由不良环境条件直接引起的。在自然条件下,当不利的环境条件还远未到来之前,具有滞育特性的昆虫就进入滞育状态。一旦进入滞育,即使给以最适宜的条件,也不会马上恢复生长发育,所以滞育具有一定的遗传稳定性。凡有滞育特性的昆虫都各有固定的滞育虫期,例如天幕毛虫、舞毒蛾,在6～7月间以卵进入滞育。昆虫滞育主要受光周期控制,温度、食料等因子也有一定的影响。

三、昆虫的主要习性

昆虫的行为和习性,是以种或种群为表现特征的生物学特性。所以,某些行为和习性并非存在于所有的种类中,但亲缘关系相近的种类往往具有相似的习性。如天牛科幼虫均有蛀干习性,夜蛾类的昆虫一般均有夜出活动的习性。了解昆虫的行为和习性,有助于进一步认识昆虫,对害虫治理具有重要的实践意义。

1. 活动的昼夜节律

绝大多数昆虫的活动,如飞翔、取食、交配等常随昼夜的交替而呈现一定节奏的变化规律,这种现象称为昼夜节律。根据昆虫昼夜活动节律,可将昆虫分为日出性昆虫和夜出性昆虫。在白天活动的昆虫称为日出性昆虫,如蝶类、蜻蜓、步甲等;在夜间活动的昆虫称为夜出性昆虫,如绝大多数的蛾类。那些只在弱光下活动的昆虫称为弱光性昆虫,如蚊子等常在黄昏或黎明时活动。

2. 趋性

趋性是指昆虫对外界刺激(如光、热、化学物质等)产生的定向活动行为。根据刺激源可将趋性分为趋光性、趋化性、趋热性、趋湿性、趋声性等。根据反应的方向,有正趋性(趋向)和负趋性(背离)之分。昆虫种类不同,甚至性别和虫态不同,趋性也不同。例如,多数夜间活动的昆虫对灯光表现为正趋性,尤对波长为 330～400 nm 的紫外光敏感;而蟑螂对光有负趋性,见光便躲;蚜虫类则对 550～600 nm 的黄色光反应强烈。趋化性是昆虫对某些化学物质的刺激所表现出的反应,通常与觅食、求偶、避敌、寻找产卵场所等有关。如一些蛾类对糖醋液有正趋性。

害虫防治中常利用害虫的趋光性和趋化性,如灯光诱杀和潜所诱杀分别是以趋光性、负趋光性为依据的;食饵诱杀和忌避剂则各以趋化性、负趋化性为依据。

3. 假死性

假死性是指昆虫受到外界某种刺激时,身体卷缩,静止不动或从停留处跌落下来呈死亡之状,稍停片刻即恢复常态而离去的现象。不少鞘翅目的成虫和鳞翅目的幼虫具有假死性。假死性是昆虫逃避敌害的一种有效方式。利用某些昆虫的假死性,可采用振落法捕杀害虫或采集昆虫标本。

4. 群集、扩散与迁飞

同种昆虫的大量个体高密度聚集在一起的习性称为群集性。根据聚集时间的长短,可将群集分为临时性群集和永久性群集两类。临时性群集是指昆虫仅在某一虫态或一段时间内群集在一起,过后即分散。如一些刺蛾、毒蛾、叶蜂的低龄幼虫行群集生活,长至若干龄后分散活动;榆蓝叶甲和多种瓢虫的成虫有群集越冬习性,来年出蛰后即分开活动。永久性群集则是终生群集在一起。具有社会性生活习性的蜜蜂、白蚁等为典型的永久性群集。

扩散是指昆虫个体在一定时间内发生空间变化的现象。扩散常使该种昆虫的分布区域扩大,对于害虫而言即形成所谓的虫害传播和蔓延。昆虫的扩散主要受到自身生理状况、适应环境的能力及外界环境条件的限制。对于多数陆生昆虫来说,地形、气候、生物、人类活动等都会直接或间接地影响其扩散与分布。

迁飞是指某种昆虫成群地从一个发生地长距离地转移到另一个发生地的现象。许多常见的农业害虫具有迁飞习性,如东亚飞蝗、小地老虎、甜菜夜蛾、白背飞虱、黑尾叶蝉、多种蚜虫等。

第三节　昆虫分类与螨类的识别

一、昆虫分类基本原理与系统

1. 分类概念

(1)物种　以种群形式存在的一类昆虫,它们具有相同的形态特征,在自然情况下能自由交配,产生具有繁殖力的后代,并与其他种存在生殖隔离的个体的总称。例如,桃蚜(*Myzus persecae* Sulz)就是一个物种。

(2)分类特征　又称分类性状,是指分类学上所依据的形态学、生理学、生态学、遗传学和地理分布指标。

　　(3)学名　每一个物种都有一个科学名称,即学名,学名常常用拉丁文表示。

　　(4)双名法　是指昆虫种的学名由属名和种本名两个拉丁文或拉丁化的字母组成;属名在前,种本名在后,属名和定名人第一个字母大写,种名全部小写,且属名和种名全部用斜体。如棉蚜 *Aphis gossypii* Glover 等。

　　(5)分类单元　是分类工作中的客观操作单位,有特定的名称和分类特征。如一个具体的属、一个具体的科、一个具体的目等。

　　(6)分类阶元　由各分类单元按等级排列的分类体系。在分类学中有 7 个基本的分类阶元,包括:界、门、纲、目、科、属、种。通过分类阶元,我们可以了解一种或一类昆虫的分类地位和进化程度。在昆虫分类中,总科词尾加-oidea,科词尾加-idae,亚科加-inae,族加-ini。以马尾松毛虫为例,说明其分类地位与系统排列:

　　　　界:动物界 Animalia

　　　　门:节肢动物门 Arthropoda

　　　　纲:昆虫纲 Insecta

　　　　亚纲:有翅亚纲 Pterygota

　　　　目:鳞翅目 Lepidoptera

　　　　亚目:异角亚目 Heterocera

　　　　总科:蚕蛾总科 Bombycoidea

　　　　科:枯叶蛾科 Lasiocampidae

　　　　属:松毛虫属 *Dendrolimus*

　　　　种:马尾松毛虫 *Dendrolimus punctatus*

　　(7)检索表　在进行昆虫分类时候,通常使用检索表来鉴定昆虫种类,通常检索表有三种类型:包孕式、连续式和二项式。其中,二项式最常用,下面以对弹尾目、半翅目、双翅目、鞘翅目、鳞翅目和膜翅目检索表的编写说明二项式检索表的编写:

```
1 无翅 ……………………………………………………………… 弹尾目
  有翅 …………………………………………………………………… 2
2 口器刺吸式 ……………………………………………………… 半翅目
  口器其他类型 ………………………………………………………… 3
3 翅 1 对 …………………………………………………………… 双翅目
  翅 2 对 ………………………………………………………………… 4
4 翅为鳞翅 ………………………………………………………… 鳞翅目
  翅不被鳞片 …………………………………………………………… 5
5 翅为鞘翅 ………………………………………………………… 鞘翅目
  翅为膜翅 ………………………………………………………… 膜翅目
```

2. 昆虫纲的分目

各分类学家对昆虫纲的分目意见不一,一般采用33个目的分类系统,这33个目分属于无翅亚纲和有翅亚纲。

(1)无翅亚纲　有4目,原尾目、弹尾目、双尾目和缨尾目。

(2)有翅亚纲　29个目,又分为两个部。

①外生翅部。包括18个目:蜉蝣目、蜻蜓目、襀鏸目 螳螂目、等翅目、缺翅目、襀翅目、竹节虫目、蛩蠊目、直翅目、纺足目、革翅目、同翅目、半翅目、啮虫目、食毛目、虱目和缨翅目。

②内生翅部。包括11个目:鞘翅目、捻翅目、广翅目、脉翅目、蛇蛉目、长翅目、毛翅目、鳞翅目、双翅目、蚤目、膜翅目。

二、观赏植物昆虫主要目、科简介

1. 直翅目(Orthoptera)

(1)形态特征　多为下口式,少数穴居种类为前口式;头圆形、卵圆形或圆柱形,蜕裂线明显,咀嚼式口器,上颚强大而坚硬;触角丝状、剑状或槌状;复眼大而突出;单眼2～3个,但一些螽斯科种类缺单眼。前胸背板常向后和两侧扩展呈马鞍形,盖住前胸侧板;中胸与后胸愈合;前翅覆翅;后翅膜质,臀区宽大,平时呈折扇状纵褶于前翅下;前足和中足为步行足,后足跳跃足;但蝼蛄前足特化成开掘足。腹部11节;雌虫第8节或雄虫第9节发达,形成下生殖板。蝗虫、螽斯和蟋蟀的雌虫产卵器发达,呈锥状、剑状、刀状或矛状;蝼蛄无特化的产卵器。尾须1对,不分节。

(2)生物学特性　渐变态。典型的陆生种类,螽斯生活在植物上,蝗虫生活在植物上或地面,蟋蟀生活在石头或土块下,蝼蛄生活在土壤中。绝大多数种类为植食性,喜食植物的叶子。但螽斯科少数种类为肉食性,取食其他昆虫和小动物。蝗虫类多在昼间活动;螽斯、蟋蟀和蝼蛄类多在夜间活动,有较强的趋光性。

该目昆虫绝大多数种类为植食性,取食植物叶片等部分,其中许多种类是农业、林业和牧业的重要害虫。有些种类能成群迁飞,加大了危害的严重性,如沙漠蝗 *Schistocerca gregaria*(Forskal)迁飞扩散范围可达65个国家和地区。在我国,东亚飞蝗迁飞范围涉及长江以北8个省区,常造成大范围内的庄稼颗粒无收。

(3)重要科简介

①蝗科(Acrididae)。触角丝状、剑状或棒状;前胸背板发达,马鞍形,仅盖住前胸和中胸背面;多数种类具两对发达的翅,少数具短翅或完全无翅;跗节式3-3-3,爪间有中垫;雄虫以后足腿节摩擦前翅发音;腹部第1节背板两侧有1对鼓膜听器。栖于植物上或地表,产卵于土中。由于繁殖力强,个体数量众多,有时会聚集生活,形成

群居型,并具迁飞的习性,危害十分严重。常见的危害观赏植物的有短额负蝗 *Atractomorpha sinensis* Bolivar(图 2-27)。

②螽斯科(Tettigoniidae)。触角长丝状;3 对足的胫节背面有端距;跗节式 4-4-4;雌虫产卵器刀状;尾须短。栖于草丛或树木上,多植食性。卵产于植物组织内,很少产于土中。雄虫多能发音,俗称蝈蝈。常见的危害观赏植物的有绿螽斯 *Sinochlora szechwanensis* Tinkham(图 2-28)。

图 2-27　蝗科成虫
(仿周尧)

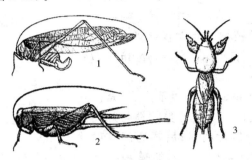

图 2-28　直翅目常见昆虫代表
1. 螽斯科代表　2. 蟋蟀科代表　3. 蝼蛄科代表
(仿周尧)

③蟋蟀科(Gryllidae)。触角长丝状;后足胫节背面两侧缘有较粗短和光滑的距;跗节式 3-3-3;雌虫产卵器针状、长矛状或长杆状;尾须长。多栖息于低洼、河沟边及杂草丛中,穴居,多植食性,喜夜出,产卵于泥土中。雄虫多为著名的鸣虫,通称蛐蛐。常见的危害观赏植物的有大蟋蟀 *Brchytrupes portentosus* Lichtenstein、油葫芦 *Teleogryllus emma*(Ohmachi & Matsuura)(图 2-28)。

④蝼蛄科(Gryllotalpidae)。触角短于体长;前足开掘足,后足非跳跃足;跗节式 3-3-3。雌虫产卵器退化。喜栖息在温暖潮湿和腐植质多的壤土或砂壤土中咬食植物根部,为重要地下害虫。常见的危害观赏植物的有东方蝼蛄 *Gryllotalpa orientalis* Burmeister 和华北蝼蛄 *Gryllotalpa unispina* Saussure 等(图 2-28)。

2. 同翅目(Homoptera)

(1)形态特征　体小型至大型。口器刺吸式;喙出自头部下后方,通常 3 节;单眼 2～3 个或无;前翅质地均匀,膜翅或覆翅;常有蜡腺。

(2)生物学特性　渐变态。陆生,全部为植食性,以刺吸式口器刺破植物组织,吸食汁液,使受害部分营养不良、褪色、变黄、器官萎蔫或卷缩畸形,甚至整个植株枯萎死亡。此外还传播植物病毒病。

（3）重要科简介

①蝉科（Cicadidae）。单眼 3 个；前足似开掘足；膜翅，围脉发达；成虫第 1 腹节腹面有发达的听器；雄虫第 1 腹节腹面有发达的发音器。常见的有蚱蝉 Cryptotympana atrata（Fabricius）（图2-29）。

②叶蝉科（Cicadellidae）。小型。单眼 2 个；前翅覆翅，后翅膜翅；后足胫节侧缘有 2 列以上小刺。常见的危害观赏植物的有大青叶蝉 Tettigoniella viridis（Linne）和小绿叶蝉 Emposaca flavescens（Fabr.）。

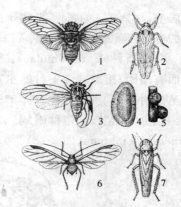

图 2-29　同翅目常见昆虫代表

1. 蝉科成虫　2. 木虱科成虫　3. 蚜科成虫
4. 飞虱科成虫　5. 蚧科雌成虫背面观
6. 蚧科雌成虫外形　7. 叶蝉科成虫
（仿周尧）

③蜡蝉科（Fulgoridae）。中型至大型，是同翅目中体色最艳丽的类群。有些种类的额与颊间有隆堤；单眼 2 个；前翅爪片明显；后翅臀区有网状脉。常见的危害观赏植物的有斑衣蜡蝉 Lycorma delicatula（White）。

④木虱科（Psyliidae）。触角 10 节，末节端部有 2 刺；单眼 3 个；前翅 R 脉、M 脉、Cu₁ 脉基部愈合，近翅中部分成 3 支，近翅端部每支再各分 2 支。多数种类危害木本植物，有些能传播植物病毒病。常见的危害观赏植物的有梧桐梨木虱 Psylla pyrisuga Forster（图 2-29）。

⑤蚜科（Aphididae）。触角 6 节，少数 4～5 节，最后两节上有圆形感觉孔；前翅具 4 斜脉，中脉分叉 1～2 次；腹部第 5 节背侧面有 1 对腹管。大多生活在植物的芽或花序上，故名蚜虫。常见的危害观赏植物的有桃蚜 Myzus persicae（Sulzer）和棉蚜 Aphis gossypii Glover 等（图 2-29）。

⑥蚧科（Coccoidae）。雌虫体被蜡质，分节不明显；触角和足都很退化；腹末有臀裂；肛门上有二块三角形的肛板。雄虫口针短又钝；触角 10 节；足发达；腹末有 2 长蜡丝。常见的危害观赏植物的有日本松干蚧 Matsucoccus matsumurae（Kuwana）、红蜡蚧 Ceroplastes rubens Maskell 等（图 2-29）。

⑦粉虱科（Aleyrodidae）。触角 7 节；单眼 2 个；前翅纵脉 1～3 条，后翅 1 条；成虫和第四龄若虫腹部第 9 节背板有一凹陷称皿状孔。常见的危害观赏植物的重要种类有烟粉虱 Bemisia tabaci（Gennadius）和温室白粉虱 Trialeurodes vaporariorum（Westwood）等（图 2-30）。

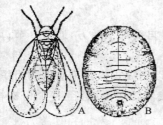

图 2-30　同翅目常见昆虫代表

3. 半翅目（Hemiptera）

（1）形态特征　体小至大型，扁平。后口式，刺吸式口器从头前方伸出，下唇特化成喙；喙通常 4 节，少数 3 节或 1 节；触角一般 4 节，少数 5 节，多为丝状；复眼发达；单眼 2 个，少数种类无单眼。前翅半鞘翅，其加厚的基半部常由革片和爪片组成，有的还分为缘片和楔片，膜质的端半部是膜片，膜片上常有翅脉，是分科的重要特征；后翅膜质，翅脉明显；少数种类翅退化或无翅；胸足发达，步行足，少数特化成开掘足、捕捉足、跳跃足或游泳足等。腹部常 10 节；第 2～8 腹节的腹侧面各具气门 1 对。蝽类昆虫有臭腺，成虫臭腺开口于后胸腹面近中足基节处，若虫臭腺位于腹部第 3～7 节背板上。

（2）生物学特性　渐变态，栖境多样，有陆生、水面生和水下生。多进行两性生殖。蝽类多植食性，危害花或牧草，刺吸茎、叶、花、果或幼芽的汁液等，有的种类还可以传播植物病害，寄生于动物体外的吸血半翅目昆虫，危害人畜并传播疾病，如吸血蝽传播锥虫病等。捕食性种类捕食其他害虫，可作为益虫加以保护利用。

（3）重要科简介

①蝽科（Pentatomidae）。触角 5 节；喙 4 节；有单眼；小盾片大三角形或舌形；前翅膜片有多条纵脉，少分支。跗节式 3-3-3。多植食性，少数为肉食性，若虫有群聚性。常见的危害观赏植物的有麻皮蝽 *Erthesina fullo* Thunberg 等（图 2-31）。

②盲蝽科（Miridae）。触角 4 节；喙 4 节，第 1 节与头部等长或较长；无单眼；前翅革区分为革片、爪片和楔片，膜片有翅室 2 个，无纵脉；小盾片小三角形。多为植食性，危害花蕾、嫩叶、幼果，产卵于植物组织内，如常见的危害观赏植物的有绿盲蝽 *Lygocoris lucorum*（Meyer & Dur.）（图 2-31）。

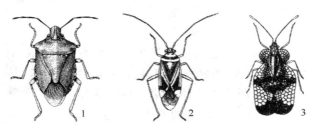

图 2-31　半翅目常见昆虫代表
1. 蝽科成虫　2. 盲蝽科成虫　3. 网蝽科成虫
（仿彩万志等）

③网蝽科（Tingidae）。头背、前胸背板及前翅上有网状花纹；触角 4 节；喙 4 节；无单眼；小盾片小三角形；跗节式 2-2-2。植食性，多在叶背面或幼嫩枝条群集食害。为害观赏植物的有梨网蝽 *Stephanitis nashi* Esaki & Takeya（图 2-31）。

4. 鞘翅目（Coleoptera）

（1）形态特征　头下口式或前口式；口器咀嚼式；触角多 11 节，形状各异。

前翅鞘翅，两鞘翅在体背中央相遇成一直线，称鞘翅缝；若鞘翅在侧面突然向下弯折，弯折部分称缘折。后翅膜质，翅脉较少或无翅脉。胸足发达。腹部一般 10 节，但由于腹板常有愈合或退化现象，可见腹板多为 5～8 节。第 1 腹板的形状是分亚目的特征之一。

（2）生物学特性　全变态，但芫青科、步甲科和隐翅虫科为复变态，陆生或水生。鞘翅目昆虫的食性分化最强烈，包括植食性、菌食性、腐食性、尸食性、粪食性、捕食性和寄生性等。大多数甲虫为植食性，取食植物的不同部位，如叶甲、天牛、小蠹虫、象虫和金龟子等；部分为菌食性，以菌类尤其是真菌为食，如大蕈甲、小蕈甲、球蕈甲等；部分为腐食性、尸食性和粪食性，以动植物的尸体和排泄物为食，如隐翅虫的部分种类为腐食性，埋葬甲为尸食性，粪金龟为粪食性；部分为捕食性，以捕猎其他昆虫或小型动物为生，如步甲、虎甲、瓢虫、萤火虫等；少数种类为寄生性，寄生于其他昆虫、蜘蛛或其他小动物活体内。

卵多为圆球形，产卵方式多样，可产于表面、动植物组织、土中等。幼虫一般 3～5 龄，寡足型。由于适应不同的生活环境，幼虫常分化为蛃型、蛴螬型、象甲型和天牛型共 4 种主要类型。蛹主要为离蛹，少数为被蛹。

（3）重要科简介

①虎甲科（Cicindelidae）。常具金属光泽和鲜艳色斑。触角 11 节，触角间距小于上唇宽度；下口式；头常宽于前胸；成虫后翅发达，能飞行。幼虫第 5 腹节背面突起上有逆钩；腹末无尾突。陆生，成虫白天活动，幼虫在沙地或泥土中挖孔穴（图2-32）。

②步甲科（Carabidae）。体色较暗。触角 11 节，触角间距大于上唇宽度；前口式；头常狭于前胸；成虫后翅退化，不能飞行，只能在地面行走。幼虫第 5 腹节无逆钩，第 9 腹节有伪足状突起。陆生，成虫喜欢晚上活动，有些种类有趋光性（图 2-32）。

③金龟甲科（Scarabaeidae）。包括鳃金龟、丽金龟和花金龟。触角末端几节鳃片状；头部从背面可见；前

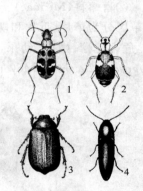

图 2-32　鞘翅目常见昆虫代表
1. 虎甲科成虫　2. 步甲科成虫
3. 金龟科成虫　4. 叩甲科成虫
（仿周尧）

胸背板无突起，后缘与前翅紧密相接；中胸小盾片外露；后足至腹末端间距大于与中足间的距离；鞘翅常光滑，无纵沟线；跗节式 5-5-5 等。成虫地上生活有很强的趋光性，植食性种类可以传粉；幼虫地下生活，俗称蛴螬。常见的危害观赏植物的有华北

大黑鳃金龟 *Holotrichia oblita* Fald.、暗黑鳃金龟 *Holotrichia parallela* Mots.（图 2-32）。

④叩甲科（Elateridae）。触角 11～12 节，锯齿状、栉齿状或丝状；前胸背板与鞘翅相接处凹下，后侧角突出成锐刺；前胸腹板有一楔形突插入中胸腹板沟内，作为弹跳的工具；跗节式 5-5-5。幼虫蛎型，表皮黄褐色，坚硬，称为金针虫。成虫地上生活。当成虫被捉时能不断叩头，以图逃脱，故称叩头虫。常见的危害观赏植物的有桑梳爪叩甲 *Melanotus ventralis* Candeze（图 2-32）。

⑤吉丁虫科（Buprestidae）。成虫常有美丽的金属光泽。触角 11 节，多为短锯齿状；前胸背板宽大于长，与鞘翅相接处在同一弧线上；后胸腹板具横缝；跗节式 5-5-5。幼虫无足型，前胸背板两面呈盾状，宽于头部。成虫喜光，幼虫蛀茎、干、枝条或根部。常见的危害观赏植物的有苹小吉丁虫 *Agrilus mali* Mats. 等（图 2-33）。

图 2-33　鞘翅目常见昆虫代表
1. 吉丁虫科成虫　2. 瓢甲科成虫　3. 天牛科成虫
（仿周尧）

⑥瓢甲科（Coccinellidae）。体半球形。头小，嵌入前胸；触角短锤状，背面不易看到；鞘翅有缘折；第 1 腹板有后基线；跗节隐 4 节。该科 80% 种类为肉食性，捕食蚜虫、粉虱、介壳虫和螨类等，多用于生物防治；约 20% 种类为植食性，危害各种植物。常见的危害观赏植物的有二十八星瓢虫 *Henosepilachna vigintioctopunctata* Fabricius（图 2-33）。

⑦天牛科（Cerambycidae）。触角丝状，11 节，常长于体长；复眼内凹呈肾形或分裂为 2 个，包住触角基部；跗节隐 5 节。幼虫乳白色，无足型；头多缩入前胸；腹部第 6 或第 7 腹节背面一般有肉质突起，有帮助在坑道内行走的功能。植食性，成虫产卵于树缝或用上颚咬破植物表皮，产卵在组织内。幼虫蛀食树根、树干或树枝的木质部。常见的危害观赏植物的有松褐天牛 *Monochamus alternatus* Hope（图 2-33）。

⑧小蠹科（Scolytidae）。触角膝状，端部 3～4 节成锤状；头部后半被前胸背板覆盖；胫节扁，具齿列；前翅端部多具翅坡，周缘多具齿或突起。蛀食树皮形成层或木质部，形成非常美丽的隧道图案，是一类非常重要的森林害虫。常见的危害观赏植物的有瘤胸材小蠹 *Xyleborus rubricollis* Richhoff（图 2-34）。

⑨叶甲科（Chrysomelidae）。体常有金属光泽，触角不伸达体长之半；复眼卵圆

形;跗节隐 5 节。幼虫蛴型,植食性。马铃薯甲虫 *Leptinotarsa decemlineanta*(Say)是重要的国际植物检疫对象(图 2-34)。

⑩象甲科(Curculionidae)。本科是鞘翅目第一大科。头部下伸成喙状;喙向下弯曲;触角膝状弯曲;跗节隐 5 节。一些种类是重要的检疫害虫或仓储害虫。常见的危害观赏植物的有芒果果实象甲 *Sternochetus olivieri*(Faust)(图 2-34)。

5. 双翅目(Diptera)

(1)形态特征　口器刺吸式、舐吸式、切吸式和刺舐式;复眼大,部分种类雄虫为接眼;单眼 3 个或缺;触角形状多样,在环裂亚目中,触角具芒状,触角芒光裸,或基半长毛、端半光裸,或全部长毛;在短角亚目中,触角亦分 3 节,第 3 节的末端常有端刺;在长角亚目中,触角一般 6～18 节,末端无触角芒或端刺;在环裂亚目的一些蝇类中,触角基部上方有一倒“U”字形的缝,叫额囊缝;在额囊缝的顶部与触角基部之间有一新月形骨片,称为新月片。

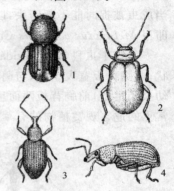

图 2-34　鞘翅目常见昆虫代表
1. 小蠹科成虫　2. 叶甲科成虫
3、4. 象甲科成虫
(1.仿彩万志;其余仿周尧)

前翅膜质,后翅退化为平衡棒;一些蝇类前翅内缘近基部有 1～2 个腋瓣;腋瓣外有 1 小翅瓣。部分蝇类前缘脉有 1～2 个骨化弱或不骨化的点,这样的点称为缘折;跗节 5 节。

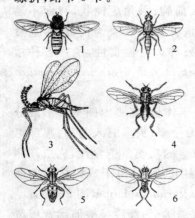

图 2-35　双翅目常见昆虫代表
1. 食蚜蝇科成虫　2. 实蝇科成虫
3. 瘿蚊科成虫　4. 花蝇科成虫
5. 秆蝇科成虫　6. 潜蝇科成虫
(仿周尧)

(2)生物学特性　全变态,但长吻虻科、蜂虻科、小头虻科、拟长吻虻科的一些种类为复变态。多数陆生,少数水生。有植食性、肉食性和腐食性。多数种类进行两性生殖,一般为卵生,部分胎生;少数行孤雌生殖和幼体生殖。

(3)重要科简介

①食蚜蝇科(Syrphidae)。体光滑或多软毛,触角芒位于第 3 节背方或端部,前翅具伪脉,翅外缘有缘脉。常见的危害植物的有黑带食蚜蝇 *Episyrphus balteata*(De Geer)(图 2-35)。

②实蝇科(Trypetidae)。头圆球形而有细颈,侧额鬃完全。复眼大,通常有绿色闪光,单眼有或无。触角倒卧而短,触角芒生于背面基部,光裸或有细毛。翅面常有褐色的云雾状斑纹。亚前缘脉呈直角弯向

前缘,中室 2 个,臀室三角形,末端呈锐角。中足胫节有端距。腹部背面可见 4～5 节,雌虫腹末产卵器细长,扁平而坚硬,通常分 3 节。不少种类为中国的重要检疫对象。如地中海实蝇 Ceratitis capiata Wied Gman(图 2-35)。

③瘿蚊科(Cecidomyiidae)。成虫体微小,纤细、外形似蚊。复眼发达,通常左右愈合成 1 个。触角念珠状,10～36 节,每节有环生放射状细毛。喙或长或短,有下颚须 1～4 节。翅较宽,有毛或鳞毛,翅脉极少,纵脉仅 3～5 条,无明显的横脉,有的种类仅在前翅基部有 1 个基室。腹部 8 节,伪产卵器极长或短,能伸缩。常见的危害观赏植物的有柳瘿蚊 Rhabdophaga salicis(Schrank)(图 2-35)。

④花蝇科(Anthomyiidae)。体小至中形,外形与蝇科相似,细长多毛,活泼。复眼发达,雄虫两复眼几乎相接触,触角芒羽状,中胸背板被 1 条完整的盾间沟划分为前后两片,连同小盾片共 3 片。腋瓣大。翅脉平直,直达翅缘,M_{1+2} 脉不急剧向前弯曲,而与 R_{4+5} 平行或远离。常见的危害观赏植物的有落叶松球果花蝇 Strobilomyia Laricicola (Karl)(图 2-35)。

⑤秆蝇科(Chloropidae)。体微小,暗色或黄绿色,具斑纹。单眼三角区很大;触角芒着生在基部背面,光裸或羽状,C 脉仅在 Sc 末端折断,Sc 退化或短,M 分两支,第 2 基室与中室愈合,无臀室。常见的危害植物的有麦秆蝇 Meromyza saltotrix L.(图 2-35)。

⑥潜蝇科(Agromyzidae)。体小,淡黑色或淡黄色。触角芒光裸或具刚毛;C 脉在 Sc 脉末端或接近于 R_1 脉处有一折断。幼虫体侧有很多微小的色点;前气门 1 对,着生在前胸近背中线处,互相接近。常见的危害观赏植物的有美洲斑潜蝇 Liriomyza sativae(Blanchard)(图 2-35)。

6. 鳞翅目(Lepidoptera)

(1)形态特征　鳞翅目昆虫通称蝶和蛾,二者主要区别是蝶类触角末端膨大,停息时翅竖立在背上或平展,无翅缰,体色鲜艳,白天活动。蛾类触角末端尖细,停息时翅平覆在体背上,体色灰暗,夜间活动。虹吸式口器。蛾类触角有丝状、锯齿状、栉状或羽状;复眼较大;常有单眼 2 个。蝶类触角为棍棒状;复眼相对较小;缺单眼。

前翅和后翅翅面上常有由不同色彩鳞片排列成的斑纹,如:亚基线、内横线、中横线、外横线、亚缘线、外缘线、楔形斑、环形斑、肾形斑等。有些蝴蝶的翅面上有香鳞或腺鳞。前翅和后翅有中室,脉序相对简单,横脉很少,一般采用康—尼氏命名法。

腹部 10 节,无尾须。雌性外生殖器有三种基本类型:单孔式,轭翅亚目雌蛾腹部末端的交配孔与产卵孔合而为一;外孔式,蝙蝠蛾总科雌虫的交配孔与产卵孔虽然分离,但彼此却十分靠近;双孔式,绝大多数雌虫腹部末端交配孔与产卵孔彼此分离。

(2)生物学特性　成虫喜欢吮吸花蜜,蝶类白天活动,蛾类夜间活动,有很强的趋光性。一些鳞翅目成虫有很强的群集性和迁飞能力,如黏虫、小地老虎等。幼虫多植食性,少数种类为捕食性或寄生性。完全变态。卵圆柱形、馒头形、椭圆形或扁平形,表面常有饰纹,粘附于植物上或产于地表。幼虫一般 5 龄。

(3)重要科简介

①天蛾科(Sphingidae)。体纺锤形。喙发达;触角栉齿状,末端弯成细钩状;前翅狭长,后缘近端处常内凹,M₁ 脉与 Rs 脉共柄;后翅较小,Sc＋R₁ 脉与中室有一横脉相连;腹部第 1 节有听器。幼虫体粗壮,无毛;每腹节有 8～9 个小环;第 8 腹节背面有 1 个尾突;腹足左右靠近。常见的危害观赏植物的有咖啡透翅天蛾 *Cephonodes hylas* L.(图 2-36)。

②灯蛾科(Arctiidae)。腹背常有暗或黑色斑点或条纹。喙退化;后翅 A 脉 2 条,Sc＋R₁ 脉与 Rs 脉在基部愈合几达中室之半,但不超过中室末端,M₂ 脉靠近 M₃ 脉。幼虫体较软,密生长短较一致的红褐色或黑色毛丛;毛丛均长在毛瘤上;前胸气门以上有 2～3 个毛瘤;胸足端部有刀片状毛。一般无毒。常见的危害观赏植物的有美国白蛾 *Hyphantria cunea* (Drury)(图 2-36)。

③蓑蛾科(Psychidae)。雌雄异型。雄虫有翅及复眼,触角羽状,喙退化,翅略透明。前后翅中室内保留 M 脉主干,前翅 A 脉基部 3 条,至端部合并为 1 条。后翅 Sc＋R₁ 与中室分离。雌虫无翅,幼虫形,终生生活在幼虫所缀成的巢中。幼虫肥胖,胸足发达,腹足趾钩单序,椭圆形排列。幼虫能吐丝,缀枝叶为袋形的巢,背负行走。常见的危害观赏植物的有大蓑蛾 *Cryptothelea formosicolo* Strand 等(图 2-36)。

④木蠹蛾科(Cossidae)。体中形,触角羽状,下颚须及喙管均缺,下唇须短小。

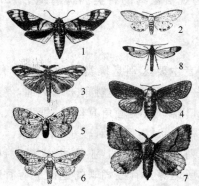

图 2-36　鳞翅目常见昆虫代表(1)
1. 天蛾科成虫　2. 灯蛾科成虫　3. 蓑蛾科成虫
4. 木蠹蛾科成虫　5. 毒蛾科成虫　6. 舟蛾科成虫
7. 枯叶蛾科成虫　8. 透翅蛾科成虫
(仿周尧)

体一般具浅灰色斑纹。前、后翅中室保留有 M 脉基部,前翅有副室及 Cu₂,后翅 Rs 与 M₁ 接近,或在中室顶角外侧出自同一主干。幼虫略扁,头及前胸盾硬化,上颚强大,傍额片伸达头顶,趾钩双序或三序,环式。多蛀食树木。如常见的柳木蠹蛾、芳香木蠹蛾,是行道树的重要害虫(图 2-36)。

⑤毒蛾科(Lymantriidae)。体粗壮多毛。触角双栉齿状;喙与下唇须退化;无单眼;后翅 Sc＋R₁ 脉与 Rs 脉在中室约 1/3 处相接或接近,M₂ 脉非常靠近 M₃ 脉;足多毛,休息时前足伸出前面;雌虫腹末有成簇的毛;有的种类雌虫无翅。幼虫体多毒毛;胸部背面有毛簇;腹部第 6 节和第 7 节或第 7

节和第 8 节背中央有翻缩腺开口；趾钩单序中带。常见的危害观赏植物的有舞毒蛾 *Lymantria dispar*（L.）（图 2-36）。

⑥舟蛾科（Notodontidae）。又称天社蛾科，与夜蛾科很相似。前翅 M_2 从中室端部中央伸出，肘脉似 3 叉式，后缘亚基部经常有鳞簇；后翅 $Sc+R_1$ 与 Rs 靠近但不接触，或由一短横脉相连；喙通常发达，无单眼；鼓膜向下伸，反鼓膜巾位于第 1 腹节气门后。幼虫惊动时，抬起身体前、后端凝固不动，以身体中央的 4 对腹足支撑身体，故称为"舟形毛虫"。幼虫取食多种乔木和灌木，常见的种类有苹果舟蛾 *Phalera flavescens* Bremer et Grey、杨扇舟蛾 *Clostera anachoreta*（Fabr.）等（图 2-36）。

⑦枯叶蛾科（Lasiocampidae）。体粗壮多毛。触角双栉状；单眼和喙退化；前翅 R_5 脉与 M_1 脉共柄，M_2 脉与 M_3 脉共柄或至少基部靠近；后翅无翅缰，肩角扩大，肩横脉 2 条以上。幼虫粗壮多毛；上唇具浅缺切；前胸在足的上方有 1 对或 2 对突起，其上毛簇特别长；趾钩双序中列。重要严重危害松树的种类有松毛虫 *Dendrolimus* spp.（图 2-36）。

⑧透翅蛾科（Sesiidae）。体中形，翅极其狭长，通常有无鳞片的透明区，极类似蜂类，白天活动，色彩鲜艳前后翅有特殊的、类似膜翅目的连锁机制；腹部有一特殊的扇状鳞簇。触角棍棒状，末端有毛。单眼发达。喙明显，下唇须上弯，第 3 节短小，末端尖锐。翅狭长，除边缘及翅脉上外，大部分透明，无鳞片。后翅 $Sc+R_1$ 脉藏在前缘褶内，后足胫节第 1 对距在中间或近端部。幼虫蛀食树木和灌木的主干、树皮、枝条、根部，或草本植物的茎和叶，趾钩单序二横带式。我国常见的种类有苹果透翅蛾 *Conopia hector* Butler、葡萄透翅蛾 *Parathrene regalis* Butler 等（图 2-36）。

⑨卷蛾科（Tortricidae）。前翅略呈长方形，肩区发达，前缘弯曲；两前翅平叠在背上成吊钟形；前翅翅脉均从基部或中室直接伸出，不合并成叉状；后翅 $Sc+R_1$ 脉与 R_2 脉不接近。幼虫前胸气门前骨片或疣上有 3 毛；肛门上方常有臀栉；趾钩单序、2 序或 3 序环形。幼虫卷叶，蛀茎、花、果和种子。常见的危害观赏植物的有苹小卷蛾 *Adoxophyes orana*（Fischer von Röslerstamm）等（图 2-37）。

⑩刺蛾科（Limacodidae）。体粗壮多毛。翅短而阔，翅中室内有 M 脉主干；前翅 A 脉 3 条，2A 脉与 3A 脉在基部相接；后翅 A 脉 3 条，$Sc+R_1$ 脉从中室中部分出。幼虫食叶，危害多种树木和果树。常见的危害观赏植物的有褐边绿刺蛾 *Latoia consocia* Walker（图 2-36）。

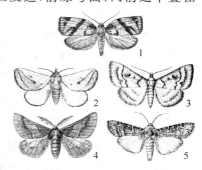

图 2-37　鳞翅目常见昆虫代表（2）

1. 卷蛾科成虫　2. 刺蛾科成虫

3. 螟蛾科成虫　4. 尺蛾科成虫

5. 夜蛾科成虫

（仿周尧）

⑪螟蛾科(Pyralidae)。体瘦长。触角线状;前翅长三角形,R_3 脉与 R_4 脉常共柄;后翅臀区发达,A 脉 3 条,$Sc+R_1$ 脉有一段在中室外与 Rs 脉愈合或接近,M_1 脉与 M_2 脉基部分离。幼虫体细长光滑,毛稀少;前胸气门前的一个毛片上有 2 毛;趾钩单序、双序或三序排列成环状、缺环或横带。幼虫卷叶、蛀茎、蛀干、蛀果和蛀种子为害。常见的危害观赏植物的有桃蛀螟 *Dichocrocis punctiferalis*(Guenee)等(图 2-36)。

⑫尺蛾科(Geometridae)。体细弱,缺单眼;四翅宽薄,平展,鳞片细密;前翅 R_5 脉与 R_3 脉和 R_4 脉共柄;后翅 $Sc+R_1$ 脉在基部弯曲;少数雌虫无翅。幼虫细长;体平滑无毛;腹部只有 1 对腹足和 1 对臀足,行走时似尺量物,故称尺蠖、步曲或造桥虫。常见的危害观赏植物的有枣步曲 *Sucra jujuba* Chu 等(图 2-37)。

⑬夜蛾科(Noctuidae)。体多较暗,多鳞片和毛。复眼大;喙发达;前翅 Cu 脉 4 叉型,一般有副室;后翅 $Sc+R_1$ 脉与 Rs 脉在中室基部短距离相接,不超过中室之半,Cu 脉 4 叉型或 3 叉型。幼虫无毛,色暗,或有各种斑纹、条纹;趾钩单序或双序。成虫夜间活动,幼虫多在夜间活动和取食,故称夜蛾。成虫趋光性和趋化性很强。常见的危害观赏植物的有银纹夜蛾 *Argyrogramma agnata*(Staudinger)等(图 2-37)。

图 2-38　鳞翅目常见昆虫代表(3)
1. 粉蝶科成虫　2. 凤蝶科成虫
(仿周尧)

⑭粉蝶科(Pieridae)。体多白色或黄色;翅上常有黑色斑纹。前足正常,爪分裂;前翅 R 脉 3～4 条,A 脉 1 条;后翅 A 脉 2 条。幼虫多暗绿色或黄色,有小黑颗粒点;每个体节分为 4～6 个小环节;趾钩中带 2 序或 3 序。蛹为缢蛹,头端有一个尖突起。幼虫主要危害十字花科、豆科和蔷薇科等植物。常见的危害观赏植物的有菜粉蝶 *Pieris rapae*(Linnaeus)等(图 2-38)。

⑮凤蝶科(Papilionidae)。前翅 R 脉 5 条,A 脉 2 条,中室与 A 脉基部有一横脉相连接;后翅 Sc 脉与 R 脉在基部形成 1 个小室,在 M_3 脉处有尾状突或外缘呈波纹状,A 脉 1 条。幼虫体肥大,平滑无毛;前胸背部前缘有臭丫腺;后胸隆起最高。幼虫主要危害芸香科、樟科、伞形科和马兜铃科植物。常见的危害观赏植物的有玉带凤蝶 *Papilio polytes* Linnaeus 等(图 2-38)。

7. 膜翅目(Hymenoptera)

(1)形态特征　体微小至大型。咀嚼式或嚼吸式口器;复眼大,单眼 3 个;触角形状多样;膜翅,前翅大,后翅小,以翅钩列连锁;多数具并胸腹节;雌性有发达的产卵器。幼虫主要可分为原足型、蠋型和无足型。头下口式;口器咀嚼式或嚼吸式;复眼发达;单眼 3 个;触角的形状和节数变化较大,有丝状、念珠状、棍棒状、膝状和栉齿状等。

　　(2)生物学特性　全变态,多数陆生,少数种类寄生于水生昆虫。成虫和幼虫多肉食性,少植食性。几乎所有成虫都访花,取食花蜜、花粉或花管内的露水。幼虫的食性比较固定,广腰亚目多为植食性,取食植物的叶、茎和干;细腰亚目多为肉食性,捕食或寄生其他昆虫或蜘蛛等,是害虫天敌。成虫多喜光,白天在花上活动或飞翔,也有一些种类晚上活动,有趋光性。

　　(3)重要科简介

　　①叶蜂科(Tenthredinidae)。体粗短。触角丝状,常9节,少数7节或多达30节;前胸背板后缘向前凹入;前足胫节有2个端距,内距常分叉;各足胫节无端前距;后翅常有5~7个闭室。幼虫胸足3对;腹足6~8对,无趾钩。多数种类幼虫取食植物叶片,少数蛀果、蛀茎或形成虫瘿。常见的危害观赏植物的有梨实蜂 *Hoplocampa pyricola* Rhower 等(图2-39)。

　　②茎蜂科(Cephidae)。体中小型,细长,黑色间或有黄色。触角丝状或棒状。前胸背板后缘近平直;前足胫节具1个端距。腹部第1节和第2节间略收缩;雌虫产卵器较短,但端部伸出腹端。幼虫常钻蛀蔷薇科,常见的有月梨茎蜂 *Janus piri* Oka-moto & Muramatsu 等(图2-39)。

　　③姬蜂科(Ichneumonidae)。前翅常有第2迴脉和小翅室;腹部细长,圆形或侧扁;腹部第2节、第3节不愈合。幼虫寄生于鳞翅目、膜翅目、鞘翅目和双翅目的幼虫或蛹。常见的有夜蛾瘦姬蜂 *Ophion luteus* 等(图2-39)。

　　④茧蜂科(Braconidae)。前翅只有1条迴脉,无小翅室;腹长卵圆形或平扁;腹部第2节与第3节愈合,坚硬不可动。幼虫寄生于鳞翅目、同翅目和双翅目幼虫,是一类重要的天敌昆虫。常见的有粉蝶绒茧蜂 *Apanteles glomeratus* (Linnaeus) 等(图2-39)。

　　⑤小蜂科(Chalcididae)。体多黑色或褐色。头胸背面常有粗大刻点,触角11~13节;后足腿节膨大,腹缘有刺或锯齿状,胫节末端有2距。寄生于鳞翅目、双翅目、鞘翅目等昆虫的幼虫或蛹。常见的有广大腿小蜂 *Brachymeria obscurata* (Walker) 等(图2-39)。

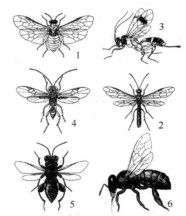

图2-39　膜翅目常见昆虫代表

1. 叶蜂科成虫　2. 茎蜂科成虫
3. 姬蜂科成虫　4. 茧蜂科成虫
5. 小蜂科成虫　6. 蜜蜂科成虫

(3. 仿赵修复;4. 仿何俊华;
5. 仿侯伯鑫;其余仿周尧)

　　⑥赤眼蜂科(Trichogrammatidae)。体极微小型。触角5~9节;雄虫触角上常有长毛轮,雌虫毛一般短;前后翅有长缘毛;前翅无痣后脉,翅面上微毛常排列成行;跗节式3-3-3;腹部无柄。卵寄生,寄生于鳞翅目、膜翅目、半翅目、鞘翅目、缨翅目、双翅目和直翅目的卵,以鳞翅目为主。常见的有澳洲赤眼蜂 *Tri-*

chogramma dendrolimi Matsumura 等。

⑦胡蜂科（Vespidae）。触角丝状。复眼内缘中部凹入，上颚短，闭合时呈横形，不交叉；前胸背板突伸达翅基片；前翅第 1 中室比亚中室长；中足胫节 2 枚端距，爪简单，不分叉；第 1、2 腹节间有一明显缢缩。常见的有中长胡蜂 *Dolichovea pula media*（Retzius）等。

⑧蜜蜂科（Apidae）。雌蜂触角 12 节，雄蜂触角 13 节；咀吸式口器；前足基跗节具净角器；后足为携粉足。社群生活，有严密的分工；或独栖生活。成虫植食性，是著名的传粉昆虫（图 2-39）。

8. 缨翅目（Thysanoptera）

(1)形态特征　体长 0.5～7 mm。口器锉吸式；单眼 3 个或无；触角线状，6～9 节；缨翅；跗节端部有端泡；雌虫产卵器锯状或管状。由于该目一些种类常见于蓟花上，故称蓟马。

(2)生物学特性　过渐变态。多植食性，生活于植物的花、幼果、嫩梢和叶片上；部分种类为菌食性和腐食性，生活于林木的枯枝上、树皮下或林地的枯枝落叶层；少数为捕食性，捕食蚜虫、粉虱、介壳虫、植食性蓟马等微小昆虫及螨类的卵和幼虫。主要进行两性生殖，不少种类能同时进行孤雌生殖，干旱季节繁殖快，易成灾害。

(3)重要科简介

①蓟马科（Thripidae）。触角 6～8 节，第 3～4 节上有叉状或锥状感觉器；前翅末端尖，常有 2 条纵脉，但无横脉，翅面无暗色斑纹；雌虫产卵器末端向下弯曲。常见的危害观赏植物的有温室蓟马 *Heliothrips haemorrhoidalis*（Bouche）等（图 2-40）。

②管蓟马科（Phlaeothripidae）。大多数种类体暗色或黑色，翅白色、煤烟色或有斑纹。触角 8 节，少数 7 节，具锥状感觉器。腹部第 9 节宽大于长，比末节短，腹部末节管状，无产卵器。翅面光滑无毛。常见的有榕母管蓟马 *Gynairothrips uzeli* Zimmerman（图 2-41）。

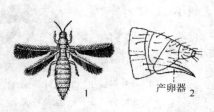

图 2-40　缨翅目常见昆虫代表(1)

1. 蓟马科成虫　2. 蓟马科雌虫腹部末端

（仿彩万志等）

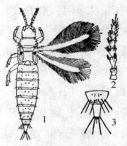

图 2-41　缨翅目常见昆虫代表(2)

1. 管蓟马科成虫　2. 触角　3. 腹末

（仿蔡平等）

9. 脉翅目（Neuroptera）

（1）形态特征 成虫小型至大型。头下口式，口器咀嚼式；触角线状、念珠状或棒状，少有栉齿状。前胸短（除螳蛉外），翅膜质，两对翅相似，翅脉网状，至边缘继续分叉，静止时呈屋脊状。

（2）生物学特性 成、幼虫均为捕食性，捕食蚜虫、蚂蚁、叶螨、介壳虫等，是重要的天敌昆虫类群。

（3）重要科简介

草蛉科（Chrysopisae）。复眼金黄色，体绿色或黄色，少数褐色，前缘横脉分叉，有缘饰。幼虫称蚜狮，主要捕食蚜虫，更有种类将蚜虫的皮背在背上。常见的有中华草蛉 *Chrysopa sinica* Tjeder。

三、观赏植物螨类特征及其目、科简介

1. 螨类概述

螨类属节肢动物门、蛛形纲、蜱螨亚纲。体小至微小型，长 100～600 μm，有些种类肉眼几乎不能看见，少数可达 10 mm 左右。

2. 形态结构

螨类的大部分体节已愈合，体躯不分头、胸、腹 3 个体段，分为颚体、前足体、后足体和末体。其中，后面 3 个体段统称为躯体。颚体由口下板、螯肢、须肢及颚基组成。躯体呈袋状，表皮有的较柔软，有的形成不同程度骨化的背板。表皮上还有各种条纹、刚毛等。有些种类有眼，多位于躯体背面。腹面有足 4 对，通常分为 6 节（包括基节、转节、股节、膝节、胫节和跗节），跗节末端有爪和爪间突。气门有或无，位于第 4 对足基节的前或后外侧，生殖孔位于躯体前半部，肛门位于躯体后半部。

3. 生物学特性

螨类营两性生殖，卵生，但也有许多营孤雌生殖。生活史一般包括卵、幼螨、若螨、成螨 4 个发育阶段，有的在卵之后还有前幼期。其中，若螨期 1～3 龄不等，有的甚至十几个龄期。多数种类在适宜条件下 1～2 周完成 1 代，而有的则需 1 年或多年完成 1 代。螨类的生活习性比较复杂。有植食性、捕食性、寄生性等。植食性种类多是农业的害螨。

4. 观赏植物上常见的螨目、科简介

我国观赏植物中螨的种类很多，多为真螨目的叶螨、跗线螨、瘿螨等，而捕食螨多属植绥螨。常见的科有以下几个（图 2-42）。

(1)瘿螨科(Eriophyidae)　体微小,肉眼不易观察,躯体高度特化,呈蛆形,仅前足体上有 2 对足,后半体上有许多横向的表面环纹。喙通常较小,即使喙大,其口针仍短。雌螨生殖盖通常有肋。瘿螨大多发生在多年生植物上,寄主专化,可危害多种园林植物。常在叶、芽或果实上吸取汁液,引起变色、畸形或虫瘿等症状。常见的有呢柳刺皮瘿螨(*Aculops niphochladae*)、梨瘿螨(*Eriophyes pyri*)等。

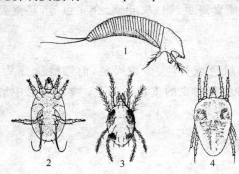

图 2-42　害螨重要科的代表

1. 瘿螨科(柑橘锈螨)　2. 跗线螨科(侧多食跗线螨)

3. 叶螨科(棉叶螨)　4. 细须螨科(卵形短须螨)

(仿韩召军)

(2)跗线螨科(Tarsonemidae)　成螨0.1~0.3 mm,椭圆形,有分节痕迹。螯肢小,针状,须肢亦小。雌螨前足体背面有假气门器,雄螨无。雌螨第 4 对足跗节有 2 根长鞭毛状毛,雄螨第 4 对足粗大;除第 1 对足外,其余各足的爪间突为宽阔膜质垫。本科食性较杂,以植物、真菌及昆虫为食。有些种类危害园林植物,如侧多食跗线螨(*Polyphagotarsonemus latus*)可危害多种菊科观赏植物。

(3)叶螨科(Tetranichidae)　成螨体长 0.4~1.0 mm,圆形或椭圆形,体色为红、绿、黄绿、黄及褐色等。成、若螨均具足 4 对,幼螨 3 对。第 1、第 2 对足的跗节上有双毛,爪和爪间突上有或无黏毛。雌、雄异型。雌螨末体圆钝,雄螨末体尖削。叶螨是园林植物上重要的植食性害螨,如朱砂叶螨(*Tetranychus cinnobarinus*)、山楂叶螨(*T. viennensis*)、柑橘全爪螨(*Panonychus citri*)可危害多种园林观赏植物。

(4)细须螨科(Tenuipalpidae)　成螨体长 0.2~0.4 mm,背面观呈卵形、梨形或菌形,体扁平,多呈深红色,成、若螨具足 4 对,幼螨 3 对。足粗短,有横皱。雌、雄异型。雌螨后半体完整,而雄螨有横缝将其分为后足体与末体 2 部分。该科均为植食性,危害多种果树和绿化观赏植物,如卵形短须螨(*Brevipalpus obovatus*)。

(5)植绥螨科(Phytoseiidae)　体小,一般椭圆形,白或淡黄色。主要特征为须肢跗节上有 2 叉的特殊刚毛;背板完整,不再分割,刚毛数为 20 对或 20 对以下;雌、雄成螨腹面都有大型肛腹板 1 块,雌成螨还有 1 块后端呈截头形的生殖板;雌螨螯肢为简单的剪刀状,雄螨螯肢的动趾(跗节)有 1 个形似鹿角的导精趾。本科是重要的捕食性螨类,可捕食叶螨和瘿螨,如智利小植绥螨(*Phytoseiulus pereimilie*)。

第四节　生态环境对昆虫的影响

　　昆虫的发生发展除与自身的生物学特性有关外,还与生态环境密切相关。生态环境是由一系列生态因子组成的,按生态因子的性质,分为非生物因子和生物因子。非生物因子包括温度、湿度、降雨、光和风等,还包括土壤条件等因子;生物因子主要包括食物因子、天敌因子等。这些生态因子常常相互影响并共同作用于昆虫。

一、气候因子对昆虫的影响

　　气候因子与昆虫生命活动的关系非常密切。气候因子包括温度、湿度、光照和风等,其中以温度和湿度对昆虫的影响最大,但各因子的作用不是孤立的,而是综合起作用的。

　　1. 温度

　　温度是太阳辐射能的一种表现形式。昆虫是变温动物,体温随环境温度的高低而变化。温度不仅能直接影响昆虫的代谢率,而且还对昆虫的分布、活动、生长、发育、生殖、遗传、生存和行为等起着重要作用,同时也能通过影响昆虫取食的植物或其他寄主,对昆虫起间接作用。

　　(1)昆虫对温度的适应范围　任何一种昆虫的生长发育、繁殖等生命活动,都要求一定的温度范围(温区),这一温区范围称为适温区(有效温区)。有效温区的下限是昆虫开始生长发育的温度,称为发育起点温度。有效温区的上限是昆虫因温度过高而生长发育被抑制的温度,称为高温临界温度,一般在 35～45℃ 之间。在发育起点温度以下或高温临界温度以上,有一段低温区或高温区,称为停育低温区或停育高温区。在停育低温区以下或停育高温区以上,昆虫因过冷或过热而死亡,称为致死低温区或致死高温区。致死低温区一般在 -40～-10℃ 之间,致死高温区一般在 45～60℃ 之间(表 2-3)。昆虫因高温致死的原因,是体内水分过度蒸发和蛋白质凝固所致;昆虫因低温致死的原因,是体内自由水分结冰,使细胞遭受破坏所致。

　　(2)有效积温法则及其应用　昆虫和其他生物一样,完成其发育阶段(如卵、各龄幼虫、幼虫期、蛹、成虫产卵前期或一个世代)需要积累一定的热能,即所需要的热能为一常数。以发育时间与发育期的平均温度的乘积表示所需的热能,称为积温常数。即:

$$K = NT$$

式中 K 为积温常数(单位为日度),N 为发育日数,T 为温度。

　　由于昆虫各发育阶段只有达到发育起点温度以上才开始发育,所以公式中的温

度应减去发育起点温度,有效温度与发育时间的乘积是一个常数,这一规律称为有效积温法则。即:

$$K = N(T - C)$$

式中 K 为有效积温,N 为发育日数,T 为温度,C 为发育起点温度。

昆虫完成某一个发育阶段所需时间的倒数叫做发育速率(V)。即 $V = 1/N$,代入上式,则得:

$$T = C + KV$$

有效积温法则可预测害虫的发生期、推测昆虫在不同地区可能发生的代数和地理上可能分布界限等。

表 2-3　昆虫对温度条件的适应范围

温度(℃)	温区		温度对昆虫的作用
45～60	致死高温区		部分蛋白质凝固,酶系统破坏,短时间造成死亡
40～45	停育高温区		死亡决定于高温强度和持续时间
30～40	高适温区	有效温区	发育速率随温度升高而减慢
22～30	最适温区		死亡率最小,繁殖力最大,发育速率接近最快
8～22	低适温区		发育速率随温度降低而减慢
−10～8	停育低温区		死亡决定于低温强度和持续时间
−40～−10	致死低温区		原生质结冰,组织破坏而死亡

2. 湿度

湿度实质上就是水的问题。水分是昆虫维持生命活动的介质,如消化作用的进行、营养物质的运输、废物的排出及体温的调节等都与水分直接相关,同时水分也是影响昆虫种群数量动态的重要环境因素。不同种类的昆虫和同种昆虫的不同发育阶段,都有其一定的湿度范围,高湿或低湿对其生长发育,特别是对其繁殖和存活影响较大。同时,湿度和降水还可通过天敌和食物间接地对昆虫发生影响。

湿度对昆虫的寿命与繁殖影响显著。如烟粉虱成虫的平均寿命在 50% RH 下达 24.6 天,但在 90%、70% 和 30%RH 下分别为 19.1 天、19.6 天和 14.6 天。

湿度对昆虫存活的影响也很显著。如大地老虎卵的存活率在温度 25℃、相对湿度 70% 时为 100%,相对湿度 90% 时为 97.5%,相对湿度 50% 时仅为 56.54%。

环境湿度较低时,可使部分雌虫不能正常产卵;一些在卵内已完成发育的幼虫不能孵化;一些在蛹壳内已形成的成虫不能羽化;一些已羽化的成虫不能正常展翅。

降雨持续时间、次数以及降雨量的大小,对昆虫数量动态的影响更为密切。降雨对于那些与土壤直接有关的昆虫往往有很大的影响。特别是暴雨对一些小型昆虫(如蚜、螨类等)和一些昆虫卵(如棉铃虫等)有机械冲刷的作用,造成死亡,可导致害虫种群密度的下降。

3. 温、湿度的综合影响

在自然界中,温度和湿度对昆虫的影响有主有次,但两者是互相影响和综合作用于昆虫的。对不同昆虫或同种昆虫的不同发育阶段,适宜的温度范围是因湿度的变化而转移的,反之亦然。

表示温、湿度对昆虫综合影响的方法,主要有温、湿系数和气候图。

(1)温、湿系数　温、湿系数(E)是平均相对湿度(RH,去掉％号)与平均温度(T)的比值,即:

$$E=RH/T$$

或用温、雨系数(Q)即温度与降雨量(P)的比值表示,即:

$$Q=P/T$$

例如,华北地区用温、湿系数分析棉蚜的消长,当 5 日的温、湿系数为 2.5～3.0 时,有利于棉蚜发生,可造成猖獗为害。

(2)气候图　以月(或旬)平均相对湿度或降雨量为坐标纵轴,以月(或旬)平均温度为坐标横轴,将各月(或旬)的温度、相对湿度或温度、降雨量组合为坐标点,然后用线条顺序将各月(或旬)的坐标点连接,绘成多边形不规则的封闭曲线,这种图像称为气候图。气候图可以表示不同地区的气候特征。如果两个地区的气候图基本重合,可以认为这两个地区的气候条件基本相似;如果同一地区不同年份的气候图基本重合,可以认为这些年份的气候条件基本相似。然后,将某种昆虫各代发生的适宜温、湿范围,以方框在图上绘出,就可以分析比较年际间温、湿度组合对这种昆虫发生数量的关系。

4. 光

在自然界,光和热是太阳辐射到地球上的两种热能状态。昆虫可以从太阳的辐射热中直接吸收热能。植物通过光合作用制造养分,供给植食性昆虫食物,昆虫也可从太阳辐射热中间接获得能量。所以光是生态系统中能的主要来源。此外,光的波长、强度和光周期对昆虫的趋性、滞育、行为等也有重要的影响。

(1)光的波长和光的强度　昆虫可见光波的范围与人不同。人眼可见波长在 390～750 μm 之间,对红色最为敏感,对紫外光和红外光均不可见;昆虫可见波长范围在 250～700 μm 之间,对紫外光敏感。如蜜蜂可见波长范围为 297～650 μm,果蝇甚至可见 257 μm 的波长。

昆虫的趋光性与光的波长关系密切。一些夜间活动的昆虫对紫外光最敏感,如棉铃虫和烟青虫分别对光波 330 μm 和 365 μm 趋性为强。测报上使用的黑光灯波长在 360～400 μm 之间,比白炽灯诱集昆虫的数量多、范围广。黑光灯结合白炽灯或高压荧光灯(高压汞灯)诱集昆虫的效果更好。

蚜虫对粉红色有正趋性,对银白色、黑色有负趋性,故可利用银灰色塑料薄膜等隔行铺于烟苗、蔬菜等行间,用忌避法防治蚜虫为害。黄色对蚜虫的飞行活动有突然的抑制作用,据此可利用"黄板诱蚜"进行防治。

(2)光周期　光周期主要是对昆虫的生活节律起着一种信息反应。自然界的光照有年和日的周期变化,即有光周期的日变化和年变化(季节变化)。光照以每日光照时数为单位。

昆虫对生活环境光周期变化节律的适应所产生的各种反应,称为光周期反应或光周期现象。许多昆虫的地理分布、形态特征、年生活史、滞育特性、行为以及蚜虫的季节性多型现象等,都与光周期的变化有着密切的关系。

光周期对蚜虫季节性多型起着重要作用,如棉蚜在短日照结合低温、食物不适宜的条件下,不仅导致产生有翅型,而且产生有性蚜,交配产卵越冬。

5. 风

风和气流对昆虫的影响是多方面的。大风可将昆虫带至远方,小风则有助于昆虫的传播、扩散,同时小风能改变环境小气候,从而影响昆虫的行为和热代谢。

风影响昆虫的地理分布。常刮大风的地区,很少见到能飞行的昆虫。风力越强的地区飞行的种类也越少。

风在昆虫的迁飞上起着重要作用。迁飞是指昆虫在一定季节成群或分散地从一地到另一地的有规律的长距离迁移。昆虫迁飞是主动与被动相结合的一种生物学特性。

二、生物因子对昆虫的影响

生物因素对昆虫的生长发育、繁殖、存活、行为等关系密切,制约着昆虫种群的数量动态。与非生物因素相比较,生物因素对昆虫的影响有以下特点:

第一,非全体性。生物因素在一般情况下,只影响昆虫的某些个体。如在同一生境内,昆虫获得食料的个体是不均衡的,只有在极个别的情况下,昆虫种群的全部个体才能被其天敌所捕食或寄生。

第二,密度制约性。生物因素对昆虫影响的程度,则与昆虫种群个体数量关系密切。如在一定空间范围内,寄主愈多,昆虫愈容易找到食物,即种间竞争小;特别是昆虫天敌受昆虫种群数量多少的影响很大。

第三,相互性。生物因素对昆虫的影响则是相互的。如某种昆虫的天敌数量增多,其种群数量即随之下降。昆虫种群数量下降,势必造成其天敌的食物不足,天敌数量也随之下降,而又导致该种昆虫种群数量的增多。

第四,不等性。生物因素只作用于与中心生物关系密切的物种。

1. 食物

食物是一种营养性环境因素,食物的质量和数量影响昆虫的分布、生长、发育、存活和繁殖,从而影响种群密度。昆虫对食物的适应,可引起食性的分化和种型分化。食物联系是表达生物种间关系的基础。

(1)昆虫的食性及其分化　昆虫的食性就是昆虫的取食习性。按食物的性质分为:植食性,以植物活体为食,如黏虫、菜蛾和舞毒蛾等;肉食性,以其他昆虫或动物活体为食,又可分为捕食性和寄生性,如七星瓢虫、澳洲瓢虫和寄生蜂等;腐食性,以动物的尸体、粪便或腐败植物为食,如埋葬甲、果蝇和舍蝇等;杂食性,兼食动物和植物,如蜚蠊和蝼蛄等。按食物的范围可分为:单食性,以一种或其近缘植物或动物为食,如豌豆象只取食豌豆;寡食性,以一个科或少数近缘科的若干植物或动物为食,如菜粉蝶取食十字花科多种植物;多食性,以多个科的植物或动物为食,如地老虎可取食禾本科、豆科、十字花科和锦葵科等多科多种植物。

(2)食物对昆虫生长发育、繁殖和存活的影响　各种昆虫都有其适宜的食物。虽然多食性的昆虫可取食多种食物,但它们仍都有各自的最嗜食的植物或动物种类。昆虫取食嗜食的食物,其发育、生长快,死亡率低,繁殖力高。

(3)植物的抗虫性　植物抗虫性是指同种植物在某种害虫为害较严重的情况下,某些品种或植株能避免受害、耐害或虽受害而有补偿能力的特性。在田间与其他种植物或品种植物相比,受害轻或损失小的植物或品种称为抗虫性植物或抗虫性品种。针对某种害虫选育和种植抗虫性品种,是农业害虫综合防治中的一项重要措施。

植物抗虫性是害虫与寄主植物之间在一定条件下相互作用的表现。就植物而言,其抗虫机制表现为不选择性、抗生性和耐害性。

①不选择性。是指植物使昆虫不趋向其栖息、产卵或取食的一些特性。如由于植物的形态、生理生化特性,分泌一些挥发性的化学物质,可以阻止昆虫趋向植物产卵或取食;或者由于植物的物候特性,使其某些生育期与昆虫为害期不一致;或者由于植物的生长特性,所形成的小生态环境不适合昆虫的生存等,从而避免或减轻了害虫的为害。

②抗生性。是指有些植物或品种含有对昆虫有毒的化学物质(如生物碱、苯醌等),或缺乏昆虫生长发育所必要的营养物质,或含量不适宜,或由于对昆虫产生不利的物理、机械作用等,而引起昆虫死亡率高、繁殖力低、生长发育延迟或不能完成发育的一些特性。

③耐害性。是指植物受害后,具有很强的增殖和补偿能力,而不致在产量上有显著的影响。如一些禾谷类作物品种受到蛀茎害虫为害时,虽被害茎枯死,但可分蘖补

偿,减少损失。

植物的这些抗虫机制,常互有交错,难以截然分开。

2. 天敌

昆虫在生长发育过程中,常由于其他生物的捕食或寄生而死亡,这些生物称为昆虫的天敌。昆虫的大敌主要包括致病微生物、天敌昆虫和食虫动物三大类,它们是影响昆虫种群数量变动的重要因素。

(1)致病微生物 主要有细菌、真菌和病毒,但习惯上将病原线虫、病原原生动物归于致病微生物,此外立克次体等对昆虫也有致病作用。

①细菌。昆虫病原细菌已知约有 90 多种,分属于芽孢杆菌科 Bacillaceae、肠杆菌科 Enterobacteriaceae、假单胞菌科 Pseudomonadaceae。研究和应用较多的是芽孢杆菌,如苏芸金杆菌 *Bacillus thuringiens* 和日本金龟芽孢杆菌 *B. popilliae* 等。细菌致病的昆虫外表特征是行动迟缓,食欲减迟,死后身体软化和变黑。内脏常软化。带黏性,有臭味。

②真菌。昆虫病原真菌也称虫生菌,种类繁多,已记载的有 900 多种,分布于真菌界各亚门的 100 多个属中,其中主要的属为:接合菌亚门的虫生霉 *Entomophthora*,子囊菌亚门的虫草菌 *Cordyceps*,半知菌亚门的白僵菌 *Beauveria*、绿僵菌 *Metarhjzium*、多毛孢 *Hirsutella*、轮枝孢 *Verticillum* 等属。

③病毒。昆虫病毒与其他病毒一样,无细胞结构,只能在活的寄主细胞内复制增殖。昆虫病毒可分为包含体病毒和无包含体病毒两类,前者大都能在细胞内形成蛋白质结晶状的包含体,后者则无。我国已知的昆虫和蜱螨类病毒有 200 多种,主要包括核型多角体病毒(NPV)、质型多角体病毒(CPV)和颗粒体病毒(GV)。

④线虫。昆虫病原线虫属线虫动物门、线虫纲。在自然界已知寄生于昆虫的线虫有数百种,其中主要是索线虫总科的索线虫科和小杆总科中的斯氏线虫科、异小杆线虫科。索线虫总科幼虫穿过体壁进入寄主体内,发育到成熟前脱离寄主入土,寄主随即死亡;小杆线虫总科幼虫与细菌共生,线虫幼虫侵入寄主体内后,细菌排至寄主血体腔内,引起败血病死亡,而线虫在寄主尸体内发育成熟。

此外,病原原生动物常见的有蝗微孢子虫、玉米螟微孢子虫等。

(2)天敌昆虫 天敌昆虫一般可分为捕食性天敌昆虫和寄生性天敌昆虫两大类。两者的主要区别是:①捕食性天敌昆虫身体一般比猎物昆虫大,而寄生性天敌昆虫比寄主昆虫小;②捕食性天敌昆虫通常需捕食许多头猎物才能完成个体发育,而寄生性天敌昆虫只需寄生于 1 头寄主内即可完成个体发育;③捕食性天敌昆虫可使猎物立即致死,而寄生性天敌昆虫需经过一段时间才能使寄主致死;④捕食性天敌昆虫在捕食时可自由活动,而寄生性天敌昆虫在寄生时不离开寄主的身体;⑤捕食性天敌昆虫的成虫和幼虫的食物(猎物)一般是相同的,而寄生性天敌昆虫的成虫和幼虫的食物一般不相同。

(3)食虫动物　是指天敌昆虫以外的捕食昆虫的动物。主要包括蛛形纲、鸟纲和两栖纲中的一些动物,如蜘蛛、鸟类、青蛙等。

三、土壤因子对昆虫的影响

同大气温、湿度一样,土壤温、湿度也可以影响昆虫的生存、生长发育和繁殖力。土壤理化性质及土壤有机物也对昆虫种类及数量有一定的影响。

1. 土壤温度

土壤温度来源于太阳辐射热和土壤中有机质腐烂产生的热。前者是主要的来源,所以土表在白天受太阳辐射而增高温度,热由外向内传导,夜间则表层温度冷却较快,热由内向外发散。因此土表层的温度昼夜变化很大,甚至超过气温变化。但愈往土壤深层则温度变化愈小,在地面向下 1 m 深处,昼夜几乎没有什么温差。土壤温度在一年内的变化也是表层大于深层。土壤类型、物理性质以及土表植被情况,都会影响土壤温度的高低。

土栖昆虫在土中的活动,常常随着土温的变化而呈现垂直方向的变化。秋季土壤表层温度随气温下降而降低时,昆虫向土壤下层移动,气温愈低,潜伏愈深;春季天气渐暖,土表温度也逐渐回升,昆虫则逐渐向上层移动。

2. 土壤湿度

土壤湿度包括土壤水分和土壤空隙内的空气湿度,这主要取决于降水量和灌溉。

土壤空气中的湿度,除表土层外,一般总是处于饱和状态,因此土栖昆虫不会因土壤湿度过低而死亡。许多昆虫的不活动虫期,如卵和蛹期常以土壤作为栖息地,避免了大气干燥对它的不利影响。

土壤湿度还影响着土栖昆虫的分布。如细胸金针虫和小地老虎多发生于土壤湿度大的地方或低洼地;而沟金针虫多发生于旱地高原。

土壤含水量与地下害虫的活动为害有密切关系。如沟金针虫在春季干旱年份,虽然土壤温度已适于活动,但由于表土层缺水,影响了幼虫的上升。另一方面,土壤水分过多,则不利于地下害虫的生活,如及时灌水,可使金针虫下移,起到暂时防虫保苗的作用。如果实行水旱轮作,使田里有一个长期的淹水条件,可以显著减少旱作阶段的地下害虫。

3. 土壤理化性质对昆虫的影响

土壤理化性质主要包括土壤成分、通气性、团粒结构、土壤的酸碱度、含盐量等,对昆虫的种类和数量都有很大的影响。

土壤的质地和结构与地下害虫的分布和活动关系密切。如华北蝼蛄主要分布在淮河以北的砂壤土地区,而东方蝼蛄则主要分布在土壤较黏重的地区。对体型较大的蛴螬,疏松的沙土和壤土对其活动有利。

土壤的酸碱度对一些昆虫的生活影响也很大。如沟金针虫喜欢在酸性缺钙的土壤中生活,而细胸金针虫则喜欢生活在碱性的土壤中。

4. 土壤有机物与昆虫的关系

生活在土壤内的昆虫,有的以植物的根系为食料,有的以土壤中的腐植质为食料。所以在施肥的土壤中,昆虫密度比没有施肥的为多,特别是施以有机肥料的更多,这显然与其食料及土壤温、湿度等改变有关。

土栖昆虫一方面受施用有机肥料的影响,另一方面,一些腐食性昆虫在其生命活动过程中,将一部分有机物转化为可以被植物利用的化合物,这对土壤肥力的形成起着一定的作用。同时,土栖昆虫在土壤中的活动,增加了土壤的隙度,使土壤微生物的好气性加强,更有利于有机物的分解。有些土栖昆虫的消化道内有大量的土壤微生物和共生微生物,它们的粪便就为土壤积累了腐殖质,使土壤肥力得以提高。

复习思考题

1. 昆虫的基本特征有哪些?
2. 昆虫触角的基本构造和类型有哪些?
3. 昆虫咀嚼式口器基本构造及类型有哪些?
4. 咀嚼式口器与刺吸式、虹吸式、锉吸式口器的构造及危害症状有何不同?
5. 昆虫足的基本构造和类型有哪些?
6. 昆虫翅的构造和类型有哪些?
7. 昆虫雌、雄性外生殖器各由哪些基本器官构成?
8. 昆虫体壁的构造及功能是怎样的?
9. 昆虫的内部器官有哪些?
10. 昆虫有哪些生殖方式? 特点是什么?
11. 何谓变态,有哪些类型?
12. 昆虫蛹的类型有哪些?
13. 昆虫休眠和滞育的生物学意义是什么?
14. 了解昆虫的生活史有什么意义?
15. 昆虫有哪些主要习性? 在害虫防治上有哪些作用?

16. 昆虫和螨类与观赏植物有关的重要目、科的分类特征有哪些？

17. 在当地采集昆虫和螨类至少 50 种，按照分类特征分别鉴定出所属纲、目、科。

18. 昆虫对不同温度区的反应有哪些特点？

19. 有效积温有哪些用途？

20. 简述土壤对昆虫的影响特点？

21. 昆虫食性的专化有哪些不同类型？

22. 简述植物抗虫三机制的特点？

23. 捕食性天敌主要类群有哪些？分类的依据是什么？

第三章　观赏植物病虫害综合治理

第一节　综合治理的概念和原则

一、综合治理的概念

1967 年,联合国粮农组织(FAO)在罗马召开有害生物综合治理专家小组会时,给有害生物综合治理下的定义是:"综合治理(IPM)是一种害虫管理系统。按照害虫种群的种群动态和与它相关的环境关系,利用适当的技术和方法,使其尽可能地互不矛盾。保持害虫种群数量处在经济受害水平之下。"

1985 年,在成都召开的第二次全国农作物病虫害综合防治学术研讨会上,专家们经过充分讨论,进一步丰富了有害生物综合治理的内涵。"综合治理是对有害生物进行科学管理的体系。它从农业生态系统总体出发,根据有害生物和环境之间的相互关系,充分发挥自然控制因素的作用,因地制宜,协调应用必要的措施,将有害生物控制在经济受害允许水平之下,以获得最佳的经济、生态和社会效益。"

二、综合治理的原则

1. 经济、安全、简易、有效

这是在确定综合治理方案时首先要考虑的问题,特别是安全问题,包括对植物、天敌、人畜等,不致发生药害和中毒事故。不管采用什么措施,都要考虑节约资金而又简单易行,同时要有良好的防治效果。

2. 协调措施，减少矛盾

化学防治常常会杀伤天敌，这就要求化学防治与生物防治相结合，尽量减少二者之间的矛盾，在使用化学药剂时，要考虑到对天敌的影响，选择对天敌无害或毒害较小的药剂，通过改变施药时间和方法，以使化学防治和生物防治有机结合，达到既防治了害虫，又保护了天敌的作用。

3. 相辅相成，取长补短

各种防治措施各有长短，综合治理就是要使各种措施相互配合，取长补短。化学防治有见效快、效果好、工效高的优点，但药效往往仅限于一时，不能长期控制害虫，且使用不当易使害虫产生抗性，杀伤天敌，污染环境。农业防治虽有预防作用和长效性，不需额外投资，但对已发生的病虫害无能为力。生物防治虽有诸多优点，但当病虫暴发成灾时，也未必能有效。因此，各种措施都不是万能的，必须有机地结合起来。

4. 力求兼治，化繁为简

自然情况下，各种病虫害往往混合发生，如果逐个防治，浪费工时，在防治时，应全面考虑，适当进行药剂搭配，选择合适的时机，力求达到一次用药兼治几种病虫的目的。

5. 要有全局观念

综合治理要从农业生产的全局出发，要考虑生态环境，以预防为主，最终获得社会的、经济的和生态的效益。

基于上述原则，人类已开发了一系列的病虫害防治方法，按作用原理和应用技术可以归纳为植物检疫、园林技术防治法、生物防治法、物理机械防治法、化学防治法和外科治疗六大类。

第二节　　植物检疫

一、植物检疫的概念

植物检疫又称法规防治，指由一个国家或地区用法律或法规的形式，禁止某些危险性的病虫杂草人为地传入或传出或对已发生及传入的危险性病虫杂草，采取有效措施或控制在地区间或国家间传播蔓延，确保农林业安全生产。

目前，我国的植物检疫工作分为对内检疫（国内检疫）和对外检疫（国际检疫）两方面。主要是由各省、自治区、直辖市检疫机关，会同交通、邮电、供销及其他部门根据检疫条例,对所调运的物品进行检验和处理,以防止局部地区危险性病虫的传播蔓延。我国对内检疫以产地检疫为主,道路检疫为辅;对外检疫是国家在对外港口、国际机场及国际交通要道设立检疫机构,对进出口的物品进行检疫处理,以防止新的危险性病、虫、杂草随植物及其产品由国外输入或由国内输出。

二、植物检疫的措施和方法

1. 调查研究,确定检疫对象

调查研究是开展植物检疫的基础。病虫害及杂草的种类繁多,不可能对所有的病虫、杂草都进行检疫,必须有计划地开展对各地病虫害的普查、抽查或专题调查,了解当地植物病虫害发生的种类、分布范围、危害程度,以便确定检疫对象,采取检疫措施。

确定植物检疫对象的原则和依据是:一是危险性的,即危害严重、防治困难的病、虫、杂草;二是局部地区发生的病、虫、杂草;三是借助人为活动传播的病、虫、杂草。如有些病虫害尽管危害严重,但已在各地普遍发生,且可以随气流等作远距离传播的,就不应列为植检对象。另外,植物检疫对象的名单并不是固定不变的,应根据实际情况的变化及时修订或补充。

2. 划定疫区和保护区,采取检疫措施

经过调查,把已经发生检疫对象的地区划为疫区,未发生但可能传播进检疫对象的地区划定为保护区。对疫区要严加控制,禁止检疫对象传出,并采取积极的防治措施,逐步消灭检疫对象。对保护区要严防检疫对象传入,充分做好预防工作。

3. 检验及处理

(1)报验　调运和邮寄种苗及其他应受检的植物产品时,应向调出地有关检疫机构报验。

(2)检验　植物检疫的检验方法有现场检验、实验室检验和栽培检验等。检疫机构人员对所报检的植物及其产品要进行严格的检验。到达现场后凭肉眼或放大镜对产品进行外部检查,并抽取一定数量的产品进行详细检查,必要时可进行显微镜检及诱发实验等。

(3)检疫处理　经检验如发现检疫对象,应按规定在检疫机构监督下进行处理。一般方法有:禁止调运、就地销毁、消毒处理、限制使用地点等。

(4)签发证书　经检验后,如不带有检疫对象,则检疫机构发给国内植物检疫证书放行,如发现检疫对象,经处理合格后,仍发证放行;无法进行消毒处理的,应停止调运。

第三节　园林技术防治

　　园林技术防治法隶属于农业防治范畴。也称栽培防治,是指根据植物、病虫和环境三者的相互关系,通过改进栽培技术措施,有目的地创造有利于植物的生长发育而不利于病虫害发生的环境条件,从而控制病虫害发生危害的防治方法。

　　园林技术防治由于和生产操作过程紧密结合,具有省工、经济、安全、易为人们接受和推广的优点,而且防治病虫害具有长期作用和预防作用。但是园林技术防治往往地域性、季节性很强,控制虫害作用不如化学防治快。

一、选育抗病虫品种

　　我国园林观赏植物资源丰富,为抗病虫品种的选育提供了大量的种质,因而应注意抗病虫品种的选育。选育抗病虫品种的方法有很多,有常规育种、辐射育种、化学诱变、单倍体育种和基因工程育种等。所以,针对当地发生的主要害虫,选用抗虫的园林植物树种及品种是防治害虫最经济有效的一种方法。特别是对那些还没有其他有效防治措施的病虫害,选用抗病虫树种是非常重要的,例如,针对城市行道树植物种类单纯容易发生害虫为害的特点,选用抗虫的树种和品种如银杏、樟树、女贞、广玉兰等,以减少害虫防治及农药的使用。近年来,我国南方引进的多种国外松(例如湿地松、火炬松等)不仅在生长量和材质方面大大优越于马尾松,而且对马尾松毛虫具有一定的抗性。如意大利选育的抗黑斑病杨树品种,已在生产上发挥了作用。

　　基因工程技术的飞速发展也为抗病虫树种的选育带来了广阔前景。如中国林科院和中国科学院微生物研究所合作,将 BT 毒蛋白基因转入欧洲黑杨,培育出抗食叶害虫的抗虫杨 12 号新品种,现已在北京、山东、河南、吉林及内蒙古等地区种植推广等。

二、栽培管理技术措施

1. 合理搭配树种与布局

　　在营造绿色系统时,注意加强城市园林植被的多样性建设,促进城市绿地生态系统的稳定性,提高对害虫为害的自我调控能力。城市绿地建设一定要避免单一化的模式,不仅整个城市的植物种类要多样化,在同一块绿地上亦应考虑多样化。通过科学地搭配树种与布局,建立合理的植物群落结构,充分发挥自然控制因素的作用,是控制园林害虫猖獗的经济、有效的措施。例如,实行常绿和落叶树种组合,地被、灌木、乔木结合，色叶树种相间，并且多树种混合栽植，形成多层次结构的植物群落，既可增强城市的绿化与景观效益，又能增强抵御害虫侵害的能力。对已栽植的绿地，补植各类灌木、花草植物，扩大蜜源植物，为天敌昆虫创造良好的生活环境，有利于发挥自然因素控制害虫的作用。同时，在安排园林植物布局时要考虑到树种与害虫食性的关系，避免转主寄主植物混栽。即新建庭园时，还应避免将有共同病虫害的树种、花草搭配在一起。如海棠和松柏、龙柏等树种近距离栽植易造成海棠锈病的大发生。

　　苗木是植物生长的基础，栽培管理措施对于植物的生长发育和对病虫害的抵抗能力也是至关重要的。在园圃规划设计时必须贯彻"适地适树"的原则。适地适树，合理密植，适当进行树种、花草搭配，可相对地减轻病虫害的发生与危害。所谓适地适树，就是使造林树种的特性与造林地的立地条件相适应，以保证树木、花草健壮生长，增强抗病虫能力。如泡桐栽植在土壤黏重、地势低洼的地段生长不良，且易引起泡桐根部窒息；同样，栽植刺槐也可能因水湿烂根死亡。南方营造杉木林，若栽植在瘠薄干燥的丘陵，往往黄化病严重。如油松、松柏等喜光树种，则宜栽植于较干燥向阳的地方。云杉等耐阴树种宜栽植于阴湿地段。无论是露天栽培，还是温室大棚栽植，种植密度、盆花摆放密度要适宜，以利于通风透气。尤其是温室大棚内要经常通风透气，降低湿度，以减轻灰霉病、叶斑病等常见病害的发生。

2. 栽培管理措施

　　在园林植物管理工作中，土、肥、水管理一定要跟上，许多经验证明，树势健壮、枝繁叶茂，病虫害则轻；而树势衰弱，病虫害则重。结合园林植物的抚育管理，合理修枝，及时剪除病虫枝叶，清除因病虫或其他原因致死的植株。园林操作过程中避免人为传染，如在切花、摘心时要防止工具和人手对病菌的传带。合理的肥水管理不但能使植物健壮地生长，而且能增强植物的抗病虫能力。观赏植物应使用充分腐熟而又无味的有机肥，以免污染环境。使用无机肥时要注意氮、磷、钾等营养成分的配合，以防止出现缺素症。一般来说，大量使用氮肥，促进植物幼嫩组织大量生长，往往导致白粉病、锈病、叶斑病等的发生；适量地增施磷、钾肥，能提高寄主的抗病性，是防治某些病害的有利措施。合理施肥与灌溉可以改善观赏植物的营养条件。加强肥水管理，合理整枝修剪，保持良好的通风透光条件，促使观赏植物生长发育健壮，可以提高抗虫能力。如碧桃等核果类树木树势衰弱时易招引桃红颈天牛产卵，流胶病也严重。观赏植物的灌溉技术，无论是灌水方法，还是浇水的量、时间等，都影响病虫害的发生。灌水方式要适当，喷灌和"喷水"等方式往往加重叶部病害的发生，最好采用沟灌或沿盆钵的边缘浇水。浇水要适量，多雨季节要及时做好排水工作，水分过大往往引起植物根部缺氧窒息，轻者植物生长不良，重则引起根部腐烂，尤其是肉质根等器官。灌水时间要有选择，叶部病害发生时，浇水时间最好选择晴天的上午，以便及时地降低叶片表面的湿度。

结合整形修剪,去除虫梢、病虫枝叶、枯死树干,可以直接消灭部分卷叶蛾、潜叶蛾、蚧类、天牛、木蠹蛾、透翅蛾等害虫。

秋冬季对树干基部涂白,不仅可以防止日灼病,消灭部分越冬害虫,而且能阻止来年天牛成虫产卵。如杨树育苗不宜重茬,但与刺槐、绵槐轮作比较成功。温室中香石竹多年连作时,会加重镰刀菌枯萎病的发生。实行轮作可以减轻病害,轮作时间视具体病害而定,鸡冠花褐斑病轮作 2 年即有效,而胞囊线虫病则需更长,一般情况下需轮作 3~4 年以上。油松、桧柏等喜光树种,则宜栽植于较干燥向阳的地方。从防治病虫害的角度讲,应避免将有共同病虫害的植物搭配在一起。如苹(梨)桧锈病是一种转主寄生病害,若将苹果、梨等与桧柏、龙柏等树种近距离栽植易加重苹(梨)桧锈病的发生危害。

第四节　物理机械防治

利用简单器械和各种物理因子(如声、光、电、色、热、湿、放射能等)来防治植物病虫害的方法,称为物理机械防治。物理机械防治的特点是:简单易行,可直接杀死害虫、病菌;其中一些方法(如红外线、高频电流)能杀死隐蔽为害的害虫,它没有化学防治所产生的副作用。但是,物理机械防治要耗费较多的劳力,其中有些方法耗资昂贵,有些方法也能杀伤天敌。物理机械防治比较适于小面积的果园、苗圃使用。常见的防治措施有以下几种。

一、捕杀法

利用人工或各种简单的器械捕捉或直接消灭害虫的方法称捕杀法。人工捕杀适合于具有假死性、群集性或其他目标明显易于捕捉的害虫。如多数金龟甲的成虫具有假死性,可在清晨或傍晚将其震落捕杀;榆黄叶甲的幼虫老熟时群集于树皮缝、树洞等处化蛹,此时可人工捕杀;结合冬季修剪,可剪除黄刺蛾的茧、天幕毛虫的卵环等。

二、阻隔法

人为设置各种障碍,以切断病虫害的侵害途径,这种方法称为阻隔法,也叫障碍物法。在树干上涂白,可以减轻树木因冻害和日灼而发生的损伤,并能遮盖伤口,避免病菌侵入,减少天牛产卵机会等。目前生产上常用的阻隔法有:

1. 涂毒环、涂胶环

对有上、下树习性的幼虫可在树干上涂毒环或涂胶环,阻隔和触杀幼虫。

2. 挖障碍沟

对不能迁飞只能靠爬行扩散的害虫,为阻止其迁移危害,可在未受害区周围挖沟,害虫坠落沟中后予以消灭。对紫色根腐病和白腐病等借助菌索蔓延传播的根部病害,在受害植株周围挖沟能阻隔病菌菌索蔓延。挖沟规格是宽 30 cm、深 40 cm,沟壁要光滑垂直。

3. 设障碍物

有的害虫雌成虫无翅,只能爬到树上产卵。对于这类害虫,可在其上树前在树干基部设置障碍物,阻止其上树产卵。如可在树干上绑塑料布或在干基周围培土堆,制成光滑的陡面。

4. 土壤覆盖薄膜或盖草

许多叶部病害的病原物是在病残体上越冬的,花木栽培地早春覆膜或盖草(麦秸秆和稻草等)可以对病原物的传播起到机械阻隔作用,从而大幅度地减少叶部病害的发生。土表覆盖银灰色薄膜,能使有翅蚜远远躲避,从而保护观赏植物免受蚜虫的危害,也减少了蚜虫传毒的机会。

5. 纱网隔离

对于日光温室及各种塑料大棚等保护地内栽培的观赏植物,采用 40～60 目的纱网覆罩,不仅可以隔绝蚜虫、叶蜂、蓟马、斑潜蝇等害虫的危害,还能有效地减轻病毒病的侵染。

三、诱杀法

利用害虫的趋性或其他习性,人为设置器械或诱物来诱杀害虫的方法称为诱杀法。

1. 灯光诱杀

指利用害虫的趋光性进行诱杀的方法。目前我国有五类黑光灯:普通黑光管灯(20 W)、频射管灯(30 W)、双光汞灯(125 W)、节能黑光灯(13～40 W)和纳米汞灯(125 W)。黑光灯可诱集约 700 多种昆虫,尤其对夜蛾类、螟蛾类、毒蛾类、枯叶蛾类、天蛾类、尺蛾类、灯蛾类、刺蛾类、卷蛾类、金龟甲类、蝼蛄类、叶蝉类等诱集力更强。

2. 食物诱杀

指利用害虫的趋化性进行诱杀的方法。

(1)毒饵诱杀　许多昆虫的成虫由于取食、交尾、产卵等原因,对一些挥发性的气味有着强烈的嗜好,表现出正趋性反应。利用害虫的这种趋性,在所嗜好的食物中掺入适当的毒剂,制成各种毒饵诱杀害虫,效果良好。例如:可以用麦麸、谷糠或豆饼等作饵料,加入3%的10%的吡虫啉或者敌百虫混合而成的毒饵诱杀蝼蛄;诱杀地老虎、黏虫等毒饵液可以用糖、醋、酒、水、10%的吡虫啉或敌百虫混合,比例为9∶3∶1∶10∶1。

(2)饵木诱杀　利用许多蛀干性害虫如天牛、小蠹虫等喜欢在喜食树种和新伐倒木上产卵的习性,在害虫产卵繁殖期,于林间适当地点设置一些新伐木段,待害虫产卵时或产卵以后集中杀死成虫或卵。

(3)植物诱杀　利用害虫对某些植物有特殊的嗜食习性,人为地种植此种植物诱集捕杀害虫的方法。如在苗圃周围种植蓖麻,使金龟甲误食后麻醉,可以集中捕杀;种植一串红、茄子、黄瓜等叶背多毛植物可诱杀温室白粉虱。

3. 潜所诱杀

利用某些害虫的越冬、化蛹或白天隐蔽的习性,人工设置类似的环境,诱集害虫进入,而后杀死。如在树干上束稻草,诱集美国白蛾幼虫化蛹;傍晚在苗圃的步道上堆集新鲜杂草,诱集地老虎幼虫。

4. 利用颜色诱虫或驱虫

如利用蚜虫、温室白粉虱、潜蝇等有趋黄性,将涂有虫胶的黄板挂设在一定高度,可以有效地诱杀趋黄性害虫;蓟马对蓝色板反射光特别敏感,可在温室内挂设一些蓝色板诱杀蓟马;另外银灰色有避蚜作用,在苗床可以覆盖银灰色反光膜避蚜,在苗区可以挂设条状银灰色反光膜避蚜。

四、高温处理法

害虫和病菌对高温的忍耐力都较差,因此可以通过提高温度来杀死病菌或害虫,这种方法称为热力处理法或高温处理法。常用的方法有:

1. 种苗的热处理

种苗热处理的关键是温度和时间的控制,一般对休眠器官处理比较安全,对某些染病植株作热处理时都要事先进行实验。常用的方法有热水浸种和浸苗。如唐菖蒲球茎在55℃水中浸泡30分钟,可以防治镰刀菌干腐病;用80℃热水浸刺槐种子30分钟后捞出,可杀死种内小蜂幼虫,不影响种子发芽率;带病苗木可用40～50℃温水处理 30 分钟至 3 小时。

2. 土壤的热处理

现代温室土壤热处理是使用热蒸汽（90～100℃），处理时间为 30 分钟。蒸汽处理可大幅度降低香石竹镰刀菌枯萎病、菊花枯萎病的发生，在发达国家，蒸汽热处理已成为常规管理。当夏季花搬出温室后，将门窗全部关闭，土壤上覆膜能较彻底地杀灭温室中的病原物。

五、微波、高频、辐射处理

1. 微波、高频处理

微波和高频都是电磁波。因微波的频率比高频更高，微波波段的频率又叫超高频。用微波处理植物果实和种子杀虫是一种先进的技术，其作用原理是微波使被处理的物体及内外的害虫或病原物温度迅速上升，当达到害虫与病原物的致死温度时，即起到杀虫、灭菌的作用。

微波高频处理杀虫灭菌的优点是加热、升温快，杀虫效率高，快速、安全、无残毒、操作简便、处理费用低，在植物检疫中很适合于旅检和邮检工作的需要。

2. 辐射处理

辐射处理杀虫主要是利用放射性同位素辐射出来的射线杀虫，如放射性同位素钴 60 辐射出来的 γ 射线。这是一种新的杀虫技术，它可以直接杀死害虫，也可以通过辐射引起害虫雄性不育，然后释放这种人工饲养的不育雄虫，使之与自然界的有生殖力的雌虫交配，使之不能繁殖后代而达到消灭害虫的目的。由于辐射处理，射线的穿透力强，能够透过包装物，在不拆除包装的情况下进行杀虫灭菌，所以对潜藏在粮食、水果、中药材等农林产品内的害虫以及毛织品、毛皮制品、书籍、纸张等物品内的害虫都可以采用此法处理。

利用红外线处理杀虫。红外线为一种电磁波，能穿透不透明的物体而在其内部加热使害虫致死。此外，还可以利用红外线、紫外线、X 射线以及激光技术，进行害虫的辐射诱杀、预测预报及检疫检验等。

第五节　外科治疗

有些观赏植物，尤其是风景名胜区的古树名木，多数树体因病虫危害等原因已形成大大小小的树洞和疤痕，受害严重的树体破烂不堪，处于死亡的边缘，而这些古树名木是重要的历史文化遗产和旅游资源，不能像对待其他普通树木一样，采取伐除、烧毁的措施减少虫源。对此,通常采用外科手术治疗法清除病虫,使其保持原有的观赏价值并能健康的生长是十分必要的。

一、表皮损伤的治疗

表皮损伤修补是指树皮损伤面积直径在 10 cm 以上的伤口的治疗。基本方法是用高分子化合物——聚硫密封剂封闭伤口。在封闭之前,对树体上的伤疤进行清洗,并用 30 倍的硫酸铜溶液喷涂 2 次(间隔 30 分钟),晾干后密封(气温 23±2℃时密封效果好)。最后用黏贴原树皮的方法进行外表装修。

二、树洞的修补

树洞的修补主要包括清理、消毒和树洞的填充。首先,把树洞内积存的杂物全部清除,并刮除洞壁上的腐烂层,用 30 倍的硫酸铜溶液喷涂两遍(隔 30 分钟)。如果洞壁上有虫孔,可向虫孔内注射 50 倍的 40％氧化乐果等杀虫剂。树洞清理干净,消毒后,树洞边材完好时,采用假填充法修补,即先在洞口上固定钢丝网,再在网上铺10～15 cm 厚的 107 水泥砂浆(沙：水泥：107 胶：水＝4：2：0.5：1.25),外层再用聚硫密封剂密封,最后再粘贴上原树皮。树洞大、边材受损时,则采用实心填充,即在树洞中央立硬杂木树桩或用水泥柱作支撑物,在其周围固定填充物。填充物和洞壁之间的距离以 5 cm 左右为宜,树洞灌入聚氨脂,把树洞内的填充物与洞壁粘连成一体,再用聚硫密封剂密封,最后粘贴树皮。修饰的基本原则是随坡就势,因树做形,修旧如故,古朴典雅。

第六节　生物防治

利用有益生物及其天然产物防治害虫和病原物的方法称为生物防治法。生物防治是综合防治的重要内容,其优点是不污染环境,对人畜和植物安全,能收到长期的防治效果,但也有明显的局限性。如发挥作用缓慢、天敌昆虫和生物菌剂受环境特别是气象因子及寄主条件的影响较大,效果不很稳定,多数天敌的杀虫范围较狭窄,微生物防治剂的开发周期很长等。目前生物防治主要有合理利用天敌、微生物农药的应用,其他有益生物的利用,重寄生、拮抗与交互保护的利用和其他生物技术的应用等方面。

一、天敌昆虫的利用

自然界天敌昆虫的种类和数量很多,其中有捕食性天敌(如瓢虫、草蛉、食蚜蝇、蚂蚁、食虫蝽、胡蜂、步甲等)和寄生性天敌(如寄生蜂和寄生蝇类)两大类。保护利用自然天敌有多种途径,其中最重要的是合理使用化学农药,减少对天敌的杀伤作用。其次要创造有利于自然天敌昆虫发生的环境条件。如保证天敌安全越冬,必要时补充寄主等。

1. 当地自然天敌昆虫的保护和利用

自然界天敌昆虫的种类和数量很多,但它们常受到不良环境条件和人为因素的影响而不能充分发挥对害虫的控制作用。因此,必须通过改善或创造有利于自然天敌昆虫发生的环境条件,以促其繁殖发展。

保护利用天敌的基本措施:一是保护天敌安全越冬,很多天敌昆虫在严寒来临时会大量死亡,若施以安全措施,则可以增多早春添丁数量,如束草诱集、引进室内蛰伏等;二是必要时补充寄主,使其及时寄生繁殖,这具有保护和增殖两方面的意义;三是注意处理害虫的方法,因为在获得的害虫体内通常有天敌寄生,妥善处理。四是合理使用农药,避免杀伤天敌昆虫。

2. 人工大量繁殖释放天敌昆虫

在自然条件下,天敌的发展总是以害虫的发展为前提的,在害虫发生初期由于天敌数量少,对害虫的控制力低,再加上受化学防治的影响,园林绿地内天敌数量减少,因此需要采用人工大量繁殖的方法,繁殖一定数量的天敌,在害虫发生初期释放到野外,可以取得较显著的防治效果。目前已繁殖利用成功的有赤眼蜂、异色瓢虫、黑缘红瓢虫、草蛉、蜀蝽、平腹小蜂、管氏肿腿蜂等。这些已在生产实践中加以应用,特别是在公园、风景区应用较多。

3. 移殖和引进外地天敌昆虫

从国外或外地引进有效天敌昆虫来防治本地害虫,这在生物防治上是一种经典的方法。早在 1888 年,美国即从澳大利亚引进澳洲瓢虫控制了柑橘产区的吹棉蚧。我国 1978 年从英国引进的丽蚜小蜂,在北京等地试验,控制温室白粉虱的效果十分显著。在天敌昆虫引移过程中,要特别注意引移对象的一般生物学特性,选择好引移对象的虫态、时间和方法,应特别注意两地生态条件的差异。此外,在引移对象天敌时,还要注意做好检疫工作,以免将危险性病虫害同时带入。

二、微生物农药的应用

引起昆虫疾病并使之死亡的病原微生物有真菌、细菌、病毒、立克次体、线虫等。昆虫病原细菌种类较多,最多的是芽孢杆菌,它能产生毒素,经昆虫吞食后通过消化道侵入机体而发病。昆虫被细菌感染后,躯体软化、变色,内腔充满刺鼻性、黏状的液体。目前应用较为广泛的有苏云金杆菌,它是包括多种变种的一种产晶体的芽孢杆菌,能产生内毒素和外毒素两类对昆虫有害的物质。

在园林植物病害防治中,生物防治的实例很多,效果也很好。用野杆菌放射菌株K84防治细菌性根癌病,是世界上有名的生物防治成功的事例,能防治12属植物中上千种植物的根癌病,可用于种子、插条、裸根苗的处理。用它防治月季细菌性根癌病,防治效果为78.5%～98.8%。用枯草杆菌防治香石竹茎腐病也是成功的实例。枯草杆菌还可以用来防治立枯丝核菌、齐整小菌核菌、腐霉属等病菌引起的病害。木霉属的真菌常用于病害的防治,如哈茨木霉用于茉莉白绢病的防治,取得了良好结果。此外,用细菌、线虫防治线虫的实例也不少。

三、其他天敌的保护与利用

其他有益动物包括鸟类、爬行类、两栖类及蜘蛛和捕食螨等。鸟类是多种园林害虫的捕食者。目前在城市风景区、森林公园等保护益鸟的主要做法有:严禁打鸟、人工悬挂鸟巢招引鸟类定居以及人工驯化等。

两栖类中的蛙类和蟾蜍是鳞翅目害虫、象甲、蝼蛄、蛴螬等害虫的捕食者,自古以来就受到人们的保护。

蜘蛛和捕食螨同属于节肢动物门、蛛形纲,它们全都以昆虫和其他小动物为食,是城市风景区、森林公园、果园、农田等的重要天敌类群。如植绥螨科和长须螨科中有的种类已能人工饲养繁殖并释放于温室和田间,对防治叶螨有良好效果。

四、重寄生、拮抗与交互保护的利用

拮抗作用的机制是多方面的,主要包括竞争作用、抗生分泌物的作用、寄生作用、捕食作用及交互保护反应等。

1. 竞争作用

指益菌和病原物在养分和空间上的竞争。由于益菌的优先占领,使病原物得不到立足的空间和营养源。如野杆菌放射菌株K84的防治机理。

2. 抗生物质的利用

一些真菌、细菌、放射菌等微生物,在它的新陈代谢过程中分泌抗生素,杀死或抑制病原物或害虫。这是目前生物防治研究的主要内容。如哈茨木霉能分泌抗生素,杀死、抑制茉莉白绢病病菌。又如菌根菌能分泌萜烯类等物质,对很多根部病害有颉颃作用。

3. 寄生作用

指有益微生物寄生在病原物或害虫身体上,从而抑制了病原物和害虫的生长发育,达到防治病虫的目的。观赏植物上的白粉菌常被白粉寄生菌属中的真菌所寄生,立枯丝核菌、尖孢镰刀菌等病原菌常被木霉属真菌所寄生。

4. 捕食作用

经研究发现,一些真菌、食肉线虫、原生动物能捕杀病原线虫;某些线虫也可以捕食植物病原真菌。

5. 交互保护反应

寄主植物被病毒的无毒品系或弱毒品系感染后,可增强寄主对强毒品系侵染的抗性,或不被侵染。如花木的一些病毒防治,先将弱毒品系接种到寄主上后,就能抑制强毒株的侵染。益菌颉颃机制往往是综合的,如外生菌根真菌既能寄生在病原物上,又能分泌抗生物质或与病原物竞争营养等。

第七节　　化学防治

化学防治法具有高效、速效、使用方便、效果明显、经济效益高等优点,但也存在缺点,如使用不当可对植物产生药害,引起人畜中毒,杀伤天敌及其他有益生物,破坏生态平衡,导致害虫再猖獗。长期使用还会导致有害生物产生抗药性,降低防治效果,并且还可造成环境污染。

一、农药的基本知识

按防治对象,农药可分为杀虫剂、杀螨剂、杀菌剂、除草剂、杀线虫剂、杀鼠剂、植物生长调节剂等。防治观赏植物病虫害常用的有杀虫剂、杀螨剂和杀菌剂,有时也应用杀线虫剂。

杀虫剂的杀虫作用方式很多,按照进入害虫体内的途径可分为触杀作用、胃毒作用、内吸作用和熏蒸作用。其他还有拒食、忌避、绝育、引诱等作用。

杀菌剂对真菌、细菌有抑菌或中和其有毒代谢产物等作用。保护性杀菌剂在病原菌侵入前施用,可保护植物,阻止病菌侵染;治疗性杀菌剂能渗入植物组织内部,抑制或杀死已经侵入的病原菌,使病情减轻或恢复健康;内吸性杀菌剂能被植物组织吸收,在植物体内运输传导,兼有保护和治疗作用。

杀线虫剂对线虫有触杀或熏蒸作用,有些品种除杀线虫外还兼有杀虫、杀菌作用。杀线虫剂的药效常常会受到土壤温度和湿度的影响。

工厂制造出来未经加工的工业产品称为原药。原药中含有的具有杀虫、杀菌作用的活性成分，称为有效成分。加工后的农药叫制剂，制剂的形态称为剂型。通常的制剂名称包括有效成分含量、农药名称和制剂名称三部分。常用的农药剂型有乳油、粉剂、可湿性粉剂、颗粒剂、水剂、悬浮剂等。

二、农药的使用方法

在使用农药时，需根据作物的形态与栽培方式、有害生物的习性和为害特点以及药剂的性质与剂型等选择施药方式，以充分发挥药效、减少环境污染。主要的施药方式有以下几种：

1. 喷雾法

利用喷雾器将药液雾化后均匀地喷在植物和有害生物表面。所用农药剂型一般为乳油、可湿性粉剂和悬浮剂等。

2. 撒施法

将颗粒剂或毒土直接撒施于植株根际周围，用以防治地下害虫、根部或茎基部病害，毒土是将乳剂、可湿性粉剂、水剂或粉剂与细土按照一定比例混匀制成。

3. 种子处理

常用的方法主要有拌种法、浸种法和闷种法，主要是用来防治地下害虫和土传病害，保护种苗免受土壤中病原物的侵染。其中拌种法有干拌和湿拌两种，粉剂和可湿性粉剂主要用干拌法，乳剂和水剂等液体可用湿拌法，既加水稀释后，均匀地喷施在种子上。浸种法是用一定浓度的药液将种子浸泡一段时间后再进行播种。

4. 土壤处理

在播种前，将药剂施于土壤中，主要防治地下害虫、苗期害虫和根病。分土表施药和深层施药两种方式。土表处理是用喷雾、喷粉、撒毒土等方法先将药剂施于土壤表面，再翻耙到土壤中。深层施药是直接将药剂施于较深土壤层或施药后进行深翻处理。

5. 毒饵法

将药剂和一些饵料如花生饼、豆饼、麦麸、青草等饵料拌匀后，诱杀一些地下害虫，如蝼蛄、地老虎、蟋蟀等。

6. 熏蒸法

在封闭或半封闭的空间中，利用熏蒸剂释放出来的有毒气体杀灭害虫或病原物的方法。有的熏蒸剂还可以用于土壤熏蒸，即用土壤注射器或土壤消毒机将液态熏蒸剂注入土壤内,在土壤中进行气体扩散,消灭害虫、线虫和病原菌。

三、农药的合理利用

1. 根据防治对象正确选择用药

按照药剂的有效防治范围、作用机制、防治对象的种类生物学特性、为害方式和为害部位等合理选择药剂。当防治对象可用几种农药时,应首先选择毒性低、低残留的农药品种。

2. 选择合适的施药时期和施药用量

要科学地确定施药时间、用药量以及间隔天数和施药次数。施药时期因施药方式和病虫对象而异。如土壤熏蒸剂以及土壤处理大多在播种前施用;种子处理是一般在播种前 1～2 天进行;田间喷洒药剂应在病虫害发生初期进行;从防治对象而言,害虫的防治适期应以低龄幼虫或成虫期为主;病原菌防治适期应在侵染即将发生或侵染初期用药。对于世代重叠次数多的害虫或再侵染频繁的病害,在一个生长季节里应多次用药,两次用药之间的间隔天数,应根据药剂的持效期而定。

3. 保证施药质量

施药效果不仅与作业人员掌握相关使用技术有关,而且与施药当时的天气条件有密切关系。作业人员首先要进行培训,熟练掌握配药、施药和器械的使用技术,喷药前,应合理确定路线、行走速度和喷幅,力求做到施药均匀。喷药时宜选择无风或风力较小时进行,高温季节最好在早、晚施药。

4. 避免发生药害

由于用药不当而造成农药对园林观赏植物的毒害作用,称为药害。许多园林观赏植物是娇嫩的花卉,用药不当时,极容易产生药害。用药时应当十分小心,植物遭受药害后,常在叶、花、果等部位出现变色、畸形、枯萎焦灼等药害症状,严重者造成植株死亡。根据出现药害的速度,有急性药害和慢性药害之分。在施药后几小时,最多 1～2 天就会明显表现出药害症状的,称为急性药害;慢性药害则在施药后十几天、几十天,甚至几个月后才表现出来。处于开花期、幼苗期的植物,容易遭受药害;杏、梅、樱花等植物对敌敌畏、乐果等农药较其他树木更易产生药害。使用时严格按照农药的《使用说明书》用药,控制用药浓度,不得任意加大使用浓度,不得随意混合使用农药。防治处于开花期、幼苗期的植物,应适当降低使用浓度;在杏、梅、樱花等蔷薇科植物上使用敌敌畏和乐果时,也要适当降低使用浓度。此外应选择在早上露水干后及 11 点前或下午 3 点后用药,避免在中午前后高温或潮湿的恶劣天气下用药,以免产生药害。

5. 延缓抗药性产生

抗药性是害虫或病原菌在不断地接受某种药剂的胁迫作用后,自身产生的对该种药剂的免疫或抵抗功能。长期使用单一农药品种会导致害虫或病原菌产生抗药性,降低防治效果。为延缓抗药性的产生,要注意药剂的轮换使用或混合使用作用方式和机制不同的多种农药。要尽量减少用药次数,降低用药量,协调化学防治和生物防治措施。

6. 安全用药

农药对人、畜等高等动物的毒害作用,可分为特剧毒、剧毒、高毒、中毒、低毒和微毒等级别。对施药人要进行安全用药教育,事先要了解所用农药的毒性、中毒症状、解毒方法和安全用药知识。严格遵守有关农药安全使用规定。

四、常用农药介绍

1. 杀虫杀螨剂

(1)马拉硫磷　又名马拉松。常用剂型为 45% 和 25% 乳油、3% 粉剂。马拉硫磷对人、畜毒性较低,对害虫具有触杀、胃毒和微弱的熏蒸作用。可用于防治观赏植物蚜虫、刺蛾、吹绵蚧、红蜡蚧、金龟子等害虫。但残效期短,在低温情况下施药效果较差,宜适当提高药液浓度。

(2)杀螟硫磷　又名杀螟松。常用剂型为 50% 乳油。为高效、低毒、低残留农药,有强烈的触杀和胃毒作用,对作物渗透力较强,因而可用于防治钻蛀性害虫。另外,对叶蝉、叶甲等均有较好防效。

(3)辛硫磷　制剂为 50% 辛硫磷乳油。本品为高效、低毒、无残毒的有机磷杀虫剂。有触杀和胃毒作用。适于防治地下害虫,对鳞翅目幼虫有高效。不能与碱性农药混用,配好药剂不能在阳光下久置,贮藏要放在阴凉蔽光处。

(4)乙酰甲胺磷　制剂有 25% 可湿性粉剂,30%、40% 乳油等。有触杀和内吸杀虫作用。药效期短,仅 3～6 天。防治对象为观赏植物食心虫、介壳虫、食叶性害虫等。

(5)抗蚜威　又称辟蚜雾。制剂为 50% 可湿性粉剂。本品为高效、中等毒性、低残留的选择性杀蚜剂。具触杀、熏蒸和内吸作用。速效,但持效期不长。对蚜虫(除棉蚜)有高效。

(6)西维因　又称胺甲萘。剂型有 25% 西维因可湿性粉剂。西维因具触杀兼胃毒作用,杀虫谱广,能防治林木、花卉等作物的咀嚼式及刺吸式口器害虫。还可用来防治对有机磷农药产生抗性的一些害虫。

(7)溴氰菊酯　又名敌杀死、凯素灵。剂型为2.5％乳油。杀虫谱广。可用于防治鳞翅目、同翅目、半翅目、双翅目、缨翅目和直翅目的多种害虫。

(8)氰戊菊酯　又名速灭杀丁、速灭菊酯。剂型为20％乳油。杀虫谱广，对天敌无选择性。以触杀、胃毒作用为主。对同翅目、半翅目、直翅目防治效果好，对鳞翅目幼虫防治效果更好。适用于防治多种花木上的害虫。

(9)灭幼脲　灭幼脲1号、3号和苏脲1号。制剂为25％灭幼脲3号悬浮剂。主要是胃毒作用，触杀作用次之。对人、畜和天敌昆虫安全。可用于防治黏虫、松毛虫、美国白蛾、柑橘全爪螨等。

(10)噻嗪酮　又名扑虱灵、稻虱净。剂型为25％可湿性粉剂。是一种选择性昆虫生长调节剂。有特异活性作用。可用于防治飞虱、叶蝉、介壳虫、温室粉虱等。

(11)磷化铝　制剂有56％磷化铝片剂和56％磷化铝粉剂。除对仓库粉螨无效外，对其他多种害虫都有效。用磷化铝制成的毒扦可防治多种天牛幼虫。

(12)克螨特　剂型为73％乳油。本品为低毒、广谱性有机硫杀螨剂。有触杀和胃毒作用。对成、若螨有效，杀卵效果差。使用时在20℃以上可提高药效，20℃以下随温度下降而递减。可用于防治园林树木、花卉等多种作物的害螨。

(13)螨死净　又名阿波罗、四螨嗪。制剂为20％、50％胶悬剂。因对成螨无效，所以施药后不能立即显示杀螨效果，经7～10天后药效显著。持效期长，可保持2个月之久。对温度不敏感，高、低温下施用效果均好。对人、畜、鱼、鸟、蜜蜂、天敌昆虫、捕食螨均安全。

(14)吡虫啉　又名蚜虱净。剂型为10％、25％可湿性粉剂。对蚜虫、飞虱、叶蝉有极好的防治效果。

(15)石硫合剂　以微细硫磺和放出少量硫化氢杀虫、杀菌。与其他有机杀虫剂交替使用防治螨类，可以减少产生抗性的可能。

(16)灭蜗灵　剂型有3.3％灭蜗灵、5％砷酸钙混合剂，4％灭蜗灵、5％氟硅酸钠混合剂。灭蜗灵主要用于防治蜗牛和蛞蝓。可配成含2.5％～6％有效成分的豆饼或玉米粉的毒饵，傍晚施于田间诱杀。

(17)微生物源杀虫剂　目前观赏植物常用的微生物源杀虫剂主要有苏云金杆菌(Bt)制剂，如苏力保；阿维菌素制剂，如1.8％害极灭、1.8％齐螨素等。这些微生物杀虫剂对多种鳞翅目幼虫、马尾松毛虫等有较好的防治效果。阿维菌素系列制剂对害螨也有良好的防治作用。

2. 杀菌与杀线虫剂

(1)克线磷　又称力满库、灭克磷，为灰色或蓝色颗粒，是一种触杀、内吸性的杀线虫剂。剂型有10％克线磷颗粒剂，由于水溶性较好，易被植物根部吸收，药效可持续几个月之久。属高毒杀线虫剂,对植物、蜜蜂安全。

(2)克棉隆　又称必速灭,外观为白灰色,具有轻微的特殊气味,是一种广谱性的熏蒸性杀线虫剂。剂型有 98%克棉隆颗粒剂。本品易在土壤中扩散,能与肥料混用,不但能全面持久地防治多种线虫病害,还能兼治土壤真菌病害、地下害虫。属低毒农药。

(3)波尔多液　是硫酸铜、石灰和水配制而成的天蓝色悬浮液,黏着力强,是一种保护剂,其保护作用可维持两周左右。

(4)代森锰锌　剂型有 70%代森锰锌可湿性粉剂,本品如与内吸性杀菌剂混用,可延缓抗性的产生。残效期约 10 天。属低毒农药。

(5)甲基托布津　又称甲基硫菌灵,剂型有 70%甲基托布津可湿性粉剂,具有内吸、预防和治疗作用,在植物内转化为多菌灵,干扰病原菌细胞的分裂。残效期约 10 天。属低毒农药。

复习思考题

1. IPM 的含义及原则是什么?为什么说综合治理是防治有害生物优先考虑的策略?

2. 何谓植物检疫?为什么要进行检疫?包括哪些内容?如何确定植物检疫对象?

3. 什么叫生物防治法?有何特点?举例说明生物防治的主要内容。

4. 举例说明物理机械防治的主要措施。

5. 常见的园林技术防治措施有哪些?

6. 害虫的诱杀方法有哪些?

7. 化学防治的定义和特点是什么?

8. 农药主要包括哪些类型?

9. 如何避免药害的产生?

10. 农药的使用方法有哪些?

11. 如何合理使用农药?

12. 如何避免害虫抗药性的产生?

第四章　观赏植物病害及其防治

第一节　观赏植物真菌类病害

一、霜霉病

霜霉病是观赏植物上发生普遍而严重的重要病害之一,主要危害植物叶片,也可危害新梢和幼果。潮湿冷凉的气候条件有利于霜霉病的发生和流行。引起霜霉病的病原为鞭毛菌亚门卵菌纲霜霉科的真菌。

1. 葡萄霜霉病(彩图 14)

霜霉病是重要的葡萄病害,在我国葡萄产区均有发生,以山东沿海地区及华北、西北等地发病较重。流行年份,叶片焦枯早落,病梢扭曲,对树势和产量影响极大,并严重影响品质。

(1)症状　主要危害叶片,也能侵染新梢和幼果。叶片染病形成黄色至褐色多角形斑,数个病斑常愈合成多角形大斑。潮湿时在叶背面产生白色霜霉状物,即病菌的孢囊梗和孢子囊。后期病斑变褐干枯,叶片早落。新梢、卷须、穗轴、叶柄染病后,为微凹陷,黄色至褐色病斑,潮湿时病斑上同样产生白色霜状霉。嫩梢受害生长停滞、扭曲,严重时干枯死亡。幼果受害,病部褪色凹陷,遍长白霉,不久即皱缩脱落。当果实长到豌豆大时受害,则呈现红褐色斑,内部软腐,最后僵化开裂。果实着色后就不再受侵染。

(2)病原　病原为葡萄生单轴霉 *Plasmopara viticola*（Berk. et Curt.）Berl . et de Toni. ,属鞭毛菌亚门单轴霉属,见图 4-1。菌丝体无隔多核,在寄主细胞间蔓延,以瘤状吸器伸入寄主细胞内吸取营养。病部的霜霉状物,即为病菌的孢囊梗和孢子囊。孢囊梗无色,1～20 根自寄主气孔成束伸出,单轴直角分枝 3～6 次,分枝末端具 2～3 个小梗,圆锥形末端钝,上生孢子囊。孢子囊无色,单胞,卵形或椭圆形,顶端具乳头状突起,大小为 12～30 μm×8～18 μm。孢子囊在适宜条件下萌发产生 6～9 个游动孢子。游动孢子肾形,在扁平一侧生有两根鞭毛,能在水中游动,约经半小时后,鞭毛收缩成为圆形静止孢子;再经十几分钟后开始萌发产生芽管,经由叶背气孔侵入寄主。后期在寄主组织内产生卵孢子,直径为 30～35 μm,褐色,球形,壁较厚。卵孢子萌发时产生芽管,在芽管前形成芽孢囊,萌发后也产生游动孢子。

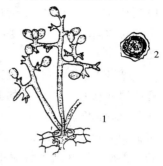

图 4-1　葡萄霜霉病菌
1. 孢囊梗及孢子囊　2. 卵孢子

（3）发病规律　病菌以卵孢子在病组织中或随病残体在土壤中越冬,翌年春季萌发产生芽孢囊。芽孢囊产生游动孢子,借风雨传播到寄主叶片上,通过气孔侵入,菌丝在细胞间隙蔓延,并长出圆锥形吸器伸入寄主细胞内吸取养料,然后从气孔伸出孢囊梗,产生孢子囊,借风雨进行再侵染。

病害的潜育期在感病品种上只有 4～13 天,抗病品种则需 20 天。如环境条件适宜,病菌在整个葡萄生长期内能不断产生孢子囊,重复侵染。

气候条件对发病和流行影响很大。该病多在秋季发生,是葡萄生长后期病害,冷凉潮湿的气候有利发病。孢子囊寿命较短,在高温干燥的情况下,只能存活 4～6 天,低温下可存活 14～16 天。孢子囊形成的温度范围为 5～27℃,最适温度为 15℃。孢子囊萌发的温度范围为 12～30℃,最适温度为 18～24℃。孢子囊形成和萌发必须在水滴或重雾中进行。卵孢子寿命很长,在土壤中能存活 2 年以上。当气温达 11℃时,卵孢子可在水中或潮湿的土壤中萌发,最适发芽温度为 20℃。游动孢子在相对湿度 70%～80% 时能侵入幼叶,相对湿度在 80%～100% 时老叶才能受害。因此秋季低温、多雨易引致该病的流行。

果园地势低洼、通风透光不良、栽植过密、棚架过低、偏施氮肥、树势衰弱等均有利于发病。葡萄植株含钙量多,抗病力就强,一般老叶的钙/钾比值大,抗病力强,嫩叶和新梢的比值小,易感病。品种间抗病性有差异,一般美洲种葡萄较抗病,欧洲种葡萄较感病。一般抗病品种有:尼加拉、北醇等。感病品种有:新玫瑰香、甲州、甲斐、粉红玫瑰、里查玛特以及我国的山葡萄等。感病轻的品种有:巨峰、先锋、早生高墨、龙宝、红富士、黑奥林、高尾等巨峰系列品种。

（4）病害控制　防治策略应采取清洁果园、加强栽培管理和药剂保护相结合的综合技术措施。

① 栽培防治。晚秋收集病叶病果,剪除病梢,并销毁或深埋。加强果园管理及时夏剪,引缚枝蔓,减少近地面枝叶,改善架面通风透光条件。注意除草,注意适时浇水和排水,降低地面湿度,适当增施磷钾肥,对酸性土壤施用石灰,提高植株抗病能力。

②药剂防治。葡萄发芽前喷布 5 波美度石硫合剂。在发病重的地区,于葡萄发病前喷布 1∶0.7∶200 的波尔多液 2～3 次,对葡萄霜霉病有特效。病害初发期立即喷药,药剂可选用 1∶0.7∶200～240 波尔多液,或 75％百菌清 700 倍液,或 50％甲霜铜 500 倍液,或 25％甲霜灵 600 倍液,或 64％杀毒矾 500 倍液,或 30％琥胶肥酸铜 300 倍液。发现病叶后喷布 40％乙磷铝可湿性粉剂 200～300 倍液或 25％瑞毒锰锌可湿性粉剂 600 倍液。乙磷铝和瑞毒霉虽然对霜霉病有特效,但长期单一连续使用会很快产生抗药性,因此,应与波尔多液交替使用,如与代森锌、代森锰锌、灭菌丹等药剂混合使用不仅有增效作用,也可延缓病菌产生的抗药性。另外,还可在发病前喷布杜邦易保 800～1200 倍,7～10 天间隔,共喷 3～4 次效果明显。

2. 月季霜霉病(彩图 15)

月季霜霉病为世界性病害,是保护地月季上发生较重的病害之一,在全国范围内均有发生。近年来,在北方利用日光温室生产切花月季时发病较重。该病发生早、传播快、危害重。月季感病后,会造成叶片大量脱落,枝条干枯,严重影响月季生长势及产量和质量,同时影响观赏效果。

(1)症状　主要危害叶、嫩枝、新梢和花,以嫩叶受害最重,表皮角质化的壮枝及功能叶不受侵害。初期叶上出现不规则形的淡绿斑纹,后扩大并呈紫红色至暗褐色,边缘色较深,与健康组织无明显界限。天气潮湿时,在叶背病斑处可见稀疏的灰白色霜霉层。小叶往往变黄,其上可见到直径 1 cm 的绿岛。有的病斑紫红色,中心灰白色,类似农药的药害状。叶片逐渐皱缩干枯脱落,由下而上落叶,最终形成光杆枝条。花蕾较大的枝条,下部叶片已成为功能叶,则由中部嫩叶向上脱落。嫩枝受害后,呈黄褐色微凹陷斑,最终形成裂痕。新梢和花感染时,病斑与叶片相似。

(2)病原　病原为蔷薇霜霉菌 *Peronospora sporsa* Berk,属鞭毛菌亚门霜霉属。菌丝体无色,生于寄主细胞间以吸器伸入寄主细胞内。孢囊梗自气孔成丛或单根伸出,上部二叉分枝 3～4 次,顶端尖锐;着生孢子囊。孢子囊椭圆形至亚球形,浅黄色。卵孢子,无色,表面常有皱纹。

(3)发病规律　病菌以卵孢子在病组织内越冬,也可以休眠菌丝体在茎内越冬。翌春条件适宜时产生孢子囊,孢子囊借风、水滴传播到寄主上,孢子囊产生游动孢子,由气孔侵入。潜育期 7～12 天,有多次再侵染。一般温室内 3 月上旬卵孢子开始萌发产生孢子囊,3 月中旬便可发病,3 月底或 4 月上旬为发病盛期。露地栽培多发生在雨季,再侵染时期为 10 月份。温室内低温、高湿、昼暖夜凉的环境有利于霜霉病的发生和流行。地势低洼、栽培密集、通风不良、肥水失调、光照不足、植物衰弱有利于病害的发生。

（4）病害控制

①选用抗病品种。白色品系比红色品系抗性强,如玛丽娜、索尼亚等比较抗霜霉病。温室切花月季种植要选择抗病的嫁接苗,如首红金辉章等。极易感病的品种贝拉米萨蔓莎,不宜在保护地种植。

②加强栽培管理。合理密植,单位面积上不应超过 12 株/m²。定植方式采取宽窄行高畦栽植,利于土壤保温和排水及通风透光。平衡营养,施足有机肥,在保证氮肥量的基础上,增施磷、钾、钙肥,提高植株抗病力。及时剪除病枝叶,清除地面上的病落叶,集中烧毁或深埋。温室种植月季,要采用透光度好的无滴膜,以提高采光,加速升温。温室要通风良好,控制湿度（相对湿度保持在 85% 以下）,减少发病条件。

③药剂防治。冬春季节、盖棚时节,用 30% 百菌清烟剂熏蒸,于傍晚盖帘后点放,减少和控制霜霉病菌的繁殖。发病初期,要及时用药,防治效果较好的药剂有:半量式波尔多液（1∶0.5∶200）,间隔 7～10 天喷一次,连续喷 2 次;25% 瑞毒霉 600 倍液,间隔 7 天喷一次,连续喷 2～3 次,还要注意喷洒叶片的背面和地面。

3. 菊花霜霉病（彩图 16）

菊花霜霉病具有发生面积大、发病快、危害严重的特点。每年春、秋两季发病严重。春季发病,在雨水多的条件下,幼苗枯死,造成大面积缺苗;秋季现蕾前发病,叶片、花蕾、嫩茎可因病枯死。在发病期如遇雨水,病害就迅速流行,严重者不能开花或植株枯死,严重影响产量和观赏效果。

（1）症状　苗期、成株期均可发病。主要危害叶片,也可危害嫩茎、花梗和花蕾。发病初期,感病叶片正面出现褪绿斑,界线不清,以后病斑逐渐变黄,最后变成淡褐色不规则形斑块,严重时,造成叶片变褐,干枯卷缩。潮湿时叶背病斑处长出稀疏的霜状霉层。

（2）病原　病原为菊花霜霉菌 *Peronospora radii de* Bary,属鞭毛菌亚门霜霉属,见图 4-2。孢囊梗单生或丛生,由气孔伸出,主梗是全长的 1/2～3/4,冠部呈 3～7次叉状分枝,顶端呈 2～3 叉分枝,直角或锐角,顶枝长 7.8～11.8 μm,上端细而基部稍粗,顶枝端钝圆,略膨大。孢子囊淡褐色,椭圆形,大小为 24.5～31.2 μm×14.7～24.5 μm,寄生于菊花和野菊。

（3）发病规律　病菌以卵孢子在病残体上越冬。第二年春季条件适宜时,卵孢子萌发产生芽管侵入寄主,在寄主病部产生游动孢子囊及游动孢子进行重复侵染。温暖地区也可以菌丝体潜伏在病部或留种母株脚芽上越冬,翌年春天条件适宜时产生孢子囊,借风飞散传播,进行初侵染和再侵染。秋季 9 月下旬至 10 月上旬再次发病。该病多发生在年均温 16.4℃、春季低温多雨的地区,秋季多雨病害再次发生或流行。连作地、栽植过密发病重。

（4）病害控制

① 园艺防治。选择抗病品种;种植地应选择地势高燥、排水良好的无病地块;加强肥水管理,防止积水及湿气滞留;春季发现病株及时拔除,集中深埋或烧毁。

②浸苗预防。移栽前,将幼苗用 40％乙磷铝 300 倍液浸5～10分钟,晾干后栽种,可有效控制苗期病害流行。

③药剂防治。发病初期时喷施 40％乙磷铝 250～300 倍液,50％瑞毒霉 300 倍液,每 10 天喷 1 次,连喷 3～4 次,可有效控制该病的发生和流行。

图 4-2　菊花霜霉病菌
孢囊梗及孢子囊

二、白粉病

白粉病可在各类植物上普遍发生。除了针叶树外,很多观赏植物、农作物、果树和蔬菜上都有白粉病的发生。白粉病主要危害叶片、叶柄、嫩茎、芽和花瓣等部位。发病部位布满白粉状物,后期白粉状物上形成黑褐色小粒点,病叶枯黄、皱缩,幼叶扭曲常干枯。引起白粉病的病原属于白粉菌目、白粉菌科的真菌。

1. 苹果白粉病（彩图 17）

苹果白粉病在我国各省（区、市）均有分布,近年来,有加重的趋势。除苹果外,它还能危害山荆子、沙果、槟子、海棠等。

（1）症状　主要危害幼苗或嫩叶,也可危害芽、花及幼果。病部满布白粉是此病的主要特征。幼苗染病后,顶端叶片及嫩茎上产生灰白色斑块,发病严重时,病斑扩展至全叶,病叶萎缩、卷曲、变褐、枯死。新梢顶端被害后,展叶迟缓,抽出的叶片细长,呈紫红色,顶梢微曲,发育停滞。后期在病斑上,特别是在嫩茎及叶腋间,生出许多密集的小黑点,即病菌闭囊壳。大树染病时,芽干瘪尖瘦,春季发芽晚,抽出的新梢和嫩叶满覆白粉。病梢节间短,病叶狭长,质硬而脆,叶缘上卷,直立不伸展,渐变褐色。病梢发育不良,常不能抽生二次枝。生长期嫩叶染病后,叶正面色泽浓淡不均,叶背发生出白色粉状斑,病叶皱缩扭曲。叶芽被害后变细长,呈红褐色。花器被害则花萼、花梗畸形,花瓣狭长,严重的不能结果。果实很少受害,重病区域在流行年份,幼果也会被害发病,病果多在萼洼或梗洼处产生白色粉斑,稍后形成网状锈斑;病组织硬化,变硬的组织后期形成裂口或裂纹,成"锈皮"症状。果梗受害,幼果萎缩早落。

（2）病原　病原为白叉丝单囊壳 *Podosphaera leucotricha*（Ell. et Ev.）Salm，属子囊菌亚门叉丝单囊壳属，见图 4-3。苹果白粉病菌病是一种外寄生菌。在叶和苗上常见的一层白粉是菌丝体和分生孢子。菌丝无色透明，具隔膜，纤细，多分枝。分生孢子梗棍棒形。分生孢子作念珠状串生于分生孢子梗上，无色，单胞，椭圆形。闭囊壳球形，暗褐色至黑褐色。壳的基部、顶部着生有附属丝，基部的附属丝短而粗，有些屈曲；顶部的附属丝长而坚硬，3～10 支，上部有二分叉状分枝，但亦有无分叉的。闭囊壳中只有一个子囊，无色，球形或椭圆形，子囊内含 8 个子囊孢子。子囊孢子无色，单胞，椭圆形。菌丝生长的最适温度为 20℃。分生孢子在 33℃ 以上的高温下即失去生活力，在 1℃ 低温干燥时只能存活两周。

（3）发病规律　病菌以菌丝体在冬芽上越冬，翌春随芽的萌动，病菌开始繁殖，蔓延并产生分生孢子，以菌丝或分生孢子侵染嫩芽、嫩叶或幼果。分生孢子经由气流传播。顶芽、秋梢、短果枝带菌率高，发病率也高；第四侧芽以下的芽很少带菌，基本不发病。这些差异与芽的形成早晚及抗侵入能力强弱有关。分生孢子再侵染频率高。4～6 月为侵染盛期，气候较冷地区稍推迟，7～8 月略停顿，秋后再侵染秋梢。温度在 21℃ 左右，湿度达 70％ 以上利于孢子繁殖和传播，高于 25℃ 即有阻碍作用。一般气温 19～22℃，相对湿度 100％ 的条件下，分生孢子 1～2 天即可完成侵染。

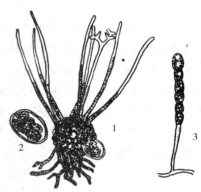

图 4-3　苹果白粉病菌
1. 闭囊壳　2. 子囊　3. 分生孢子

病害的发生、流行与气候、栽培条件及品种有关。春季温暖干旱的年份有利于该病前期的流行，夏季多雨凉爽、秋季晴朗，则有利于后期发病。果园偏施氮肥或钾肥不足、种植过密、土壤黏重、积水过多发病重。果园管理粗放、修剪不当、不适当地推行轻剪长放，有利于越冬菌源的保留和积累，会加重白粉病的发生。不同苹果品种间感病性存在较大差异。一般倭锦、红玉、红星、国光、印度、柳玉等最易感病；秦冠、青香蕉、金冠、元帅等发病较轻。

（4）病害控制

①清除病源。结合冬剪尽量剪除病梢、病芽；早春复剪，剪掉新发病的枝梢、病芽，集中烧毁或深埋。

②加强栽培管理。采用配方施肥技术，增施有机肥，避免偏施氮肥，增施磷、钾肥使果树生长健壮，提高抗病力。合理密植，控制灌水。在白粉病常年流行地区，应栽植抗病品种。

③药剂防治。关键在萌芽期和花前花后的树上喷药，药剂中硫制剂对此病有较

好的防治效果。发芽前喷洒波美 3 度石硫合剂,花前可喷波美 0.5 度石硫合剂或 50％硫悬浮剂 150 倍液。发病重时,花后可连喷 2 次 25％粉锈宁 1500 倍或 6％乐必耕 1000 倍液。

2. 黄栌白粉病(彩图 18)

黄栌白粉病是危害黄栌的主要病害之一。该病主要发生在北京、山东、河北、河南、陕西、四川等地,其中北京、西安的黄栌发病最严重,是北京香山风景区的一大重要病害,可导致叶片干枯或提早脱落,叶片被白粉覆盖后影响光合作用,致使叶色不正,不但使树势生长衰弱,而且导致秋季红叶不红,变为灰黄色或污白色,严重影响红叶的观赏效果。

(1)症状　主要危害叶片,严重时亦可侵染枝条。发病初期在叶面上出现针头状白色粉点,逐渐扩大成污白色圆形斑,病斑周围呈放射状;至发病后期,病斑连接成片,严重时整叶布满厚厚一层白粉,即病原菌的菌丝体和分生孢子。受白粉病危害的叶片组织褪绿、干枯早落,不仅影响树势,还严重影响观赏。8月底9月初以后,开始在白色粉斑上逐步形成黄褐色,后变为黑褐色的颗粒状小粒点,为病菌的闭囊壳。

(2)病原　病原为漆树钩丝壳 Uncinula vericiferae P. Henn.,属子囊菌亚门钩丝壳属。菌丝体生于叶面,分生孢子串生,柱形至桶形,单胞无色,大小为 27.0～33.3 μm×12.5～16.6 μm。闭囊壳暗褐色,扁球形,直径为 112～126 μm。附属丝一般 14～26 根,长度为闭囊壳直径的 1～1.5 倍,顶端卷曲呈钩状。子囊卵形至椭圆形,每个闭囊壳内有 3～13 个子囊,一般多为 5～8 个。子囊内含 4～8 个子囊孢子,子囊孢子卵形至长圆形,带黄色,大小为 18.7～23.7 μm×9.5－12.6 μm。

(3)发病规律　病菌主要以闭囊壳在病落叶或附着在枝干上越冬,翌年 5～6 月当温湿度适宜时,闭囊壳吸水开裂释放出子囊孢子,成为初侵染源,借气流传播侵染危害,经 16～20 天潜育期,即表现症状。生长季节以分生孢子进行再传染。黄栌白粉病由下而上发生。病害多从树冠下部叶片以及地面根际萌蘖小枝上开始侵染,之后逐渐向上蔓延。一般 5、6 月降雨早,发病亦早,反之则延迟。7、8 月降雨量的多少,决定当年病害的轻重。降雨量大,相对湿度高,发病严重。发病初期至 8 月上旬,病情发展缓慢,8 月中旬至 9 月上、中旬,病情发展迅速。北京地区 6 月底至 7 月初发病,8～9 份,为发病盛期。树势衰弱时病重,分蘖多的树发病重。植株密度大,通风不良发病重。山沟及阴坡处发病重,山脊及阳坡发病轻。黄栌纯林病重,混交林发病轻。

(4)病害控制

①加强栽培管理。在黄栌生长过密的地方适当间伐,使林间通风透光;加强肥水管理,增强树势,提高寄主抗病性。秋季彻底清除落叶,剪除病枝及枯死枝,集中销

毁。地面喷撒硫磺粉，以消灭越冬病原。清除近地面和根际周围的分蘖小枝，能减轻或延缓病害发生。

②药剂防治。发病初期喷洒 1 次 20％粉锈宁 800～1000 倍液，有效期可达 2 个月；或喷洒 70％甲基托布津 1000～1500 倍液数次。4 月中旬在地面上撒硫磺粉（15～22.5 kg/hm²），黄栌发芽前在树冠上喷洒 3 波美度石硫合剂。

3. 瓜叶菊白粉病（彩图 19）

瓜叶菊白粉病是瓜叶菊温室栽培中的常见病害。我国北京、上海、天津、南京、大连、苏州、青岛、广州、乌鲁木齐等地均有发生。植株受害后生长衰弱，花不能正常开放，叶片卷曲皱缩，影响观赏价值。严重时叶片逐渐枯死，甚至整株死亡。

（1）症状　主要危害叶片，也侵染叶柄、花器、茎等部位。发病初期，叶片正面出现小的白粉斑，逐渐扩大成为近圆形的白粉斑。病重时整个植株都被满白粉层。叶片上的白粉层厚实，叶片褪绿、枯黄。被满白粉层的花蕾不开放或花朵小，畸形，花芽常常枯死。发病后期白色粉层变为灰白色，其上着生黑色的小粒点。苗期发病的植株生长不良，矮化。

（2）病原　病原为二孢白粉菌 *Erysiphe cichoracearum* DC.，属子囊菌亚门白粉菌属。闭囊壳直径 85～144 μm；附属丝多，菌丝状；子囊 6～21 个，卵形或短椭圆形，大小为 44～107 μm×23～59 μm；子囊孢子 2 个，少数 3 个，形成较迟，椭圆形，大小为 19～38 μm×11～22 μm。无性态为豚草粉孢霉 *Oidium ambrosiae* Thum.，分生孢子椭圆形或圆筒形，大小为 25～45 μm×16～26 μm。

（3）发病规律　病菌以闭囊壳在病残体上越冬。翌年气温回升时，闭囊壳产生子囊孢子，借气流和水滴飞溅传播，侵染叶片。生长季节产生分生孢子进行不断再侵染。一般春、秋两季发病严重。但在温室内生产的瓜叶菊周年均可发病。湿度大、通风透光不良，会使病害迅速扩展蔓延，尤其是在开花期间危害较重。当栽培管理不善，造成植株生长衰弱时，发病严重。该病在瓜叶菊整个生长过程中，只要环境条件适宜，便可不断地侵染为害。据北京资料报道，瓜叶菊品种的抗病性差异不明显，均较感病。

（4）病害控制

①加强栽培管理。在瓜叶菊生长期间，要合理施肥，农家肥应充分腐熟再施用，氮肥不宜施用偏多。少量施用硼酸、高锰酸钾等微量元素，可减轻发病。花盆摆置不宜太密，浇水不宜过多，一般以盆土湿润为度。改善环境条件，通风透光，降低温室中的温湿度可减少病害的发生。

②清除病原。瓜叶菊病株残体上的病菌，是花坛和温室内病害的传播中心，因而，发现病叶应及时摘除，集中深埋或烧毁，控制侵染菌源扩散。

③药剂防治。发病初期喷洒 25％粉锈宁可湿性粉剂 2000～3000 倍液，或 70％甲基托布津可湿性粉剂 1000～1200 倍液，能取得良好的效果。也可以用 25％多菌灵可湿性粉剂 500 倍液，或 50％退菌特可湿性粉剂 800～1000 倍液。粉锈宁有效期长，可隔 25 天左右喷药 1 次，其他药剂 10 天左右喷 1 次，连续喷洒 2～3 次。

三、锈病

锈病是担子菌亚门冬孢菌纲锈菌目真菌引起的一类重要植物病害，该病可危害多种观赏植物，如苹果等蔷薇科植物和观赏禾草等。主要危害观赏植物叶片，引起叶片干枯或早落。

1. 海棠锈病（彩图 20）

海棠锈病是园林景区各种海棠及其他仁果类观赏植物上的常见病害，又名赤星病、羊胡子病。英、美、日本、朝鲜等国均有报道，我国该病发生相当普遍。该病使海棠叶片布满病斑，严重时叶片枯黄早落。同时还危害桧柏、侧柏、龙柏、翠柏、矮桧、铺地柏等观赏树木，引起针叶及小枝枯死，使树冠稀疏，影响园林景区的观赏效果。

（1）症状　主要危害叶片，也危害叶柄、嫩枝和果实。发病初期，叶片正面出现橙黄色、有光泽的圆形小病斑，扩大后病斑边缘有黄绿色的晕圈。病斑上着生有针头大小的褐黄色点粒，即病原菌的性孢子器。病部组织变厚，叶背病斑稍隆起。叶背隆起的病斑上长出黄白色的毛状物，即病原菌的锈孢子器，病斑最后枯死，变黑褐色。发病严重时，叶片上斑痕累累，引起早落叶。叶柄及果实上的病斑明显隆起，多呈纺锤形，果实畸形，有时开裂。嫩梢发病时病斑凹陷，病部易折断。

转主寄主桧柏等针叶树染病后，针叶和小枝上形成大小不等的褐黄色瘤状物，即冬孢子角或称菌瘿。雨后瘤状物（菌瘿）吸水涨发成橘黄色胶状物，远视犹如针叶树开"花"。受害的针叶和小枝一般生长衰弱，严重时可枯死。

（2）病原　该病的病原菌主要有两种：山田胶锈菌 *Gymnodporangium yamadai* Miyabe 和梨胶锈菌 *Gymnosporangium haraeanum* Miyabe ex Yamada，均属担子菌亚门胶锈菌属，见图 4-4。山田胶锈菌侵染西府海棠、白海棠、红海棠、垂丝海棠、白花垂丝海棠、三叶海棠、贴梗海棠等。梨胶锈菌侵染垂丝海棠、贴梗海棠等。性孢子器生于叶片的上表皮下，丛生，蜡黄色，以后变为黑色；性孢子椭圆形或长圆形。锈孢子器细圆筒形，多生于叶背肥厚的红褐色病斑上，丛生；包被黄色，细胞长圆形或披针形；锈孢子球形至椭圆形，淡黄色，有细瘤。冬孢子椭圆形、长圆形或纺锤形，双细胞，分隔处稍缢缩或不缢缩，黄褐色，柄细长，无色。担孢子亚球形、卵形。该锈菌缺夏孢子阶段。担孢子萌发的温度范围是 4～30℃，最适温度为 15～22℃。

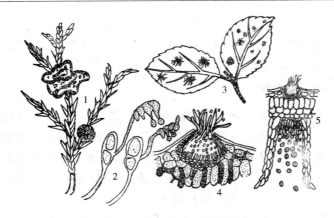

图 4-4　海棠锈病菌形态图

1. 桧柏上的菌瘿　2. 冬孢子萌发　3. 海棠叶片上的症状　4. 性孢子器　5. 锈孢子器

（3）发病规律　病菌以菌丝体在转主寄主针叶树体内越冬。翌年春季 3—4 月菌瘿中心隆起破裂,露出深褐色鸡冠状的冬孢子角。冬孢子角遇雨吸水膨大,呈胶质花瓣状。当旬平均温度为 8.2～8.3℃以上,日平均温度为 10.6～11.6℃以上,又有适宜的降雨量时,冬孢子开始萌发,在适宜的温、湿度条件下,冬孢子萌发 5～6 小时后即产生大量的担孢子。担孢子借气流传到海棠上,担孢子萌发直接侵入寄主表皮。北京地区 4 月下旬海棠上产生橘黄色病斑,5 月上旬在叶片正面出现性孢子器,5 月下旬在叶片背面产生锈孢子器。6 月份为发病高峰期。性孢子由风雨和昆虫传播,2～3 周后锈孢子器出现,8—9 月份锈孢子成熟,由风传播到桧柏等针叶树上。因该锈菌没有夏孢子,故生长季节没有再侵染。该病的发生、流行和气候条件密切相关。春季多雨而气温低,或早春干旱少雨发病则轻;春季多雨,气温偏高则发病重。如北京地区,病害发生的迟早、轻重取决于 4 月中、下旬和 5 月上旬的降雨量和次数。该病发生的轻重与寄主的物候期相关,若担孢子飞散高峰期与寄主大量展叶期相吻合,病害发生则重。

（4）病害控制

①应避免与转主寄主的近距离混植。园林风景区内,注意海棠种植区周围,尽量避免种植桧属、柏属等转主植物,减少发病。如景观需要配植桧柏等针叶树时,把针叶树种在下风口,能在某种程度上使病害减轻。同时以药剂防治为主来控制该病发生。

②喷药保护。春季当针叶树上的菌瘿开裂,降雨量为 4～10 mm 时,应立即往针叶树上喷洒药剂:1∶2∶100 的波尔多液;波美 0.5～0.8 度的石硫合剂。在担孢子飞散高峰,降雨量为 10 mm 以上时,向海棠等阔叶树上喷洒 1％石灰倍量式波尔多液,或 25％粉锈宁可湿性粉剂 1500～2000 倍液。秋季 8—9 月份锈孢子成熟时,往

海棠上喷洒 65％代森锌可湿性粉剂 500 倍液,或 15％粉锈宁乳剂 2000 倍液。

③药剂防治。海棠发病初期喷 15％粉锈宁可湿性粉剂 1500 倍液或 1∶1∶200 倍波尔多液,控制病害发生。

2. 杨树叶锈病(彩图 21)

分布于全国各杨树栽植区,尤以河南、河北、北京、山东、山西、陕西、新疆、广西等地更为严重。杨树锈病主要危害幼苗及幼树,严重发病时,部分新芽枯死,叶片局部扭曲,嫩枝枯死,影响苗木生长,延迟出圃时间。因此,该病是杨树苗木生产中的一个重要问题。它除危害毛白杨外,还能危害新疆杨、苏联塔形杨、河北杨、山杨、响叶杨、银白杨等白杨派树种。病害对大树影响较小。

(1)症状　主要危害植株的芽、叶、叶柄及幼枝等部位。感病冬芽萌动时间一般较健康芽早 2～3 天。如侵染严重,往往不能正常放叶。未展开的嫩叶为黄色夏孢子粉所覆盖,不久即枯死。感染较轻的冬芽,开放后嫩叶皱缩、加厚、反卷,表面密布黄色粉堆,像一朵黄花。轻微感染的冬芽可正常开放,嫩叶两面仅有少量夏孢子堆。正常芽展出的叶片被害后,形成针头至黄豆大小的圆斑,多数散生,以后在叶背面产生黄色粉堆,为病菌的夏孢子堆。严重时夏孢子堆联合成大块,叶背病部隆起,受侵叶片提早落叶。早春可在落地病叶上见到赭色近圆形或多角形的疱状物,为病原菌的冬孢子堆。叶柄及嫩枝受害后,病斑为椭圆形至梭形。

(2)病原　引起杨树叶锈病的病原在我国主要有两种:马格栅锈菌 *Melampsora magnusiana* Wagner 和杨栅锈菌 *M. rostrupii* Wagner。这两种菌在夏孢子和冬孢子以及侧丝的形态和大小上差异不大。夏孢子堆为黄色,散生或聚生。夏孢子橘黄色,圆形或椭圆形,表面有刺,壁厚。侧丝呈头状或勺形,淡黄色或无色。冬孢子堆生于寄主表皮下,冬孢子近柱形。这两种菌主要依转主寄主不同而区分,马格栅锈菌的转主寄主应为紫堇属 *Corydalis* 和白屈菜属 *Chelidonium* 植物。而杨栅锈菌的转主寄主应为山靛属 *Mercurialis* 植物。

(3)发病规律　病菌以菌丝体在冬芽和枝梢的溃疡斑内越冬或以夏孢子在病落叶上越冬。翌年春天,随着温度升高,冬芽开始活动,越冬的菌丝亦逐渐发育,并形成夏孢子堆。受病芽不能正常展开,形成满覆夏孢子堆的畸形芽,这些病芽成为田间初侵染的中心。病落叶上的夏孢子虽有一部分具有萌发和侵染能力,但随着春季温度逐渐升高,其萌发能力迅速丧失,因此,带病的冬芽是该病最主要的初侵染来源。冬孢子在侵染循环中无重要作用。

夏孢子萌发的最低温度为 7℃,最高温度为 30℃,最适温度为 15～20℃。病害的潜育期与温度有密切关系,当日平均气温为 12.9℃时,潜育期为 18 天,15.2～17.1℃时,潜育期为 13 天,20.3℃时,潜育期为 7 天。在最适温度内,温度愈高,潜育期愈短。病害潜育期的长短与叶龄也有密切关系,相同温度下,叶龄越小,潜育期越短,成熟叶潜育期明显延长,2个月以上的老熟叶片一般不受感染。幼叶受感染后不但潜育期短,而且发病严重。1~4年生苗木与9~10年生以上的树木对此菌感染程度有明显差异,这在田间表现十分明显。

病害发生的另一个关键因子是湿度,林内相对湿度达到85%以上时,有利于病害的发生发展。干旱少雨的年份和地区,病害较轻。

该病在河北和北京地区4月上旬病芽开始出现,5—6月为发病高峰,7—8月病害平缓,8月下旬以后又形成第二个高峰期。10月下旬以后,病害停止发展。一般春季气温高,发病早,降雨多,湿度大,发病重。苗木稠密,低洼地发病重。

(4)病害控制

①摘除病芽,喷药保护。在初春病芽出现时,要及时、彻底地摘除病芽,病芽颜色鲜艳且形状特殊,较容易发现。摘除时要随摘随装入塑料袋中,以免夏孢子扬散,并及时销毁。生产上在杨树移栽时,常进行修剪,去除顶梢和枝梢,这对减少病芽是有积极作用的。如果再辅以喷药措施可以有效地控制病害的发生。

②减少侵染来源。清除田间落叶,以减少病菌的可能来源。由于夏孢子大多降落在离其产生处300 m的范围内,故苗床应尽可能地远离发病的苗圃,以减少侵染。

③药剂防治。在发病间喷洒100倍50%代森铵或500~1000倍50%退菌特等杀菌剂有一定效果。要注意:粉锈宁用于银白杨效果很好,但毛白杨叶片对粉锈宁极为敏感,易生药害。

④选用抗病、速生的杨树抗病品种。如河北毛白杨、截叶毛白杨、小叶毛白杨较抗病。并避免造大面积毛白杨纯林,以减少锈病的发生。

3. 草坪草锈病(彩图22)

锈病是世界各国草坪禾草上的一类重要病害,分布广、危害重,几乎每种禾草上都受一种或几种锈菌的危害,是北方地区冷季型草坪的主要病害。其中多年生黑麦草、高羊茅和草地早熟禾等受害最重。暖季型草中的狗牙根、结缕草也会受害。禾草感染锈病后叶绿素被破坏,光合作用降低,呼吸作用失调,蒸腾作用增强,大量失水,叶片变黄枯死。条件适宜时,病害几天内就会大面积发生,造成草坪稀疏、瘦弱,并过早地枯黄,降低使用价值及观赏性。

草坪草锈病主要有:条锈病、叶锈病、秆锈病和冠锈病。

(1)症状　草坪草锈病的共同特征是危害草坪绿色部分,在发病部位生成黄色至铁锈色的夏孢子堆和黑褐色冬孢子堆,但其形状、颜色、大小和着生特点各不相同。

秆锈病夏孢子堆生于茎秆、叶鞘和叶片上。夏孢子堆大,散生,深褐色,长椭圆形至长方形,穿透能力强,叶两面均可形成夏孢子堆,且背面较大。病斑处表皮大片撕裂,呈窗口状向两侧翻卷。冬孢子堆长条形,黑色,散生,突破表皮。

　　叶锈病夏孢子堆生于叶片上,中等大小,圆形,散生,橘红色,叶表皮开裂。冬孢子堆长圆形,黑色,散生于叶鞘或叶片背面的表皮内。

　　条锈病夏孢子堆主要生于叶片上,茎秆、叶鞘也有发生。夏孢子堆小,鲜黄色,成行排列,沿叶脉排列成虚线状,叶表皮开裂不明显。冬孢子堆短线状,黑色,埋生在表皮内。

　　冠锈病与叶锈病相似。

　　(2)病原　条锈病的病原为条形柄锈菌 *Puccinia striiformis* West.,叶锈病的病原为隐匿柄菌 *Puccinia recondite* Rob. etDesm,秆锈病的病原为禾柄锈菌 *Puccinia graminis* Pers,冠锈病的病原为禾冠柄锈菌 *Puccinia coronata* Cda,均属于担子菌亚门柄锈菌属,见图4-5。它们在草坪植株上前期产生夏孢子,后期产生冬孢子。

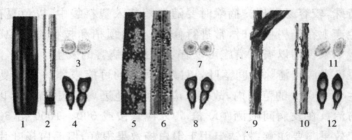

图 4-5　草坪禾草锈病

1～4 条锈病:1. 病叶前期(示夏孢子堆)　　2. 病秆后期(示冬孢子堆)　　3. 夏孢子　4. 冬孢子

5～8 叶锈病:5. 病叶前期(示夏孢子堆)　　6. 病叶后期(示冬孢子堆)　　7. 夏孢子　8. 冬孢子

9～12 秆锈病:9. 病秆前期(示夏孢子堆)　　10. 病秆后期(示冬孢子堆)　　11. 夏孢子　12. 冬孢子

　　(3)发病规律　锈菌是严格的专性寄生菌,夏孢子离开寄主,存活时间仅 30 天左右,禾草锈菌主要都是以夏孢子世代不断侵染的方式在禾草或禾本科作物寄主上存活。在草坪禾草茎叶周年存活的地区,锈菌以夏孢子或菌丝体在病部越冬;在冬季禾草地上部死亡的地区,锈菌不能越冬,翌年春季由越冬地区随气流传来的夏孢子引起新的侵染。夏季禾草正常生长的地区,各种锈菌一般也能越夏,但条锈菌不耐高温,当夏季最热旬均温超过 22℃ 时就不能越夏,秋季发病需要外来菌源。对温度的要求,秆锈病最高,叶锈、冠锈病居中,条锈病最低。北京地区一般春秋季发病重,4 月份就开始发病,一直延续到 11 月下旬。当病菌在适宜温度和叶面有水膜的条件下,一般 6～10 天就可发病,并产生大量的夏孢子,随风传播,不断造成新的侵染,使病害迅速扩展蔓延。但由于影响锈病发生的因素很多,如不同品种的抗病程度、温度、降雨、草坪密度、水肥等养护管理状况,不同年份、不同地块发病程度都会有所不同。

　　锈菌夏孢子随气流远距离传播,有些锈菌一次传播距离可达上千千米。在发病地区内,夏孢子随气流、雨水飞溅、人畜机械携带等途径在草坪间传播。

(4)病害控制

①种植抗病草种和品种,并进行合理布局。由于草种间和品种间对锈病存在着明显的抗病性差异,因此,在建植草坪时首先应选择抗病的品种,并提倡不同品种混合种植,合理布局。

②改良土壤,合理施肥,加强科学的养护管理,提高草坪草的抗病性。生长季节多施磷、钾肥,氮肥要适量。合理浇水,避免草地湿度过大或过于干燥,避免傍晚浇水。保证草坪通风透光,以便抑制锈菌的萌发和侵入。

③减少侵染来源。适度修剪、清除枯草残体不仅能减少侵染来源,同时也有利于通气、透水,使寄主生长健壮,提高抗病性。

④药剂防治。防治锈病最好的办法是使用预防性杀菌剂。在发病地区预先在禾草返青期用150倍的波尔多液或400～500倍的多菌灵液施行预防喷施。发病初期,用20%的三唑酮乳油800倍液或75%的百菌清500倍液等杀菌剂进行防治。中后期用力克菌1500～2000倍液或1%碘加百菌清800倍液均匀喷雾。喷药次数主要根据药剂残效期长短而定,一般7～10天喷1次,药剂要交替使用,以免产生抗药性。

四、炭疽病

炭疽病是观赏植物上的一类常见病害,该病可危害植物叶片、茎和果实,引起叶斑、落叶、果实的腐烂和枝梢的枯死,共同病征是在发病部位产生轮纹状排列的黑色小点,潮湿时溢出红色黏质孢子团,给观赏植物生产造成巨大损失。

1. 梅花炭疽病(彩图 23)

炭疽病是梅花上的重要病害,在我国发生普遍。可以引起梅花叶片早落,连年发生后,植株生长衰弱,影响梅树的开花和观赏。

(1)症状　主要危害叶片,也侵染嫩梢。叶片上病斑圆形或椭圆形,直径3～7 mm,发生在叶尖和叶缘的病斑呈半圆形或不规则形。病斑黑褐色,后期变为灰白色,病斑边缘红褐色。病斑上有轮状排列的黑色小颗粒,即病原菌的子实体(分生孢子盘)。潮湿时,子实体溢出胶质物。病斑可形成穿孔,病叶易脱落。嫩梢上病斑为椭圆形的溃疡斑,边缘稍隆起。

(2)病原　病原为半知菌亚门梅炭疽菌 Colletotrichum mume (Hori) Hemmi。分生孢子盘褐色,盘内有深褐色的刚毛,分生孢子圆筒形,单胞,无色。

(3)发病规律　病菌以菌丝块(发育未完成的分生孢子盘)和分生孢子在嫩梢溃疡斑及病落叶中越冬。分生孢子由风雨传播,只有在高湿度条件下才能萌发,由伤口或直接侵入,病害可以有不断再侵染。炭疽病的发生时期与早春的气温关系密切,若早春寒潮,则炭疽病的发生推迟。春季多雨,发病重。由于雨滴将土表分生孢子滴溅到植株下部,盆栽梅花下部叶片先发病,叶片病斑多而大。栽植过密、通风透光不良,发病重。

(4)病害控制

①加强田间管理。收集落叶,剪除病枝条,减少初侵染来源;栽植不宜过密,注意通风透光;多施磷、钾肥,氮肥要适量,提高寄主的抗病性;避免喷灌。

②化学防治。休眠期喷洒 3～5 波美度的石硫合剂,杀死越冬菌源。在发病初期以 65％代森锌可湿性粉剂 600 倍液、70％甲基托布津可湿性粉剂 1000 倍液、75％百菌清可湿性粉剂 700 倍液、70％炭疽福美可湿性粉剂 500 倍液喷雾,10～15 天喷 1 次,连续 2～3 次。

2. 苹果炭疽病

苹果炭疽病又称苦腐病,是苹果上的重要果实病害之一,全国各产区均有发生。多雨年份重病果园病果率可达 60％～80％,造成大量烂果,影响产量和观赏。除危害苹果外,还危害海棠、梨、核桃和葡萄等观赏植物和果树。

(1)症状　主要危害果实,也可危害枝条等部位。发病初期在果面上形成红色小点,以后迅速扩大,呈黑色腐烂,严重时全果腐烂。腐烂果面稍凹陷,纵切果肉呈圆锥状向果心腐烂,味苦。病斑表面密生同心轮纹状排列的小黑点,潮湿时,小黑点处涌出粉红色黏液。病果易脱落,或失水后成为黑色僵果悬挂枝头。

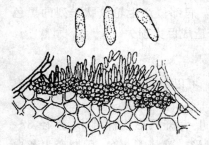

图 4-6　苹果炭疽病菌
分生孢子盘及分生孢子

(2)病原　病原为半知菌亚门的胶孢炭疽菌 *Colletotrichum gloeosporioides* Penz.,见图 4-6。病菌分生孢子盘初埋生,成熟后突破表皮,分生孢子盘黑色,分生孢子梗平行排列于其上。分生孢子长椭圆形,单胞,无色。能形成胶质,集结成团时为肉红色,胶质遇水溶化,分生孢子分散传播。

(3)发病规律　病菌以菌丝、分生孢子盘在被害枝干、病果台和病僵果上越冬。翌春温度适宜时,越冬病菌产生分生孢子成为初侵染来源。分生孢子主要靠雨水飞溅传播,也可以昆虫传播。分生孢子经皮孔、伤口或直接侵入果实。苹果幼果期不利于病菌侵染,坐果 50 天后炭疽病开始为害,果实愈接近成熟为害愈重。有多次再侵染。病菌接触果面伤口后 5～10 小时可完成侵染,潜育期 3～13 天。苹果炭疽病有潜伏侵染特性,田间发病较晚。红玉、红星、国光等品种感病。地势低洼、土壤黏重、排水不良、树势衰弱的果园,发病重。多雨高温高湿利于病害流行。

（4）病害控制

①清除病菌来源。结合冬季修剪搞好清园工作,清除病枯枝、病果台和病僵果等,减少田间越冬病原菌数量。生长季节及时摘除销毁初期病果,防止田间再侵染。

②加强田间管理。增施有机肥,避免偏施氮肥,合理修剪,改善通风透光条件,增强植株抗病能力。及时中耕除草,排水防涝,降低果园湿度。

③化学防治。果树发芽前喷 3～5 波美度石硫合剂。从落花后 10 天开始,用70％代森锰锌可湿性粉剂 600～800 倍液或 80％炭疽福美可湿性粉剂 600 倍液等喷雾。每隔 10～15 天 1 次,多雨年份可增加防治次数。

3. 兰花炭疽病

兰花是兰科植物的总称,是重要的观赏植物,全世界兰科植物近 2 万种。炭疽病是我国兰花上的重要病害,在我国各兰花产地及引种的地区均有分布。炭疽病在叶片上产生坏死斑,使兰花观赏性降低,发病严重时整株死亡。

（1）症状　主要危害兰花叶片。发病初期,叶片上出现褐色小斑点,逐渐扩大为圆形斑,叶缘上病斑多为半圆形或不规则形。病斑深褐色,或中部呈灰白色,有的病斑周围具有黄绿色晕圈。后期病斑上产生近轮状排列的小黑点(病菌分生孢子盘)。病斑的形状因兰花品种的不同而异。幼苗受害严重,幼茎也可受害,形成圆形稍凹陷病斑。后期出现粉红色胶质黏液,最后叶片脱落,严重时整株死亡。

（2）病原　主要为半知菌亚门的兰炭疽菌 *Colletotrichum orchidearum* Allesch。见图 4-7。分生孢子盘垫状,褐色,周围有黑色刚毛。分生孢子梗短,不分枝。分生孢子圆筒状,单胞。

（3）发病规律　病菌以菌丝体和分生孢子盘在病叶或遗落土中的病残体上越冬。翌年产生分生孢子,经淋雨和昆虫传播,从气孔和伤口侵入,在幼嫩叶片上也可以直接侵入。分生孢子萌发适温为 20～25℃,相对湿度高于 80％以上。在广州地区越冬期不明显,初春温度和湿度适宜时即可侵染,尤其是 5—6 月高温、多雨季节及连续阴雨的天气,或 9—10 月秋雨、台风多的年份发病为盛。

图 4-7　兰花炭疽病菌
分生孢子、分生孢子梗、分生孢子盘及刚毛

尤其高湿闷热、时晴时雨(或阵雨)天气,肥水管理不善,置盆过密、叶片交错擦伤、植株冻害等均可使其发病加重。在北方温室或家庭盆栽兰花也常年发生,植株过密、喷淋浇水、受到霜害、盆土过黏、排水不良等更易发病。不同品种的抗病性有明显差异,春兰、报春兰、大富贵等品种易感病,惠兰抗性中等。施肥不当,特别是氮肥过多或不施磷钾肥易发病。

（4）病害控制

①加强兰花养护管理。如种植不要过密，注意避免冻害和霜害，操作中尽量不伤及植株。不宜用瓷盆种植，浇水尽量选择灌水，不要淋浇。室内要通风、透光。合理施肥，增施磷钾肥，控制氮肥施用，增强兰花的抗病性。注意棚室通风透光，降低湿度。

②消灭病原。冬春季剪除病叶，及时清除落叶和病叶，集中烧毁，以减少侵染来源。然后向地面、盆面、植株上全面喷施 0.5％～1％波尔多液 1～2 次。

③化学防治。发病初期喷施 50％炭疽福美可湿粉剂 500 倍液，或 30％特富灵可湿粉剂 2000 倍液，隔 10 天喷 1 次，连续 3～4 次，即可控制病情。发病期可用 50％复方硫菌灵可湿性粉剂 800 倍液，或 50％混杀硫悬浮剂 700 倍液、50％施保力可湿性粉剂 1000 倍液、70％甲基托布津可湿性粉剂 800 倍液、25％炭特灵 500 倍液，每隔 7～10 天喷 1 次，交替喷 3～4 次，防治效果明显。

五、疫病

疫病是指由疫霉属真菌引起的一类植物病害，可以造成植物叶片、茎和果实组织的坏死或腐烂。在生产上危害严重的有观赏辣椒疫病、观赏番茄晚疫病和茄子绵疫病等。

1. 番茄晚疫病

番茄晚疫病是露地和保护地番茄上的重要病害之一。1847 年在法国首次报道，1861 年 Heinrich Anton de Bary 证明晚疫病菌的致病性。该病发病后扩展迅速，流行性强，如遇 7—8 月多雨季节病害极易发生和流行。

（1）症状　主要危害叶片、茎和果实，以叶片和青果受害最重。叶片发病，多从叶尖或叶缘开始，初为暗绿色或灰绿色水浸状不规则病斑，边缘不明显，扩大后病斑变为褐色。湿度大时，叶背面病健交界处长白霉。病斑扩展至全叶，使叶片腐烂。干燥时病部干枯，呈青白色，脆而易破。茎及叶柄发病，初呈水浸状斑点，病斑呈暗褐色或黑褐色腐败状，很快绕茎及叶柄一周呈软腐状缢缩或凹陷。潮湿时表面生有稀疏霉层，引起病部以上枝叶萎蔫。果实发病，主要危害青果，病斑呈不规则形的灰绿色水浸状硬斑块，后变成暗褐色至棕褐色云纹状，边缘明显，病果一般不变软；湿度大时长少量白霉，迅速腐烂。

（2）病原　病原为致病疫霉 *Phytophthora infestans*（Mont.）de Bary，属鞭毛菌亚门疫霉属。菌丝分枝，无色无隔，较细，多核。在寄主间隙生长，以少量的丝状吸器吸收寄主养分。孢囊梗无色，单根或多根成束从气孔长出，具 3～4 个分枝，无限生长，当孢囊梗顶端形成一个孢子囊后，孢囊梗又向上生长而把孢子囊推向一侧，顶端又形成新的孢子囊。孢囊梗膨大呈节状,顶端尖细。孢子囊单胞无色,卵圆形,顶端有乳状突起。温度 15℃ 以上时,孢子囊不产生游动孢子,直接产生芽管侵入寄主,低温下萌发释放游动孢子,游动孢子肾形,双鞭毛,水中游动片刻后静止,鞭毛收缩,变为圆形休止孢,休止孢萌发产生芽管侵入寄主。卵孢子不多见。菌丝生长温度范围为 10~25℃,最适温度为 20~23℃。孢子囊形成温度为 7~25℃,最适温度为 18~22℃。孢子囊萌发产生游动孢子的温度为 6~15℃,最适温度为 10~13℃。相对湿度达 97% 以上时易产生孢子囊,孢子囊及游动孢子都需要在水滴或水膜中才能萌发。病菌可危害番茄和马铃薯等多种茄科植物。

(3)发病规律　病菌主要以菌丝体在马铃薯块茎中越冬,或在冬季棚室栽培的番茄上为害,为翌年发病的初侵染来源。孢子囊借气流或雨水传播,从气孔或表皮直接侵入,在田间形成中心病株。病菌的营养菌丝在寄主细胞间或细胞内扩展蔓延,3~4 天后病部长出菌丝和孢子囊,借风雨传播蔓延,进行多次再侵染,引起病害流行。

晚疫病是一种危害性大、流行性强的病害。发生轻重与气候条件关系密切,低温高湿是病害发生和流行的主要因素。在番茄的生育期内,温度条件容易满足,病害能否流行与相对湿度密切相关。在相对湿度为 95%~100% 且有水滴或水膜条件下,病害易流行。因此,降雨的早晚、雨日的多少、雨量的大小及持续时间的长短是决定病害发生和流行的重要条件。田间地势低洼,排灌不良,过度密植,行间郁蔽,导致田间湿度大,易诱发此病。凡与马铃薯连作或邻茬地块易发病。土壤瘠薄、追肥不及时、偏施氮肥会造成植株徒长,或肥力不足、植株长势衰弱会降低寄主抗病力,均利于发病。此外,番茄品种间抗病性存在明显差异。

(4)病害控制　防治策略应采用加强栽培管理和药剂防治相结合的综合技术措施。

①加强栽培管理。合理密植,氮磷钾配合使用,避免植株徒长,提高寄主抗病性。及时整枝打杈和绑架,适当摘除底部老叶、病叶,改善通风透光条件。雨季及时排水,降低田间湿度。保护地番茄从苗期开始严格控制生态条件,防治棚室高湿条件出现。

②实行轮作。重病田与非茄科作物实行 2~3 年以上轮作,选择土壤肥沃、排灌良好的地块种植番茄。

③选用抗病品种。渝红 2 号、中蔬 4 号、中蔬 5 号、佳红、中杂 4 号、荷兰 5 号、6 号等番茄品种对晚疫病有不同程度的抗病性,可因地制宜地选种。

④药剂防治。田间发现中心病株后,及时摘除、深埋或烧毁,并立即进行全田喷雾保护。保护地采用烟雾法和粉尘法防病,傍晚关闭大棚或温室,施用 45% 百菌清烟剂,或喷撒 5% 百菌清粉尘剂,第二天通风换气,隔 9 天左右 1 次。发病初期,喷施下列杀菌剂:百得富、72.2% 普力克、40% 疫霜灵、25% 甲霜灵、58% 雷多米尔—锰

锌、40％甲霜铜、64％杀毒矾、72％克露等，注意保护植株中下部叶片和果实，隔 7～10 天喷 1 次，连续 4～5 次。保护地用药掌握在上午 10 点以后，喷药后通风散湿。

2. 观赏辣椒疫病

辣椒疫病是一种毁灭性病害，主要危害茎基部，常导致植株成片死亡。

（1）症状　辣椒从苗期至成株期均可发病，主要危害茎基部，也可危害叶片和果实。苗期染病，首先在茎基部形成暗绿色水渍状病斑，迅速褐腐缢缩而猝倒。成株期茎染病，病部初期呈水渍状暗绿色，后出现环绕表皮扩展的褐色或黑色条斑，病部以上枝叶迅速凋萎，潮湿时表面产生稀疏的白霉，即病菌的孢子囊和孢囊梗。叶片染病，病斑圆形或近圆形，边缘黄绿色，中央暗褐色。果实染病，多从蒂部开始，水渍状，暗绿色，边缘不明显，扩大后可遍及整个果实。

（2）病原　辣椒疫霉 *Phytophthora capsici* Leon.，属鞭毛菌亚门疫霉属。无性繁殖形成不规则分枝，细长，无色的孢囊梗，顶生孢子囊。孢子囊无色、单胞，顶端乳头状突起明显。有性生殖为异宗配合，卵孢子球形，浅黄色至金黄色。除侵染辣椒外，还可侵染番茄、茄子、甜瓜等。

（3）发病规律　病菌主要以卵孢子在土壤中或病残体内越冬，成为田间发病的初侵染来源。翌年条件合适时萌发并侵染寄主的茎基部或近地面的果实，引起田间的初侵染，形成发病中心。在高湿或阴雨条件下，可产生大量孢子囊，并释放游动孢子，又经雨水或灌溉水传播，病菌可直接侵入或伤口侵入，有伤口存在则更有利于侵入，引起不断再侵染，病害潜育期短，流行性强。

病害发生与温、湿度关系密切，高湿有利于病害的发生和流行，又称"雨病"。一般雨季或大雨后天气突然转晴，气温急速上升，或灌水量大，次数多，病害易流行；土壤湿度为 95％以上，持续 4～6 小时，病菌即完成侵染，病害潜育期为 2～3 天。地势低洼排灌不良，田园不卫生，平畦种植，连茬，施肥未经腐熟或施氮肥过多等均有利于病害的发生和流行。品种间抗病性有差异。

（4）病害控制　参照番茄晚疫病。

六、灰霉病

灰霉病是半知菌亚门葡萄孢属真菌引起的一类重要植物病害，该病菌寄主范围广，可危害多种植物，在北方保护地早春和冬季发生尤为严重。该病不仅在植株生长期间发生，而且还可在采后的贮藏和运输过程中严重发生。

1. 唐菖蒲灰霉病

唐菖蒲灰霉病是唐菖蒲上的重要病害，在我国各栽培区普遍发生。唐菖蒲灰霉病引起叶、茎、花、球茎腐烂或坏死，在北方生产球茎地区主要是球腐烂；在南方冬季促成栽培区,往往在由南方运往北方的市场途中鲜切花造成花腐,降低观赏价值,造成经济损失。

(1)症状　灰霉病可危害植株的各个部位,花、茎、叶、球茎均可受害。嫩叶受侵染常形成直径超过 2cm 的褐色病斑,近圆形或椭圆形,边缘不明显。气候温暖干燥时,叶部产生小斑点,灰褐色,边缘淡红褐色,病健组织分界明显。茎上发病时可提前发黄和干枯,潮湿时,茎腐烂,引起植株倒伏和死亡。花受害后产生水渍状小斑,严重时花朵呈黏性腐烂状萎垂成一团。球茎受害后可以产生圆形的浅褐色至深褐色斑点,并可扩展到茎;球茎受害也可以产生海绵状的腐烂,初期病部可以挤出水来,以后变成海绵状,重量变轻,剥去表皮,可见黑色菌核,或混生在土壤中。在植株叶、花和茎的感病部位,潮湿时都能够产生灰色霉层。

(2)病原　病原为唐菖蒲球腐葡萄孢 *Botrytis gladiolorus* Timm. 属于半知菌亚门葡萄孢属。菌丝匍匐状,灰色。分生孢子梗细长,不规则地呈树形,分枝或单生,顶端细胞膨大成球形,上生小梗,梗上着生分生孢子。分生孢子聚集成葡萄穗状,单胞,卵圆形。有性时期属子囊菌亚门的唐菖蒲球腐葡萄孢盘菌 *Botrytinia draytoni* (Buddin et Wakef) Seaver。菌核黑色,丛生。子囊盘上着生圆筒形的子囊,子囊孢子无色,椭圆形。该病菌还可以侵染番红花、香雪兰和其他鸢尾科植物。

(3)发病规律　病菌主要以菌核在病残体和土壤中越冬,也可在球茎内越冬。土壤传播或球茎传播。温度为 10~18℃时容易发病,环境潮湿时危害严重,鲜切花贮运中也能为害。植株在春季田间染病后,气温上升,病情不再发展,但当天气转凉后,球茎成熟时,并有露水或降雨时,病害又会暴发。凡植株生长衰弱、表面伤口多等都有利于病害严重发生。

(4)病害控制

①加强栽培管理。注意保持栽培环境排水良好,空气流通,降低空气湿度。促进植株生长,减少伤口,及时清理病残组织,拔除重病株,集中处理。天气干燥时收获球茎,在温度为 5~8℃的条件下贮藏。

②化学防治。在发病前或发病初期,可选用 70% 代森锰锌可湿性粉剂 800 倍液,或 80% 代森锌可湿性粉剂 800 倍液,或 50% 扑海因可湿性粉剂 1000~1800 倍液,或 50% 速克灵可湿性粉剂 1000~1500 倍液喷雾,每隔 10~15 天喷药 1 次,连续2~3 次。

2. 仙客来灰霉病(彩图 24)

仙客来灰霉病是世界性病害,我国各产区均有发生。尤其是温室栽培的花卉发病极普遍,严重时病株率可达 30% 左右。灰霉病常造成叶片、花瓣的腐烂或坏死,生长衰弱,降低观赏性。

(1)症状　主要危害叶片、叶柄,也侵染花梗和花瓣。发病初期,叶缘出现暗绿色水渍状病斑,病斑扩展快,能迅速蔓延至整个叶片,叶片枯死。在湿度大的条件下,腐烂部分长出灰色霉层,即病原菌的分生孢子及分生孢子梗。花瓣受害初期产生水渍状小斑,不久变褐腐烂。花梗受害后,产生褐色软腐。

(2)病原　病菌为半知菌亚门的灰葡萄孢 *Botrytis cintrea* Pers.。分生孢子梗丛生,有隔,顶端分枝,分枝末端膨大,分生孢子卵形或椭圆形,无色至淡色,单胞,呈葡萄状聚生。

(3)发病规律　病菌以分生孢子或菌核在病叶或其他病组织内越冬。病菌借助气流、灌溉水传播。温室内感染病害的仙客来极易造成重复侵染。一般情况下,6、7月梅雨季节以及 10 月以后的开花期发病重。湿度高、光照不足会加重病害的发生。土壤黏重,通风不良,温度高,栽植过密,易于发病。

(4)病害控制　参照唐菖蒲灰霉病。

3. 月季灰霉病(彩图 25)

月季灰霉病是月季生产中的重要病害,发生普遍,常造成月季叶片、花腐烂,使植株生长衰弱,降低观赏价值。

(1)症状　主要危害月季的花、花蕾和嫩茎。病斑在叶缘和叶尖发生时,初为水浸状褐色斑点,后扩大腐烂。花蕾上病斑灰黑色,病蕾变褐枯死,不能开放。花受害时,部分花瓣变褐色,皱缩。在温暖潮湿条件下,灰色霉层可以长满植株受害部位。

(2)病原　病原为半知菌亚门灰葡萄孢 *Botrytis cintrea* Pers.。分生孢子梗丛生,有横隔,初为灰色,后变为褐色,分生孢子梗顶端枝状分枝,分枝末端膨大。分生孢子葡萄状聚生,单胞,卵形或椭圆形,少数球形,无色至淡色。

(3)发病规律　以菌丝体或菌核在植株病部及病残体中越冬。次年春天在适宜的条件下产生分生孢子进行侵染,分生孢子萌发生出芽管而侵入寄主。温度偏低、多雨条件有利于分生孢子大量形成,分生孢子借风雨传播。栽植密度大,湿度高,光照不足,植株生长柔弱,均易发病。

(4)病害控制

①加强栽培管理。及时清除病残体,减少田间侵染源。秋季清除病株的枯枝落叶,春季发病时摘除病芽、病叶,对病残体进行深埋处理。剪去病芽及病芽以下数厘米的茎部,及时带出田外销毁。温室栽培,注意通风透光,避免湿度过高。浇水要安排在晴天上午 10 时前后,浇水后注意通风降湿。

②化学防治。棚室发病初期可用 45%百菌清烟剂或 15%克霉灵烟剂,于傍晚施药,次日清晨通风,隔 9~10 天 1 次。发病初期,植株表面所有切口均需喷药保护。

露地栽培时,在发病初期喷洒75％百菌清可湿性粉剂 600～800 倍液,或 65％代森锌可湿性粉剂 500～600 倍液,或 50％速克灵可湿性粉剂 1500～2000 倍液,或 50％扑海因可湿性粉剂 1200～1500 倍液,或 70％甲基托布津可湿性粉剂 800～1000 倍液,或 65％甲霉灵可湿性粉剂 1000～1500 倍液,每 10～15 天喷 1 次,连续 3 次。交替使用各种杀菌剂,可以防止病原菌的抗性产生。

七、菌核病

菌核病亦称菌核性软腐病,可在多种观赏植物上发生。在我国分布广,特别是长江流域和沿海地区各省,目前北方地区也发生普遍且严重。可危害金鱼草、菊花、风信子等多种观赏植物。

翠菊菌核病

翠菊菌核病在我国发生普遍。

(1)症状　主要危害植株近土表的茎基部,有时也危害中部茎。病部初期呈水渍状,逐渐扩展为不规则灰白色病斑,病斑绕茎一周,导致其上部枝叶干枯死亡。中部茎干受害时,病斑多从叶柄基部或分枝处开始,暗褐色,潮湿时长出白色霉层,后期产生菌核,呈黑色鼠粪状。病部以上叶片逐渐枯萎,并向下扩展,最后植株死亡。

(2)病原　病原为子囊菌亚门核盘菌 Sclerotinia sclerotiorum (Libert) de Bary。菌丝有隔,分枝。菌核长圆形至不规则状,初白色,后变黑色。菌核萌发形成杯状或盘状子囊盘,褐色。子囊排列于子囊盘表面,棍棒状,内生有 8 个子囊孢子。子囊孢子单胞,无色,椭圆形。该病菌寄主范围广,可危害十字花科、豆科、茄科、菊科等植物。

(3)发病规律　病菌以菌核在病残体和土壤中越冬。次年环境适宜时萌发产生子囊盘,子囊孢子借风雨传播,从伤口侵入寄主为害。菌核有时可以产生菌丝直接侵入为害。阴湿多雨季节发病重,连作地、前作物为十字花科蔬菜发病重。

(4)病害控制

①加强栽培管理。不宜栽培过密,注意植株通风透光。及时清除病株残体。发病田块与禾本科植物轮作 2 年以上,避免前作种植感病植物。

②药剂防治。用种子重量 0.2％～0.5％的 50％速克灵或扑海因可湿性粉剂拌种。生长期间,发病初期可选用 50％多菌灵可湿性粉剂 500～800 倍液,或 70％甲基硫菌灵可湿性粉剂 500～600 倍液等喷雾处理土壤和植株。

八、枯萎病

枯萎病是由半知菌亚门镰孢霉属真菌引起的一类重要病害,发病后引起植物维管束坏死,从而导致植物部分或全部死亡。该病严重危害葫芦科、茄科植物以及香石竹等观赏植物。

1. 合欢枯萎病

合欢枯萎病又名干枯病,为合欢的一种毁灭性病害。幼苗和大树均可受害,苗圃、绿地、行道树均有发生。严重时,造成树木枯萎死亡。

(1)症状　幼苗和大树均可受害,但多发生于长势较弱的植株上。症状多在雨季出现,幼苗发病时,根或茎基软腐,植株生长衰弱,叶片变黄,全株逐渐枯死。大树受害后,病枝上的叶片萎蔫下垂,一般从枝条基部的叶片开始变黄,有时仍为绿色。先在一两个枝条上表现症状,逐步扩展至其他枝条上。在病树枝干横断面可见一圈褐色环,树干的纵剖面导管部位可见到纵向褐色条纹,严重的皮下木质部表面也有褐色纵条纹。夏初秋末树干或枝条上的皮孔肿胀并破裂,其中产生肉红色或白色粉状物。后期造成整株叶片萎蔫,树皮肿胀腐烂。

(2)病原　病原为半知菌亚门的尖镰孢菌合欢专化型 *Fusarium oysporum* f. sp. *perniciosu*,见图 4-8。病部产生的肉红色粉状物为病菌的分生孢子座和分生孢子。能产生两种分生孢子,大型分生孢子纺锤形或镰刀形,两端尖,成熟后多有3～5个隔膜,小型分生孢子圆筒形至椭圆形。

(3)发生规律　病菌随病株或病残体在土壤中越冬。翌春产生分生孢子,由寄主地下根直接侵入或通过伤口侵入,在根部导管向上蔓延至枝干导管,造成枝枯。也可从枝干皮层伤口侵入,树皮最初呈水渍状坏死,后干枯下陷。严重时,造成黄叶、树皮腐烂,以致全株死亡。此病为系统侵染性病害,整个生长季均能发生,在叶片尚未枯萎时,病株的皮孔中会产生大量的分生孢子,通过风雨传播。而且会以较快的速度传染给周边树木,可造成大面积死亡。高温、高湿有利病菌的繁殖和侵染,暴雨和灌溉也有利于病菌传播。干旱季节,长势弱的幼苗发病严重,长势好的植株表现为局部枯枝,死亡速度较慢。

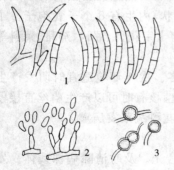

图 4-8　合欢枯萎病菌
(1)大型分生孢子　(2)小型分生孢子
(3)厚垣孢子

(4)病害控制

①加强田间管理。合欢在较疏松的土壤中生长较好,应选择地势高、土壤肥沃、排水良好的田块作苗圃。应栽植于道路两侧的绿化带内,不要将合欢作为行道树。加强管理,栽种后的苗木应定期松土,增加土壤通透性;合理施肥和灌溉,注意防旱排涝,雨后及时排水,提高树体自身的抗病性。

②控制侵染源。发现病枝及时剪除,感病苗木立即挖除,并以石灰水消毒土壤。

③化学防治。移植时用硫酸铜溶液蘸根,生长季节未出现症状前,开穴浇灌内吸性药剂,如 50％甲基托布津可湿性粉剂 800 倍液,50％多菌灵悬浮剂 800 倍液,50％代森铵可湿性粉剂 400 倍液。每 30 天使用 1 次,连续 3～4 次。枝干处伤口及时喷洒或涂抹药剂,以防病菌侵染。注意防治蚜虫、木虱等害虫。

2. 唐菖蒲枯萎病

唐菖蒲枯萎病又名干腐病、黄斑病,发生普遍,是唐菖蒲栽培期间,尤其是贮藏期的重要病害。危害唐菖蒲后,引起球茎腐烂,茎叶枯萎,是一种常见病害。

(1)症状　主要危害球茎,也侵染叶片、花和根。植株在田间受侵染时,从外侧叶片的尖端首先开始黄化,然后向内侧叶片蔓延,叶片黄化变褐枯死,根变褐毁坏,最后病株枯萎。球茎上病斑多发生在下半部,病斑较小,浅红褐色,在贮藏期病斑逐渐扩大,球茎腐烂,湿度大时,其上可产生白色或粉红色霉状物。球茎发生腐烂通常表现为以下三种症状类型:

①维管束变色型。病球茎剖面可见维管束中心变褐色或黑色,从肉质部向侧面扩展,随着病害的发展到达球茎节部的表面,并出现褐色病斑。

②褐色腐烂型。主要是近基底产生黄褐色或浅黑色病斑,组织腐烂深厚,扩展遍及球茎的任何部位,但维管束不变色。

③基底干腐型。仅发生于球茎基部,通常限于一二个节间。病斑在浅表面,很少深达 2～4 mm,受害部分凹陷,黑褐色,变硬,粗糙和稍有鳞状剥落,病健界限分明。

维管束变色型和褐色腐烂型病球茎都能将病害蔓延到子球茎,严重发病的球茎不能出芽,或幼苗纤细,不久即死亡。发病轻的在生长季节虽长成植株,但后顶叶变黄,逐渐干枯至死。花被侵染时,花瓣颜色变深,花瓣变狭窄,边缘略卷曲,呈郁金香型向上歪斜,不能充分开放。

(2)病原　唐菖蒲枯萎病的病原为尖镰孢菌 *Fusarium oxysporium*,属半知菌亚门。分生孢子座鲜肉色,气生菌丝棉絮状,白色。大型分生孢子镰刀形,多为 3～4 个隔膜,小型分生孢子椭圆形或卵圆形,无色,单胞或双胞。厚垣孢子顶生或间生,球形,单胞。

(3)发病规律　病菌可在土壤中和病球茎内越冬,病菌由根茎部侵入并扩展到整个植株,条件适宜时,病菌侵入球茎的维管束,引起维管束变色。病球茎在贮藏期间如果温度高病害可继续蔓延。病菌从伤口侵入,条件适宜时,生长期和贮藏期内病菌均可侵染。连作、施氮肥过多、排水不良等都会加重病害发生。田间植株有伤口时更利于病菌侵入和发病。病菌在田间借雨水、灌溉水和园艺操作而传播。雨天挖掘球茎,收获的球茎未充分干燥,在贮藏期间受害严重。

(4)病害控制

①加强栽培管理。选择排灌良好的地块做苗床,应避免连作地、低洼地,氮肥不宜过多,适量增施钾肥;选择无病健康的球茎作播种材料,发现有病球茎应剔除;生长期要及时拔除病株;收获球茎应在晴天进行,使其充分干燥后再贮藏;将球茎放置在通风干燥的储藏窖内,储藏温度以 5℃ 以下为适。

②物理防治。将球茎放在水中预浸 1 天,然后浸入含 5% 酒精的 45℃ 热水中 30 分钟,清除已侵入的病菌,经充分干燥后冷藏,可控制贮藏期病害的发生。

③化学防治。种植前可用 50% 多菌灵可湿性粉剂 500 倍液浸泡球茎 30 分钟,晾干后种植,或用 50% 福美双可湿性粉剂拌种后种植,或用抗菌剂 401 稀释液 1 000 倍液喷洒球茎,并用清水冲洗,晾干后再种植。发病初期可用 50% 多菌灵可湿性粉剂 600~800 倍液,或 70% 甲基硫菌灵可湿性粉剂 800~1000 倍液,或 75% 百菌清可湿性粉剂 800 倍液喷雾或灌根。重病株及时挖除,病穴内撒石灰消毒。

3. 香石竹枯萎病(彩图 26)

香石竹枯萎病是香石竹四大病害之一,在世界主要香石竹产区严重发生。可危害香石竹、美国石竹、石竹等多种石竹属植物,引起植株枯萎死亡。

(1)症状 香石竹枯萎病是一种维管束病害,从受害茎组织横切面可见到维管束组织有暗褐色坏死,从根部一直延伸到茎的地上部。病菌首先侵染根系,进入维管束系统,引起地上部症状。发病初期,植株下部一侧的叶片及枝条变成褐色,逐渐萎蔫,嫩枝生长扭曲,以后基部叶片干枯,叶脉失绿,并迅速向上扩展,叶片枯死,基部节间失绿并产生褐色条斑,最后整株枯死。

(2)病原 病原为半知菌亚门尖镰孢香石竹专化型 *Fusarium oxysporum* Schlecht. f. sp. dianthi Snyd. et Hans. 。气生菌丝白色,绒毛状,菌落背面淡桃红色,或淡橙色。大型分生孢子有时呈镰刀形,3~5 个隔膜,顶端略尖,稍弯曲,孢壁薄,无色。小型分生孢子无色,单胞,卵圆形或椭圆形。病原菌有生理小种分化。该菌是土壤习居菌,在土壤中长期存活,能产生较多的厚垣孢子,球形,顶生或间生。

(3)发病规律 病菌以菌丝和厚垣孢子在病株残体或土壤中越冬,也可存活于繁殖材料中。分生孢子借雨水、灌溉水传播,通过根部和茎基部侵入寄主,进入维管束组织,并逐渐向上蔓延扩展。病菌也可从母株带到插条上,繁殖材料是病害传播的重要来源,无病插条在有菌的土壤中也可引起发病,土壤是病害的传播来源之一。发病适温为 23~28℃。若土壤温度较高,雨水多时,病害发生严重。氮肥施用过多以及土壤偏酸性,利于病菌的生长和侵染。不同品种的抗病性有明显差异。

(4)病害控制

①加强栽培管理。选用抗病品种;选用无病插条;控制土壤含水量,避免根系损

伤,可减轻发病;及时拔除病株,减少病菌在土壤中的积累;采用无土栽培,苗床被污染后,应换土或经热力或蒸汽处理土壤后再用;对重病田实行轮作。

②药剂防治。可选用50%多菌灵,或70%甲基托布津,或10%双效灵,或40%抗枯灵等药剂在种植前浇灌土壤或发病初期浇灌根系。每7~10天1次,连续3~4次。

九、叶畸形病

1. 桃缩叶病

在我国各地都有发生,引起叶片肿胀皱缩,植株早期落叶,减少新梢生长量,影响当年及翌年的花芽分化。发病严重时,树势衰弱,易遭受冻害。除危害桃树外,还可危害山桃、碧桃、樱花、梅和李等。

(1)症状　主要危害叶片,尤其是嫩叶,严重时也危害嫩梢、花、果。从芽鳞中展出的嫩叶受侵染后,变厚膨胀,随着叶片展开,病叶呈波纹状皱缩卷曲,肿大肥厚,变为红色,质地变脆。叶片表面产生灰白色粉状物,即病原菌的子实层。病叶逐渐干枯、脱落。嫩梢受害后变为黄绿色,节间缩短,叶片呈丛生状,严重时病枝梢扭曲,整枝枯萎死亡。幼果受害后,发病初期产生稍隆起的黄色或红色斑点,逐渐变为褐色,表面龟裂,提早落果。

图 4-9　桃缩叶病菌
子囊及子囊孢子

(2)病原　桃缩叶病的病原为子囊菌亚门的畸形外囊菌 *Taphrina deformans* (Berk.) Tulasme,见图 4-9。子囊裸生于寄主表皮外,栅状排列成子实层。子囊圆筒形,无色,上宽下窄,顶端平截。子囊内有4~8个子囊孢子,子囊孢子球形至卵形,单胞,无色。子囊孢子在子囊内外芽殖形成卵圆形的芽孢子,单胞,无色。薄壁芽孢子可以继续芽殖,厚壁芽孢子可以休眠。

(3)发病规律　病菌以厚壁芽孢子在树皮、芽鳞片上越冬,以子囊孢子越夏。翌春桃芽萌发时,芽孢子即萌发,由芽管穿透表皮或由气孔直接侵入正在伸展的嫩叶。孢子多从叶背侵入叶组织,随后菌丝叶肉组织中大量繁殖并蔓延,刺激寄主细胞异常分裂,胞壁加厚,使叶片呈现皱缩卷曲的症状。发病中期,病叶表面产生的灰白色粉状物为病菌的子囊层,产生子囊孢子和芽孢子。桃缩叶病只有初侵染,一般不发生再侵染。在条件适宜时,芽孢子继续芽殖,但夏季温度高,不适宜孢子萌发和侵染。一般来说,春季4—5月为发病高峰期,6—7月以后气温升至 20℃ 以上病害就停止发展。桃树展叶前后气温低、湿度大时,利于病菌侵入。早熟品种发病重,晚熟品种发病轻。低温高湿的气候条件利于病害的发生,地势低洼的果园发病重。

（4）病害控制

①摘除病叶。发病初期，及早摘除病叶，剪除病枝条、病果。

②化学防治。桃芽膨大露红但未展开前，喷洒 3～5 波美度的石硫合剂或 160 倍的等量式波尔多液。要掌握好喷药时间，过早会降低药效，过晚容易发生药害，喷 1 次药能基本上控制病害发生。

2. 杜鹃饼病（彩图 27）

杜鹃饼病又称杜鹃叶肿病，在我国辽宁、山东、四川、浙江、湖南、江西、江苏、安徽、云南、广东、广西等地区均有发生。杜鹃饼病导致杜鹃叶、果及枝梢畸形，降低观赏价值。

（1）症状　主要危害杜鹃嫩梢、嫩叶和幼芽，也危害花和果实。发病初期，叶部产生半透明近圆形淡黄色病斑。以后扩大成不规则状黄褐色病斑。有时在病叶上产生菌瘿，表面为白色粉状蜡质层，即病菌的担子和担孢子。白粉层脱落后菌瘿表面为褐色至黑褐色。有时受侵染叶片局部或全部变厚，正面隆起，背面凹下，犹如饼干状，故称为饼病。病叶枯黄早落，病部以上嫩枝枯死。当叶脉受害后，局部肿大使成卷曲状。新梢发病时，枝条顶端产生肉质瘤状物，后期干缩。花受害后，花瓣变厚，尤其是杜鹃常绿品种，症状显著，整朵花变成肉质球状物，又称为"杜鹃苹果"。果实发病变肥大，呈红褐色囊肿状。

（2）病原　病原主要为担子菌亚门的日本外担子菌 *Exobasidium japonicum* Shirai 和半球状外担菌 *E. hemisphaerisuc* Shirai，见图 4-10。日本外担子菌主要寄生在嫩叶上，可以产生小菌瘿。担子棍棒状或圆柱形，顶端着生 3～5 个小梗。担孢子无色，单胞，圆筒形。半球状外担菌主要侵染叶脉、叶柄等处，可以形成表面白色近球形菌瘿。担子顶端着生 4 个小梗，担孢子无色，单胞，纺锤形，稍弯曲。菌丝体上产生吸器伸入寄主细胞吸收营养，在寄主角质层下由菌丝上直接产生担子，随后从寄主表面伸出形成白色粉末即病菌的担子层。

图 4-10　杜鹃饼病
担子及担孢子

（3）发病规律　病菌以菌丝体在植株病组织内越冬。次年春季条件适宜时产生担孢子，借风雨或昆虫传播。菌丝体在寄主细胞间隙扩展蔓延，刺激寄主组织产生大量增生组织，形成肿瘤。该病害有多次再侵染，在生长季节有两个发病盛期，即春末夏初和夏末秋初，春季发病较重。病苗木为远距离传播的重要途径。低温高湿利于病害发生。栽植密度大、通风透光不良、偏施氮肥，发病重。

（4）病害控制

①加强栽培管理。及时摘除病叶、病梢，减少侵染源。春季注意通风透光，雨后及时排水。

②化学防治。植株发芽前喷洒石硫合剂，展叶抽梢时波尔多液保护，发病初期及

落花后喷洒 65％代森锌可湿性粉剂或 0.3～0.5 波美度的石硫合剂 3～5 次。

十、叶斑病

1. 月季黑斑病（彩图 28）

月季黑斑病又名褐斑病,是盆栽和露地栽培月季的一种常见病害,全国各地都有发生,使叶片枯黄,早期落叶。

(1)症状　主要危害叶片,也侵染叶柄、嫩梢和花等部位。发病初期,叶片褪绿,正面出现黑褐色小斑点,逐渐扩展成圆形或不规则形病斑,直径 4～12 mm,黑紫色,边缘呈放射状,后期病斑上着生黑色小粒点,为病菌分生孢子盘。有的月季品种病斑周围组织变黄,有的品种在黄色组织与病斑之间有绿色,称为"绿岛"。病斑相互连接使叶片变黄、脱落。嫩枝上的病斑初期为长椭圆形,暗紫红色。叶柄、叶脉上的病斑与嫩梢上的相似。病重时,叶片早期脱落,树势衰弱甚至全株枯死。

(2)病原　病原为半知菌亚门蔷薇放线孢菌 *Actinonema rosae*(Lib.) Fr. 。病菌在寄主角质层下产生分生孢子盘,盘下有呈放射状分枝的菌丝。分生孢子梗很短,无色。分生孢子椭圆形,无色,双胞,分隔处缢缩,直或略弯曲。分生孢子萌发适宜温度为 20～25℃,萌发最适 pH 值为 7～8。生长最适温度为 21℃,侵入最适温度为19～21℃。

(3)发病规律　露地栽培时,以菌丝体在芽鳞、叶痕及枯枝落叶上越冬。温室栽培以分生孢子和菌丝体在病叶上越冬。翌春产生分生孢子进行初侵染,分生孢子萌发后由表皮直接侵入。分生孢子由雨水、灌溉水的喷溅、昆虫及操作工具进行传播。有多次再侵染。月季黑斑病与降雨的早晚、降雨次数、降雨量密切相关。降雨早和多雨的年份,病害发生重。不同月季栽培品种的抗病性差异明显。高温高湿,密度大,氮肥过多,发病重。

(4)病害控制

①加强栽培管理。选用抗病品种,叶片深绿、蜡质厚的品种抗病。彻底清除枯枝落叶,结合冬季修剪,剪除病枝,减少次年的初侵染来源。最好采用滴灌、沟灌或沿盆边浇水,避免喷灌,灌溉时间尽量选在上午。栽植密度要适宜,注意通风。增施有机肥和磷钾肥,适量使用氮肥,提高植株抗病性。

②化学防治。春季发芽前,对植株及地面可喷洒 3 波美度的石硫合剂,1％等量式的波尔多液。月季展叶前喷洒 75％的百菌清可湿性粉剂 500～700 倍液,70％代森锰锌可湿性粉剂 400～500 倍液,70％甲基托布津可湿性粉剂 500～700 倍液,50％多菌灵可湿性粉剂 500～1000 倍液或 75％百菌清可湿性粉剂 600 倍液等,每 10～15 天 1 次,共 4～5 次。

2. 杨树黑斑病

杨树黑斑病又称褐斑病,在我国各地发生普遍。杨树发病后,提前落叶。若连年受害,引起树势衰弱,容易被溃疡病、腐烂病等病害危害。

(1)症状　在叶片正面有圆形或近圆形病斑,叶背产生针刺状凹陷小黑点,随后扩大,略隆起,呈黑色。叶背及叶面病斑中央的灰白色突起小点为病菌的分生孢子盘。病斑数量增多、扩大后,可以连成大斑。发病严重时整个叶片变成黑色,干枯而脱落。叶柄上病斑呈梭形,黑褐色,中间产生乳白色黏液状物。

(2)病原　病原为半知菌亚门的褐斑盘二孢菌 *Marssonina brunnea* Magn.,见图4-11。分生孢子盘产生于寄主病叶角质层下,分生孢子无色,双胞,倒卵形,直或微弯。

(3)发病规律　病菌以菌丝体在落叶或枝梢的病斑中越冬。翌年5—6月病菌产

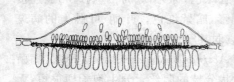

图4-11　杨树黑斑病
分生孢子盘和分生孢子

生分生孢子,借风雨传播,落在幼苗叶片上,由气孔侵入叶片,3～4天出现病状,5～6天形成分生孢子盘。7月上旬至8月上旬为发病盛期,9月末至10月初停止发病。在高温、多湿条件下,发病快而且重。重茬苗床上病情严重,重茬次数越多病情越重;特别是石砾多的沙土

苗床及低洼地和密度大的苗床上发病重。

(4)病害控制

①加强栽培管理。加强苗圃管理,避免连作。合理密植,保持林内通风透光。及时清扫落叶。

②化学防治。用75%百菌清可湿性粉剂1000～1500倍液或70%甲基托布津可湿性粉剂1000倍液处理干燥种子;必要时在种植前进行土壤消毒,每平方米用40%福尔马林50 ml,加水后浇灌。发病期间,可喷洒50%代森锰锌可湿性粉剂500倍液,或40%多菌灵可湿性粉剂800倍液,或75%百菌清可湿性粉剂600～800倍液,或45%代森胺可湿性粉剂800倍液。

3. 贴梗海棠褐斑病

贴梗海棠褐斑病可发生在各海棠分布区,还可以侵染西府海棠、红海棠等,造成早期落叶。

(1)症状　病害仅发生在叶片上。初期叶片上生褐色小斑点,后扩展成近圆形病斑,暗褐色,直径1～3.5 mm,后期叶片的病斑相互汇合,连成一片,叶片枯死。湿度大时,病斑上长出绒状黑色小点,为病菌的分生孢子梗和分生孢子。

(2)病原　病原为半知菌亚门的榅桲尾孢 *Cercospora cydoniae* Ell. et Ev.。子座发达,黑褐色,球形。分生孢子梗淡褐色簇生,无隔膜,不分枝,顶端圆,孢子痕不明

显。分生孢子圆筒形至倒棍形,近无色至淡橄榄色,直或微弯,基端倒圆锥平切状,上部较细,顶端钝圆,隔膜多但不明显。

(3)发病规律　病菌在病落叶上越冬。第二年 4 月下旬,20℃左右时产生分生孢子,分生孢子随风雨传播,进行初侵染。整个生长季节均发病,北方雨季发病重,长江流域梅雨季节发病重,秋末病害停止。栽植密度大,通风不良,发病重。

(4)病害控制

①加强栽培管理。及时清除枯枝落叶,并集中烧毁或深埋。植株种植不要太密,注意通风透光。

②化学防治。从 4 月底至 5 月初,植株花谢后用 65％代森锰锌可湿性粉剂 600倍液或 50％多菌灵可湿性粉剂 800 倍液,隔 10～15 天喷 1 次,连续 2～3 次。

十一、其他观赏植物真菌病害(见表 4-1)

表 4-1　其他观赏植物真菌病害

病害名称	诊断要点	发病规律	防治要点
翠菊枯萎病 *Fusarium oxysporum*	植株从苗期至开花期均可发生,发病后植株迅速枯萎死亡。根系常发生程度不同的腐烂。茎基部常出现褐色条斑,剖开茎基可见维管束变褐色	以菌丝体和厚垣孢子在土壤中越冬。幼苗出土后 10～20 天最感病。病菌通过土壤和灌溉水传播。高温、多雨,施肥不当,连作,地下害虫多,发病重	及时拔除病株,集中烧毁。选用排水良好的地块种植,合理施肥。避免连作,土壤消毒。选用抗枯萎病的品种。发病初期使用多菌灵或苯来特或治萎灵
棕榈干腐病 *Paecilomyces varioti*	幼嫩组织腐烂严重。在枯死的叶柄基部和烂叶上可见白色菌丝体。当树干和叶片枯死后,根系很快腐烂,全株枯死	病菌可在轻病株中越冬。凡地势低洼、土壤瘠薄处,病害易发生。植株生长势弱,遭受冻伤、寒害或旱害后,易发病。若秋季太迟或春季过早剥棕,易遭冻害	选择土层较厚处种植,适时培土。选种乡土树种,抗病性较强。适时适量剥棕。及时清除病死株和重病株。发现病树,及时喷药防治
月季白粉病 *Sphaerotheca pannosa*	危害绿色幼嫩器官。嫩叶受害后,变厚皱缩,逐渐干枯死亡。嫩梢节间缩短,叶柄上布满白色粉层。受害花蕾畸形或干枯	以菌丝体在芽和组织上越冬。分生孢子借风雨传播,直接侵入或气孔侵入,有多次再侵染。温暖潮湿、栽植过密,光照不足,偏施氮肥发病重	结合修剪,及时摘除病芽、病叶和病梢。清除枯枝病叶,休眠期喷施石硫合剂。增施磷、钾肥,注意通风透光。发病前喷施粉锈宁或代森锌等

病害名称	诊断要点	发病规律	防治要点
幼苗立枯(猝倒)病 *Rhizoctonia solani*	幼苗出土前即腐烂或是幼苗出土后,茎基部褐色坏死,植株死亡,直立田间或是倒伏	以菌核在土壤或病残体上越冬。直接侵入或从伤口侵入。播种过早,幼苗出土时间延长,易发病	选择地势高的田块育苗,精选种子,合理施肥。发病后,在植株根颈部喷施敌克松或是波尔多液
扶桑炭疽病 *Colletotrichum gloeos-porioides*	叶面初期产生水渍状小点,逐渐扩大,后期病斑边缘形成隆起的紫红色环带,中间灰褐色,上散生褐色小点	以菌丝体、分生孢子盘或分生孢子在病残体上越冬。分生孢子通过风雨和昆虫传播,从伤口或气孔侵入。高温多雨,土壤排水不良,发病重	清除枯枝病叶,集中烧毁或深埋。适当增施磷、钾肥,提高抗病力。低洼地开沟排水。病害发生初期,喷施波尔多液或多菌灵等
牡丹(芍药)红斑病 *Cladosporium paeoni-ae*	主要危害叶片,产生不规则形病斑,具轮纹,中央黄褐色,边缘紫色,严重时整叶枯焦,叶背出现暗褐色霉层	以菌丝在病残体上越冬。次年产生分生孢子,借风雨传播。夏季高温不利于病菌侵染,病害严重与否决定于初侵染	剪除病枝,施足基肥,追加 3～4 次肥。早春植株萌动前和发病初期,注意喷药杀死越冬病菌和控制田间发病
腊梅叶斑病 *Phyllosticta chimonathi*	叶片上产生黑色近圆形病斑,边缘明显,中部灰白色,上有黑色小颗粒。嫩枝被侵染后,梢上形成枯死段	以分生孢子器及菌丝体在病叶和枯枝中越冬。病菌即侵染嫩叶,在病斑上产生分生孢子器。密度大,湿度高,发病重	冬季清除枯枝落叶,发病前期喷波尔多液或甲基托布津,每隔 15 天 1 次,总共 4～5 次
桂花褐斑病 *Cercospora smanthico-la*	初期叶片上产生褐色小斑点,后扩展成近圆形。病斑受叶脉的限制,外缘有黄色晕圈,上散生黑色霉状物	以菌丝在病叶上越冬。翌年春产生分生孢子,借气流和水滴传播。高温、高湿利于发病,植株生长衰弱,易感病	及时排除积水,增施钾肥和腐殖质肥。结合修剪,及时摘除病叶,重病区苗木出圃时,喷洒波尔多液或高锰酸钾消毒
桂花枯斑病 *Phyllosticta osmanthi-cola*	在叶尖或叶缘初期产生圆形或不规则形大斑,边缘深褐色,稍突起,上散生黑色小点粒	以菌丝和分生孢子器在病叶上越冬。次年产生分生孢子,经风雨传播,高温高湿,发病重	冬季结合修剪,清除病叶,并集中烧毁。发病初期,可喷波尔多液或代森锌、甲基托布津等

续表

病害名称	诊断要点	发病规律	防治要点
苏铁斑点病 *Ascochyta cycadina*	叶上初为淡褐色小点，后扩大为圆形或不规则形斑，边缘红褐色，中央暗褐色至灰白色。后期病斑上产生黑色小粒	以菌丝体和分生孢子器在病叶上越冬。次年产生分生孢子，经风雨传播，高温多雨，管理不善时，发病重。受冻害后易发病	加强通风透光，适当剪除下部老叶。增施有机肥。发病初期喷洒波尔多液、甲基托布津或百菌清等药剂
紫荆角斑病 *Cercospora chionea*	危害叶片，造成叶片枯死、脱落。叶片上产生褐色多角形病斑，上密生黑色小点，潮湿时，产生灰白色霉状物	以子座和菌丝体在病落叶上越冬。条件适合时，产生分生孢子，经风雨传播，引起侵染。雨水多的年份，发病重	冬季彻底清除病叶，发病前喷洒波尔多液、甲基托布津或代森锰锌
紫薇褐斑病 *Cercosprora lythraecearum*	发病初期叶片呈现针头状淡褐色小突起，后扩大为近圆形，病斑上有灰褐色霉层，即病菌的分生孢子梗和分生孢子	以菌丝体和子座在病叶或土壤中越冬。翌年产生分生孢子借助风雨传播。植株下部叶片发病重。高温高湿利于发病	清除落叶，集中销毁。在发病初期，喷波尔多液或百菌清或多菌灵等，每隔 10～15 天 1 次，连续 2～3 次

第二节　观赏植物细菌类病害

一、根癌病（彩图 10）

根癌病又名冠瘿病、根瘤病，具有分布广、多寄主、危害严重的特点。该病为一种世界性的病害，能侵染 600 余种植物，目前生产上受害严重的观赏植物有樱桃、桃树、苹果、海棠、玫瑰、月季、菊花和茶树等。

1. 症状

根癌病主要发生在根颈处，有时也发生在主根、侧根和地上部分的主干、枝条上，嫁接处较为常见。在发病部位，开始时仅出现近圆形、浅黄色的小瘤，表面光滑，质地柔软。后期病瘤逐渐增大成不规则块状，在大瘤上又生许多小瘤，表面粗糙，质地坚硬，深褐色。后期病瘤外皮脱落，露出突起状的木瘤。感病植物地上部分生长衰弱，枝条枯萎，甚至整株枯死。

2. 病原

病原菌为土壤杆菌属的根癌土壤杆菌 *Agrobacterium tumefaciens*（Smith & Towns.）Conn.。菌体杆状，大小为 1～3 μm×0.4～0.8 μm，有 1～4 根鞭毛，革兰氏染色阴性，无芽孢，能形成荚膜。在培养基上生长最适温度为 25～30℃，最适酸碱度为 pH 值为 7.3。

3. 发病规律

根癌细菌在肿瘤组织皮层内或寄主植物的残体混入土中越冬,细菌可在土壤中存活一年以上。病菌主要通过雨水、灌溉水、采条和苗木传播。另外,地下害虫,如蛴螬、蝼蛄和线虫也能传播细菌。苗木和采条带菌是远距离传播的重要途径。细菌从虫伤、机械伤及其他根病引起的损伤侵入,在皮层的薄壁间隙中繁殖,刺激细胞加快分裂,形成病瘤。从病菌侵入到症状出现,需数周至一年以上的时间。温、湿度是根癌细菌侵染的主要条件,病菌侵染与发病随土壤湿度升高而增加,反之则减轻。癌瘤与温度关系密切,28℃时癌瘤长得快且大,高于 31～32℃不形成,低于 26℃形成慢且小。碱性土壤利于发病,酸性土壤对发病不利。土壤黏重,排水不良发病重;土质疏松、排水良好的砂质土发病轻。耕作不慎或地下害虫为害,造成伤口,均利于病菌侵入,增加发病机会。连作有利于病害发生。嫁接时切接比芽接发病严重。

4. 病害控制

鉴于根癌细菌主要存在于土壤中,并且以伤口作为唯一的侵入途径,所以保护伤口,促进伤口的愈合是最好的预防措施,并且防治的时间应以种子或苗木接触土壤之前为好,从根本上阻止根癌细菌的侵入。

(1)严格检疫　把好产地检疫关,发现病苗立即拔出,集中烧毁,禁止带瘤苗木的调运。对怀疑有病的苗木用 72%农用硫酸链霉素 1500 倍液浸泡半小时或用 1%硫酸铜浸泡根部 5 分钟,冲净后定植。

(2)加强栽培管理　选择未感染根瘤病的地区建立苗圃,如果苗圃地区已被污染需进行 3 年以上的轮作,重病区实行 2 年以上轮作,解决土壤带菌问题;细心栽培,避免各种伤口;发现重病株要及时拔除,轻病株可用抗菌剂 402 对水 300～400 倍液浇灌或把瘤切掉用 72%农用硫酸链霉素可溶性粉剂 3000 倍液涂抹。

(3)生物防治　放射土壤杆菌 K84 是一种根际细菌,它能在根部生长繁殖,并产生特殊的选择性抗生素土壤杆菌素 K84。不同病原菌株对土壤杆菌素的敏感性不一样。使用时用水稀释,使细菌浓度为每毫升 10^6 个,用于浸种、浸根和浸插条,对防治核果类果树根癌病有效。

(4)外科治疗　对于初期病株,用刀切除病瘤,然后用石灰乳或波尔多液,涂抹伤口,可使病瘤消除。

二、软腐病(彩图 29)

细菌性软腐病是园艺和观赏植物上的一种重要病害,尤其在十字花科蔬菜上为害最严重。该病除危害白菜、甘蓝、萝卜、花椰菜等十字花科蔬菜外,还危害番茄、辣椒、莴苣等多种蔬菜。此外,还危害观赏番茄和观赏辣椒以及鸢尾、唐菖蒲、仙客来、百日草、羽衣甘蓝、马蹄莲、风信子等观赏植物。

1. 症状

软腐病的症状因病组织和环境条件不同而略有差异。一般柔嫩多汁的组织开始受害时,呈浸润半透明状,后变褐色,随即变为黏滑软腐状。比较坚实少汁的组织受侵染后,先呈水浸状,逐渐腐烂,但最后患部水分蒸发,组织干缩。

白菜、甘蓝在田间发病,多从包心期开始。起初植株外围叶片在烈日下表现萎蔫下垂,但早晚仍能恢复。随着病情的发展,这些外叶不再恢复,露出叶球。严重时,心髓全部变成灰褐色黏稠物,具恶臭,易用脚踢落。采种株腐烂有从根髓或叶柄基部向上发展蔓延,引起全株腐烂的,也有从外叶边缘或心叶顶端开始向上发展,或从叶片虫伤处向四周蔓延,最后造成整个菜头腐烂的。腐烂的病叶,在晴暖、干燥的环境下,可失水干枯变成薄纸状。

2. 病原

病原菌为胡萝卜软腐欧文氏菌胡萝卜亚种 *Erwinia carotovora* subsp. 。菌体短杆状,周围有鞭毛 $2\sim8$ 根,大小 $0.5\sim1.0\ \mu m\times2.2\sim3.0\ \mu m$,无荚膜,不产生芽孢,革兰氏染色阴性反应。

病原细菌生长温度为 $4\sim36℃$,最适温度为 $25\sim30℃$。对氧气的要求不严格,在缺氧条件下也能生长。在 pH $5.3\sim9.3$ 范围内都能生长,但以 pH $7.0\sim7.2$ 为最好。致死温度为 $50℃$,不耐干燥和日光。病菌脱离寄主单独存在于土壤中,只能存活 15 天左右。

3. 发病规律

软腐病菌的寄主范围较广,在田间能不间断地危害多种植物,腐生能力强,可在土壤和病残体组织中存活。在我国南方终年有十字花科、茄科植物种植,病菌周年不断侵染,不存在越冬问题。在北方地区,病菌可在田间发病的植株、土壤中、堆肥里、春天带病的采种株以及菜窖附近的病残体上越冬,成为软腐病重要的侵染来源。病菌主要通过昆虫、雨水和灌溉水传播,从伤口(包括自然裂口、虫伤口、病痕和机械伤口)侵入寄主。温度高、雨水多、土壤湿度大、种植密集、遮荫覆盖度大的地方往往发病重;连作地发病严重。品种间抗病性有差异。

4. 病害控制

防治软腐病应以加强栽培管理、防治虫害、利用抗病品种为主,再结合药剂防治,才能收到较好的效果。

(1)加强栽培管理　提早耕翻整地,促进病残体腐解,减少病菌来源和减少害虫。

增施底肥，及时追肥，提高寄主植物抗病性。采用高畦栽培，雨后及时排水防涝，减少病害传播，从而减轻病害的发生。适期播种，发病重的地块应实行轮作。及时清除病株，田间发现重病株，应及时拔除，以减少菌源，防止蔓延。

（2）防治害虫　早期应注意防治地下害虫等。从幼苗期起就应防治黄条跳甲、菜青虫、小菜蛾、猿叶虫、地蛆和甘蓝夜盗虫等。

（3）选用抗病品种　选育和应用抗病品种，是防治十字花科蔬菜及其他植物软腐病的重要途径。

（4）药剂防治　在发病前或发病初期可以喷下列药剂，防止病害蔓延。喷药应以轻病株及其周围的植株为重点，注意喷在接近地表的叶柄及茎基部。常用药剂有：农用链霉素 200ppm[①]，敌克松原粉 500～1000 倍液，50％代森铵 600～800 倍液，抗菌剂"401"500～600 倍液或氯霉素 200～400ppm 等。

三、青枯病（彩图 30）

青枯病是一种广泛分布于热带、亚热带和某些温带地区的世界性病害，该病可危害以茄科为主的 44 个科 30 多种植物。一般以番茄、马铃薯、茄子、辣椒等茄科蔬菜以及烟草、桑、香蕉等经济作物受害较重。

1. 症状

以番茄为例，番茄苗期不表现症状，植株长到 30cm 高以后才开始发病。首先是顶叶萎垂，以后下部叶片凋萎，而中部叶片凋萎最迟。病株白天萎蔫，傍晚以后恢复正常，如果土壤干燥、气温高，两三天后病株即不再恢复而死亡，叶片色泽稍淡，但仍保持绿色，故称青枯病。在土壤含水较多或连日下雨的条件下，病株可持续一周左右才死去，病茎下端往往表皮粗糙不平，常发生大而且长短不一的不定根。天气潮湿时病茎上可出现 1～2 cm 大小、初呈水渍状后变为褐色的斑块。病茎木质部褐色，用手挤压有乳白色的菌脓渗出，这是该病的重要特征。

2. 病原

病原菌为青枯劳尔氏菌 *Pseudomonas solanacearum*。菌体短杆状，两端圆，大小为 1.5～5.0 μm×0.5～1.0 μm，一般为 1.1 μm×0.6 μm。极生鞭毛 1～3 根。在琼脂培养基上形成污白色、暗褐色乃至黑褐色的圆形或不整圆形菌落，菌落平滑，有光泽。革兰氏染色阴性反应。生长最适温度为 30～37℃，最高温度为 41℃，最低温度为 10℃，致死温度为 50℃。对酸碱性的适应范围为 pH6.0～8.0，以 pH6.6 为最适。

---

①ppm＝10⁻⁶，下同。

3.发病规律

病原细菌主要以病残体遗留在土中越冬。它在病残体上营腐生生活,即使没有适当的寄主,也能在土壤中存活 14 个月乃至更长的时间。病菌从寄主的根部或茎基部的伤口侵入,在维管束的螺纹导管内繁殖,并沿导管向上蔓延,以至将导管堵塞或穿过导管侵入附近的薄壁细胞组织,使之变褐腐烂。整个输导器官被破坏后,茎、叶因得不到水分的供应而萎蔫。高温和高湿的环境适于青枯病的发生,故在我国南方和北方温室中发病重,而北方露地很少发病。一般土温在 20℃ 左右时病菌开始活动,田间出现少量病株,土温达到 25℃ 左右时病菌活动最盛,田间出现发病高峰。雨水多、湿度大也是发病的重要条件。雨水的流动不但可以传播病菌,而且下雨后土壤湿度加大,根部容易腐烂和产生伤口,有利于病菌侵入。高畦发病轻,低畦发病重。土壤连作发病重,合理轮作可以减轻发病。

4.病害控制

(1)轮作　一般发病地实行 3 年的轮作,重病地实行 4～5 年的轮作为宜。有条件的地区,与禾本科作物特别是水稻轮作效果最好。

(2)调节土壤酸度　青枯病菌适宜在微酸性土壤中生长,可结合整地洒施适量的石灰,使土壤呈微碱性,以抑制病菌的生长,减少发病。

(3)改进栽培技术　选择干燥无病菌的土地作为苗床。适期播种,培育壮苗。幼苗在移栽时宜多带土,少伤根。地势低洼或地下水位高的地方需作高畦深沟,以利排水。

(4)化学防治　田间发现病株应立即拔除烧毁。病穴可灌注 2% 福尔马林液或 20% 石灰水消毒,也可于病穴撒施石灰粉。在发病初期喷洒 100～500 mg/kg 的农用链霉素,每隔 7～10 天喷 1 次,连续喷 3～4 次。也可用 50% 敌枯双 500～1000 倍液灌根,每株灌药液 250～500 g,隔 10～15 天灌 1 次,连续灌 2～3 次,均有一定的防治效果。

四、丛枝病

1.泡桐丛枝病(彩图 31)

泡桐丛枝病又称桐疯病、扫帚病,是影响泡桐生长的严重病害,在我国发生极为普遍。主要分布于河南、河北、山东、山西、陕西、安徽等省。长江以南的江苏、浙江、江西、湖北、湖南等省也有发生。在河南、山东等省,一般发病率达 30%～50%,严重病区则高达 80% 以上。幼苗和幼树病害严重的当年即枯死。大树感病直接影响生长量,树龄愈小,对生长的影响愈大。

(1)症状　泡桐丛枝病是系统侵染的病害,其症状可在枝、叶、根、花部表现,典型症状为丛枝型。

丛枝病开始多发生在植株的个别枝条上,腋芽和不定芽大量萌发,抽出许多纤细柔弱的小枝,节间变短。这些小枝还可重复数次抽出更多更细弱的小枝。其上叶序紊乱,叶片小而黄,有时皱缩,还有不明显的花叶症状,至秋天常簇生成团,远观病枝形似鸟巢,冬季落叶后呈扫帚状。有的病株上花器变型,即柱头或花柄变成小枝,小枝上的腋芽又抽出小枝,如此重复数次,遂成簇生小丛枝。花瓣变成小叶状,最后花器亦形成簇生小丛枝状。病株的根有时亦呈丛生状。

(2)病原　该病是由植原体(又称为类菌原体)引起的。隶属于原核生物界,无壁菌门,柔膜菌纲,支原体目,植原体属。形态为圆形或椭圆形,直径为200~820 nm。无细胞壁,但有界线明显的3层单位膜,厚约10 nm,内部有核糖核蛋白颗粒和DNA的核质样纤维。

(3)发病规律　4月、5月开始发病,出现丛枝,6月底至7月初丛枝停止生长,叶片卷曲干枯,丛枝逐渐枯死。植原体在泡桐病株上,大量存在于韧皮部输导组织的筛管内。在病株内植原体主要通过筛板孔移动而侵染到全株。植原体在寄主体内运行有秋季随树液流向根部,春季又随树液流向树体上部的规律。研究表明,烟草盲蝽和茶翅蝽是传播泡桐丛枝病的主要介体。有时,泡桐受侵染后可以不表现症状(隐症)。这种无症状的植株有可能被选为采根母树的危险。该病主要通过嫁接、病根繁殖和媒介昆虫取食传播,而带病的种根和苗木的调运是病害远程传播的重要途径。

(4)病害控制　泡桐丛枝病的防治,要着重抓住苗期和树龄5年以下的幼龄阶段的预防和治疗,把选栽抗病泡桐种类、培育无病苗木和幼林、化学药物处理和修除病枝等项技术有机地结合起来,才能有效地控制丛枝病的发生。

①严格选用无病植株作采种和采根母株;不用留根苗或平茬苗造林;发病严重地区应尽可能采用种子繁殖,培育实生苗。

②秋季当病害停止发生后,树液向根部回流之前,彻底修除病枝;春季当树液向上回升之前,对病枝进行环状剥皮(在病枝基部,将韧皮部环状剥除,宽度为环剥部位直径的1/3~1/2,以不愈合为度),能收到较显著的防治效果。

③及时挖除发病严重的幼苗及定植1~2年的幼树,以减少侵染来源;适时用杀虫剂防治传病的介体椿象类、叶蝉类等刺吸式口器昆虫,控制病害发生。

④选用抗病品种和抗病无性系。不同种和品系的泡桐发病程度有显著差异。一般白花泡桐、川桐和台湾泡桐较抗病,兰考泡桐、楸叶泡桐易感病。白花泡桐较紫花泡桐抗病。

⑤药剂治疗。抗生素注入幼苗或幼树的髓心内。对1~2年生幼苗注入1万~2万单位/ml的四环素15~30 ml,有明显的治疗效果。

2. 枣疯病

枣疯病是枣树上的一种很严重的病害,山西、陕西、河南、河北、山东、四川、广西、湖南、安徽、江苏、浙江等省(区)均有分布,其中以河北、河南、山东等省发病最重。枣园一旦发病,蔓延很快;疯树经 3、4 年后即死亡。病情严重的果园,常造成全园绝产。

(1)症状　枣疯病主要表现为侧芽大量萌发而枝叶丛生,花梗延长,花变叶;叶片变小,叶色变淡;病部枝叶丛生形似鸟巢,经冬不落叶。一旦发病,翌年很少结果,因此病树又被称为"公枣树"。

病部的花器变成营养器官,一朵花变为一个小枝条。花梗延长 4～5 倍,萼片、花瓣、雄蕊均变为小叶。病株一年生发育枝的正芽和多年生发育枝的隐芽,大都萌发生成发育枝,新生发育枝的芽又大都萌生小枝,如此逐级生枝而形成丛枝,直到 4 次枣头的主芽才不再萌发。病枝纤细,节间缩短,叶小而黄。该病状在根蘖上表现特别明显。疯树主根不定芽往往大量萌发长出一丛丛的短疯枝,同一条侧根上可出现多丛,出土后枝叶细小,黄绿色,强日光照射后全部焦枯呈刷状。后期病根皮层腐烂。

病株上的健枝虽可结果,但糖分少,有的呈花脸状,果面凹凸不平,凸处为红色,凹处为绿色,果实大小不一,果肉松散,不堪食用。病株果实无收,直至全株死亡。

(2)病原　病原是植原体 *Phytoplasma*,早称 Mycoplasma-like Organisms,MLO。用电镜观察,在疯树韧皮部超薄切片及其提取液中,在病树上饲养的传病叶蝉的唾液腺超薄切片中,均发现有植原体存在。枣疯病植原体为不规则球状,直径为 90～260 nm,外膜厚度为 8.2～9.2 nm,堆积成团或联结成串。

(3)发病规律　疯枣树是枣疯病主要的侵染来源,病原物在活着的病株内存活。汁液摩擦接种、病株的花粉、种子、土壤以及病健株根系间的自然接触,都不能传病。嫁接可以传病,但枣树很少通过嫁接繁殖。病害田间传播主要通过刺吸式口器的昆虫——叶蝉,且叶蝉一旦摄入植原体,则终身带菌,可持续传播病害。

植原体被传播到枣树上先运行到根部,并经过增殖后,才能向上运行,引起树冠发病。潜育期最长可达 1 年以上。

土壤干旱瘠薄、管理粗放、树势衰弱的枣园发病较重,反之则较轻。不同品种对植原体的抗病性不同,人工接种试验证明,金丝小枣易感病,发病株率为 60.5%;滕县红枣较抗病,发病株率只有 3.4%;而有些酸枣则是免疫的。此外,陕北的马牙枣、和铃枣、酸铃枣都较抗病。

(4)病害控制

①清除病株,防治传病叶蝉。在较大范围内将病树连根清除,可在原地补栽健苗。

②培育无病苗木。在无病枣园中采取接穗、接芽或分根进行繁殖。在苗圃中一旦发现病苗,就立即拔除。利用组织培养脱毒技术,可以获得不含植原体的健康枣苗。

③选用抗病砧木。可选用抗病酸枣品种和具有枣仁的抗病大枣品种作为砧木,以培育抗病枣树。

④加强枣园管理。注意加强肥水管理,对土质条件差的,要进行深翻扩穴,增施

有机肥料,改良土壤理化性质,促使枣树生长健壮,提高抗病力。对个别枝条呈现疯枝症状时,尽早将疯枝所在大枝基部砍断或环剥,以阻止病原体向根部运行,可延缓发病。

　　⑤接穗处理和病树治疗。接穗可用 1000 ppm 盐酸四环素浸泡 0.5～1 小时,有消毒防病的效果。发病较轻的枣树,可用 1000 ppm 盐酸四环素注射病树,有一定的治疗效果。但治愈的病树容易复发,目前还不能在生产上应用。

五、其他观赏植物细菌类病害(见表 4-2)

表 4-2　其他观赏植物细菌类病害

病害名称	诊断要点	发病规律	防治要点
辣椒疮痂病 *Xanthomonas campestris pv. vesicutoria*	病叶初显水渍状褪绿小斑,后呈圆形或不规则形,边缘略突出,深褐色,中部色淡,略凹陷,数斑汇合成片。严重时早期落叶	病菌主要在种子表面越冬,也可随病残体在田间越冬。高温多雨、管理不善发病严重	采用无病种子。实行 2～3 年的轮作。发病初期及时喷洒波尔多液或链霉素防治
治桃(李、梅、杏、油桃及樱桃)细菌性穿孔病 *Xanthomonas campestris pv. pruni*	主要危害叶片,也能侵害果实和枝梢。叶片发病,初为水渍状小点,后呈圆形或不规则形,紫褐色至黑褐色病斑,大小为 2～5 mm。病斑周围呈水渍状并有黄绿色晕环,以后病斑干枯,病健交界处形成裂纹,脱落后形成穿孔,或一部分与叶片相连	病原细菌主要是在枝条的春季溃疡斑内越冬。翌春开始活动,桃花开花前后,病菌从病组织中溢出,借风雨或昆虫传播,经叶片的气孔,枝条及果实的皮孔侵入	加强果园管理、合理施肥,提高植株的抗病力。避免与核果类果树混栽。喷药保护。在果树发芽前,喷洒 4～5°Be 石硫合剂或 1∶1∶200 倍波尔多液,在 5～6 月间喷洒 50% 灭菌丹或 65% 代森锌或农用链霉素
鸢尾细菌性叶斑病 *Xanthomonas campestris pv. tardicrescens*	主要危害叶片。叶斑圆形、长条形或不规则形,水渍状,暗绿色,潮湿时有菌脓分泌;严重发生时,病斑可连接成片	气温高,多雨露,尤其是在暴风雨的环境下发病重	清洁栽培,土壤暴露于阳光下,晚秋或冬季清除病叶及其他病组织。生长季节早期摘除病叶,喷洒链霉素等抗生素防治
秋海棠细菌性叶斑病 *Xanthomonas begoniae*	危害叶片。初生无数暗绿色小斑,有淡黄色透明晕圈,病斑扩大汇合成黑褐色枯斑,上有白色黏液状菌脓,干燥后呈淡灰色菌膜,病斑后期破裂穿孔。严重时,茎部也受害,病组织逐渐软腐	高温(细菌生长适温为 27℃ 左右)、高湿有利于病害的发生	早期摘除病叶。用无病株的枝、叶繁殖。浇水时避免水滴飞溅和叶面积水。必要时施用链霉素防治

续表

病害名称	诊断要点	发病规律	防治要点
梨火疫病 Erwinia amylovora	花器被害呈萎蔫状,深褐色,并可蔓延至花柄,水渍状。叶片发病从叶缘开始变黑色,后沿叶脉发展,终至全叶变黑凋萎。病果初生水渍状斑,后变暗褐色,并有黄色黏液溢出,最后病果变黑而干缩。枝干被害,初呈水渍状,有明显的边缘,后病部凹陷呈溃疡状,色泽褐色至黑色	病原细菌在枝干病部越冬,通过昆虫和雨水传播	冬季剪除病梢及刮除枝干上的病疤,加以销毁或深埋。花期发现病花,立即剪除。在发病前喷施农用链霉素防治
君子兰细菌性软腐病 Erwinia carotovora	危害叶、茎。从叶茎部开始,沿叶脉发展,呈现暗绿色水渍状斑,后整个叶片软腐	夏季高温湿度大时容易发病	从盆沿浇水,勿使水滴飞溅。盆栽土需经高温消毒
黄瓜细菌性角斑病 Pseudomonas syringae pv. lachrynams	主要危害叶片,也危害果实和茎蔓。叶片受害,叶正面病斑呈淡褐色,背面受叶脉限制呈多角形,初期呈水渍状,后期病斑中央组织干枯而脱落。果实及茎上病斑初期呈水渍状,表面可间乳白色细菌菌脓	病菌在种子内或随病残体遗留在土壤中越冬,通过雨水、昆虫和农事操作等多种途径传播,主要从气孔、水孔及皮孔等自然孔口侵入。温暖、多雨的气候条件下,低洼、连作的田块发病重	选无病瓜留种。选用无病土育苗,与非瓜类实行2年以上的轮作。加强田间管理,生长期及收获后清除病叶、蔓,并进行深翻。药剂防治,发病初期用链霉素、50%福美双可湿性粉剂或铜皂液喷雾防治
瓜类细菌性枯萎病(青枯病) Erwinia tracheiphila	茎蔓受害,病部变细,两端呈水渍状,病部上端先表现萎蔫,随后全株凋萎死亡。剖视茎蔓并挤压有乳白色黏液(即菌脓)自维管束断面溢出。导管一般不变色,根部也很少腐烂	病菌在介体甲虫体内越冬,适合于甲虫繁衍的条件有利于病害的传播蔓延	及时拔除病株。彻底防治食瓜甲虫。发病前或初发病时喷50%代森锌1000倍液或80%代森锌700~800倍液2~3次

第三节　观赏植物病毒类病害

一、香石竹病毒病(彩图 32)

香石竹又名康乃馨、荷兰石竹、麝香石竹,是世界著名花卉之一,适于花坛布置和鲜切花生产,已成为我国花卉产业的主导产品。香石竹病毒病发生普遍,危害十分严重,是香石竹优质、丰产的主要限制因素。

1. 症状

发病植株矮化、生长衰弱、株形披散;叶色暗淡或有花叶、斑驳症状;花变小、花苞开裂,花色暗并常形成杂色花,严重影响了观赏价值。

2. 病原

引起香石竹病毒病的病毒很多,目前在我国发现的有以下 5 种:

(1)香石竹坏死斑点病毒 *Carnation necrotic fleck virus*,CNFV　病毒粒体线状,1400~1500 nm×12 nm。核酸为单组分线形正义 *ssRNA*,全长为 12.8 kb;外壳蛋白由一种蛋白亚基组成。致死温度为 40~45℃,稀释限点 10^{-4},体外保毒期 2~4 天(20℃)。寄主范围窄,仅危害石竹科的少数几种植物,如香石竹和美国石竹。以蚜虫经半持久性方式传播,汁液也能传播。

(2)香石竹蚀环病毒 *Carnation etched ring virus*,CERV　病毒粒体等轴球形,直径为 45 nm。核酸为双链环状 DNA,全长为 7.932 kb。致死温度为 80~85℃,稀释限点为 10^{-3}~10^{-4}。仅危害石竹科植物。以蚜虫经半持久性方式传播,汁液摩擦、嫁接也能传播。

(3)香石竹斑驳病毒 *Carnation mottle virus*,CarMV　病毒粒体为等轴对称的二十面体,直径为 32~35 nm,表面粗糙,病毒外壳蛋白由一种多肽组成,有 180 个蛋白亚基。核酸为单分子线形正义 ssRNA,约占病毒粒子重量的 14%。致死温度为 95℃,稀释限点为 10^{-6},体外保毒期为 70 天。自然寄主较少,仅限于石竹科的植物,可以机械传播。

(4)香石竹叶脉斑驳病毒 *Carnation vein mottle virus*,CVMV　病毒粒体线状,700~800 nm×12 nm。核酸为单分子正义 ssRNA。外壳蛋白由一种蛋白亚基组成,病叶内可见到风轮状内含体。致死温度为 50~55℃,稀释终点为 10^{-2}~10^{-5};体外存活期为 2~6 天(18℃)、22~28 天(2℃)。可以寄生于石竹科植物,通过蚜虫以半持久性方式传播,也可以汁液传播。

(5)香石竹潜隐病毒 *Carnation latent virus*，CLV　病毒粒体为线状，略弯曲，650 nm×12 nm。核酸为单分子线形正义 ssRNA，全长为 8.5 kb。外壳蛋白由一种蛋白亚基组成。致死温度为 60～65℃，稀释限点为 10^{-3}～10^{-4}，体外保毒期为 2～3 天（20℃）。寄主范围很窄，主要危害石竹科植物。以蚜虫经半持久性方式传播。

3. 发病规律

种苗连年无性繁殖，病毒持续积累，带毒种苗是最重要的初侵染源，病毒病害随着种苗的调运不断扩散，成为远距离传播的主要途径。在农事操作过程中，病毒可以通过工具、手传播，导致病害在田间的扩散传播。并且一些病毒可以由介体蚜虫在田间不断传播，是香石竹病毒病近距离传播的重要途径。蚜虫发生高峰期往往香石竹病毒病也进入发病盛期。

4. 病害控制

(1)减少病毒的侵染源　尽量选用无毒种苗；调运种苗时，加强检疫，对不能确定是否带毒的种苗，先在检疫苗圃中试种，证实不带病毒后，再扩大定植；在生产中，发现病株及时拔除。

(2)规范田间农事操作　在扦插、整枝、摘心以及切花采摘等操作中，应对使用的工具和操作者的手消毒，控制病毒在田间的人为传播。

(3)防治蚜虫　银白色对蚜虫有驱避作用，而蚜虫对黄色有趋性，采用银白色塑料膜覆膜栽培，可以控制蚜虫的飞落量，或在田间设置黄板，诱杀蚜虫。必要时，使用化学农药防治蚜虫。在生长季节有蚜虫发生时，可用 40％氧化乐果乳油 1000～1500 倍液，或 25％西维因可湿性粉剂 800～1000 倍液，或 10％吡虫啉可湿性粉剂 2000～3000 倍液喷雾。

二、唐菖蒲花叶病

唐菖蒲花叶病是世界性的病害，在我国分布广泛，往往引起种球退化、植株矮小、花穗短小等症状，严重影响了唐菖蒲的产量和观赏价值。

1. 症状

感病叶片上初期出现褪绿斑，因叶脉的限制斑点常为多角形，发病后期，叶片变为褐色，病叶扭曲变形，植株矮小、黄化。发病严重的植株不能抽出花穗，有些品种感病后花瓣变色，形成杂色花，花朵畸形。带毒种球变小，子球数目减少或不能形成子球。

2. 病原

引起唐菖蒲花叶病的病原主要为黄瓜花叶病毒 *Cucumber mosaic virus*，CMV，见图 4-12。病毒粒子为等轴对称的二十面体,无包膜,直径为 28～30 nm。致死温度为 60～70℃,稀释限点为 10^{-4},体外保毒期为 3～4 天。寄主范围广,可侵染多种草本观赏植物、杂草以及树木,并是蔬菜及果树生产上的重要病毒。

3. 发病规律

病毒主要在病种球上越冬,也可以在田边宿根性的杂草根部,如荠菜、刺儿菜等

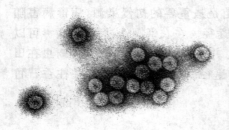

图 4-12　黄瓜花叶病毒
(选自《植物病毒分类图谱》)

上越冬。CMV 可有由多种蚜虫传播,田间农事操作和汁液接触也可以使病情扩大蔓延。病种球调运是该病害远距离传播的重要途径。病毒可以在种球内逐年积累,引起唐菖蒲种球退化。温度高、干旱情况下发病重,植株的抗病降低性,有利于蚜虫的繁殖和迁飞,而且促进病毒增殖、缩短潜育期、增加田间再侵染数量。管理粗放的田块发病重,缺水、缺肥、田间杂草丛生以及附近有蔬菜作物种植,发病重。

4. 病害控制

(1)建立无病良种繁育基地,选用无毒种球或脱毒苗。

(2)加强栽培管理　避免连作,避免与其他作物间作。彻底铲除田间杂草,发现病株,及时销毁,清除田间毒源。在农事操作中,将病株和健株的处理分开进行,以免人为传毒。合理使用水肥,增强植株的抗性。保护地栽培,注意通风、透光。非保护地栽培,避免干旱。

(3)防治蚜虫　参照香石竹病毒病的防治。

三、水仙黄条斑病

水仙黄条斑病是水仙的重要病害,发生普遍,严重影响了水仙的生长,在我国水仙各产区造成危害。发病严重时,给生产造成巨大的损失。

1. 症状

植株感病后的典型症状为沿叶脉产生黄色条斑,形成系统花叶。叶片出现褪绿状条斑,病部表面粗糙。花梗上也可以形成褪绿斑,并产生杂色花。鳞茎变小,植株矮化,提前枯萎。由于水仙品种不同,症状有差异。与其他病毒复合侵染后,症状变化,植株受害加重。

2. 病原

病原为水仙黄条斑病毒 *Narcissus yellow stripe virus*,NYSV。病毒粒子线状,

大小为 755～800 nm×12 nm,在寄主细胞内可以形成风轮状内含体。致死温度为 70～75℃,稀释终点为 10^{-2}～10^{-3},体外存活期为 3 天。自然寄主为石蒜科的少数种,但可以侵染多个水仙品种。鉴别寄主千日红、苋色藜等被侵染后,形成坏死斑。

3. 发病规律

水仙黄条斑病毒在水仙的鳞茎内越冬,带毒鳞茎可将病毒传播给子代。病毒在田间由蚜虫以非持久性方式传播,有翅蚜数量多,活动时间长,病害发生重。病毒也可以汁液传播。

4. 病害控制

(1)建立无毒母球基地　采用脱毒组培苗,建立无毒母球基地。适时收获种球,避开蚜虫为害,减少种球带毒。

(2)加强田间管理　彻底拔除病株,集中销毁;及时清除田间杂草,减少田间毒源,减少蚜虫栖息场所,避免传毒。

(3)防治蚜虫　参照香石竹病毒病的防治。

四、郁金香碎锦病

郁金香碎锦病又名郁金香碎色病,是一种世界性病害,在郁金香各种植区都有发生,欧洲尤为普遍。大约在 1576 年,人们把郁金香碎色花作为一种名贵品种,身价远远高于普通的郁金香花。现在已经明确郁金香杂色花是因感染病毒而形成,在我国各种植区都有郁金香碎锦病的发生,是造成郁金香种球退化的重要原因之一。

1. 症状

植株感染病毒后,叶片往往出现浅绿色条斑,花瓣上形成浅黄色或白色斑点或条纹,即"碎色花"。在白色或浅色花上,花瓣碎色不明显。受害严重时,植株长势衰弱、矮化,叶片扭曲,鳞茎生长不良。

2. 病原

主要为郁金香碎色病毒 *Tulip breaking virus*,TBV,可以在寄主体细胞内形成束状或线圈状或风轮状内含体。病毒粒体线状,直或弯曲。致死温度为 65～70℃,稀释终点为 10^{-5},体外存活期为 4～6 天（18℃）。该病毒侵染郁金香属和百合属的植物。

CMV 侵染郁金香也会形成碎色花,发病植株花的碎色部位仅限于花瓣边缘。

3. 发病规律

郁金香碎色病毒主要在染毒种球和田间发病植株上越冬。病毒可以通过蚜虫以非持久性方式传播。在蚜虫发生严重的年份,郁金香碎锦病重,尤其在郁金香生长早期,如果蚜虫大发生,病害将流行。病毒还可以通过种球、汁液传播,并且在鳞茎嫁接时,也能传播病毒。在田间,重瓣品种郁金香往往比单瓣品种易感病。

4. 病害控制

(1)严格检疫　我国自国外引进大量郁金香,其中不少种球是带有病毒、严重退化的淘汰种球,进口时一定要加强检疫。国内的种球调运,也应加强检疫,以防病毒的传播。

(2)选用无毒种球或种苗种植。

(3)加强栽培管理　及时铲除田间杂草,可以减轻蚜虫的栖息场所,避免传毒。避免连作,远离百合属或郁金香属其他作物种植区。发现病株,及时拔除,集中处理。在农事操作中,处理病、健株时分开进行,减少人为传毒。

(4)防治蚜虫　参照香石竹病毒病的防治。

五、仙客来病毒病

仙客来病毒病的发生在我国非常普遍。由于病毒病的为害,使仙客来种质严重退化,叶片、花变小,产量下降,降低甚至丧失了仙客来观赏价值,造成巨大损失。

1. 症状

仙客来病毒病主要危害叶片。植株从苗期至花期均可发病,病株叶片斑驳,皱缩不平,叶缘卷曲,叶柄短而成丛生状。花瓣上有时产生条纹或斑点,花畸形。植株矮化,球茎变小。

2. 病原

在我国引起仙客来病毒病的主要是黄瓜花叶病毒 *Cucumber mosaic virus*,CMV和烟草花叶病毒 *Tobacco mosaic virus*,TMV。CMV 病毒粒体球状,直径为 29 nm,属于三分体病毒。致死温度为 $50 \sim 70℃$,稀释限点为 $10^{-3} \sim 10^{-4}$,体外保毒期为 $2 \sim 4$ 天。CMV 可侵染茄科、葫芦科及藜科等植物。TMV 病毒粒体直杆状,长为300 nm,直径为 18 nm,外壳蛋白由一种多肽组成,有 2130 个蛋白亚基以右手螺旋排列,见图 4-13。核酸为单分子线形正义 ssRNA,全长为 6.4 kb,约占病毒粒体重量的 5%。外壳蛋白含 158 个氨基酸。病毒粒体非常稳定。致死温度为 $90 \sim 97℃$,稀释限点为 10^{-6},体外保毒期因不同株系而异,有的株系为 10 天左右,有的长达 30 天以上。寄主范围非常广泛,

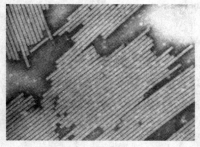

图 4-13　烟草花叶病毒
(选自《植物病毒分类图谱》)

可侵染茄科、十字花科、葫芦科及豆科等植物。

3. 发病规律

病毒在田间病株、杂草以及种子内越冬并成为初侵染源。带毒种球、种子是仙客来病毒传播的主要途径。CMV 可以由蚜虫作非持久性传播，也可以汁液传播。蚜虫在病株上取食数秒至数分钟后即具有传毒能力，然后在健康植株上吸食，使健康植株感染病毒。有翅蚜活动范围广，传毒作用较大。TMV 主要通过汁液摩擦传播。高温、干燥的气候有利于蚜虫的繁殖和活动，同时不利于植株生长，病毒病发生较重。低温、多雨或湿度过高不利于蚜虫繁殖和活动，不利于病害的传播。土壤温度高、湿度低时，发生较重。两种病毒的寄主范围广泛，要注意田间卫生，勤除杂草，避免与十字花科、茄科作物邻作或连作，将会控制病毒病的发生。

4. 病害控制

(1)种子处理　采用种子处理可有效防治该病害。主要方法有：将种子在 70℃ 高温干热处理脱毒；或将种子浸入 10％磷酸三钠中 15 分钟，用蒸馏水冲洗种子表面的药液，置于 35℃温水中 24 小时，播种于灭菌土中，发病率明显降低。

(2)加强栽培管理　采用叶尖或叶缘组织培养无毒苗。尽量远离其他花卉、蔬菜种植区，在温室中栽培时，可以采用无土栽培或对土壤进行蒸汽消毒，杀灭地下害虫和其他土传病菌。在农事活动中注意工具消毒，用肥皂水洗手。勤除杂草，及时拔除病株。

(3)控制蚜虫　见香石竹病毒病。

六、其他观赏植物病毒病害(见表 4-3)

表 4-3　其他观赏植物病毒病害

病害名称	诊断要点	发病规律	防治要点
矮牵牛花叶病 *Tobacco mosaic virus*(TMV)， *Cucumber mosaic virus*(CMV)， *Turnip mosaic virus*(TuMV)	在矮牵牛叶片上常表现花叶和斑驳症状。在某些杂交种上形成条斑	CMV、TuMV 由蚜虫作非持久性传播。TMV 主要通过接触和汁液传播，TuMV 亦可以通过接触和汁液传播。用带病毒的植株摘头扦插，进行无性繁殖，可以使病毒广泛传播	培育无毒苗，加强栽培管理，合理使用水、肥，及时清除田间杂草。避免农事活动传播病毒，注意对用具、手进行消毒。及时清除病株。严格控制蚜虫

续表

病害名称	诊断要点	发病规律	防治要点
紫罗兰花叶病 TuMV，CMV， *Cauliflower mosaic virus*（CaMV）	叶变小，皱缩，产生明脉、斑驳或褪绿斑症状；老叶黄化，花小，杂色。严重时病株矮小，叶缘上卷，花梗扭曲，提早枯萎	在自然条件下均可由蚜虫作半持久性方式传播，也可以通过接触和汁液传播。有翅蚜发生和迁飞的时间与病毒病发生的时间有密切的关系	严格控制蚜虫，培育无毒苗，加强田间管理，避免农事活动传播病毒，发现病株，及时销毁
兰花病毒病 *Cymbidium mosaic virus*（CymMV）， *Odontolossum ringspot Virus*（ORSV）	叶片出现小褪绿斑或褐斑症状。严重时，叶片枯黄，花褪色或畸形。在兰花不同品种上症状有差异	CymMV 在自然条件下可由蚜虫作半持久性方式传播，ORSV 通过接触和汁液传播。感染病毒的兰花植株终身带毒，即使是新发生的幼叶、幼芽也都带有病毒	对于一些名贵无病毒兰花，必须隔离种植。要彻底清除病株，减少毒源，并严格控制蚜虫
菊花矮化病 *Chrysanthemum stunt viroid*（CSVd）	叶片小，植株矮化，花变小，抽条和开花比健株早。不同品种的症状表现有差异	采摘菊花、剥芽等农事操作是传播 CSVd 的重要途径。植株间茎、叶接触可以传播。通过感病植株或插条调运进行远距离传播	采取检疫措施，培育无病苗，加强栽培管理，及时清除田间病株及杂草
一串红花叶病 CMV，TMV， *Potato virus* Y（PVY）	叶片出现黄绿相间的花叶症状，叶脉附近仍为绿色，严重时病叶上卷，节间缩短，花少或变小，色淡，植株高矮不一	以病毒粒体在病叶中越冬，CMV，PVY 可以由蚜虫传播，TMV 由汁液进行传播	加强栽培管理，及时清除田间病株及杂草。避免从病株上留取种子，远离蔬菜种植区，及时使用化学药剂防治蚜虫

第四节　观赏植物线虫类病害

一、松材线虫病

松材线虫病又称松材线虫萎蔫病，是针叶树木最重要的线虫病害。由于它能引起植株迅速死亡，导致大片松林荒芜，是一种毁灭性的植物病害。病害最早于1905

年在日本发现,现已分布于日本、美国、加拿大、朝鲜、意大利、法国和德国,我国主要分布在江苏、浙江、山东、安徽、广东以及香港、澳门、台湾等地。国内外对它皆十分重视,是我国禁止入境的检疫性病害。

1. 症状

无论是幼龄小树,还是数十年的大树都能发病,且病情严重,可导致全林毁灭。病株针叶变为红褐色,而后全株迅速枯萎死亡,但病叶不脱落。针叶的变色过程大致是由绿色经灰、黄绿色至淡红褐色,由局部发展至全部针叶。在适宜发病的夏季,大多数病树从针叶开始变色至整株死亡约 30 天。病树的典型症状是树脂分泌急剧减少和停止,在表现外部症状以前,受侵病株的树脂就迅速减少和停止。据杨宝君等(1998)报道,用流胶法可以作为病害的早期诊断。

2. 病原

为嗜木质伞滑刃线虫(*Bursaphelenchus xylophilus*(Steiner et Buhrer)Nickle),或称松材线虫,见图 4-14。两性成虫虫体细长,体长约 1mm,唇区高,口针细长,基部略增厚。中食道球约占体宽的 2/3 以上,卵圆形。食道腺细长,覆盖在肠的背面,半月体位于排泄孔后的 2/3 体宽处,排泄孔开口与食道和肠交叉处平行。雌线虫尾部亚圆锥形,末端钝圆,个别具尾尖突。阴门开口在虫体中后部。雄线虫弓形,喙突明显,远端大,交合刺大,其尾部似鸟爪弯向腹面,尾端生一包裹着的交合伞。

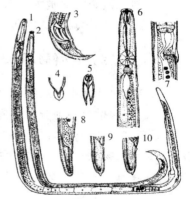

图 4-14 松材线虫形态
1. 雌虫 2. 雄虫 3. 雌虫尾部
4. 交合伞 5. 交合刺 6. 雌虫前körper
7. 阴门盖 8~10. 雌虫尾部
(选自许志刚《植物检疫学》)

3. 发病规律

线虫的田间近距离传播主要靠松墨天牛,因而发生为害的程度、范围取决于传病介体的取食、繁殖等活动。松墨天牛传播松材线虫主要有两种方式:一种为成虫补充取食期为主要传播方式;另一种为产卵期传播。该天牛在安徽于 5 月中、下旬羽化,羽化出的成虫携带耐久型松材线虫幼虫。在天牛取食松树时,线虫经虫伤进入树脂道中为害。6～9 天后,木质部细胞死亡,停止分泌松脂,出现外部症状,1 个月后为害达到高峰。线虫的远距离传播靠人为调运病木及木材加工品,从而造成了该病害向其他地区的蔓延。

该线虫由卵发育至成虫需经历 4 龄幼虫期,适温为 20℃左右,低于 10℃或高于 28℃不能发育和繁殖。在 25℃下 4～5 天完成生活史,因而在树干内不断生长发育和繁殖,造成病害加重。

环境因子对该病的影响,主要是温度和土壤含水量。高温干旱有利于该病发生。该病发生最适温度为 20～30℃,低于 20℃、高于 33℃ 都较少发病。年平均温度也是衡量该病发生与分布的重要指标。在日本,年平均温度超过 14℃ 的地区发生普遍,而在北方和高山地区发病缓慢,为害不明显。土壤缺水加速病害的病程,病树死亡率增高。传播媒介墨天牛分布普遍,灭虫难度大。被害树木伐下后,未经杀线虫处理就用作包装材料,随货物扩散,造成更大为害。

4. 病害控制

(1)加强植物检疫　不得从病区输入松苗、松木,杜绝人为传播。

(2)尽快选育、栽植抗松材线虫病的松树品种。

(3)防治传播媒介松墨天牛　药剂防治于 5 月下旬在松墨天牛补充营养尚未产卵之前喷洒 3％ 的 50％ 杀螟松乳油,每公顷 60 kg。对散生的松树喷洒 50％ 杀螟松乳油 200 倍液。

(4)拔除病树　对被害树木进行砍伐,树桩尽量要低,并剥皮,一并与枝干烧毁;原木处理可用溴甲烷熏蒸或薄板水浸等方法。

二、根结线虫病(彩图 33)

根结线虫病是由根结线虫 *Meloidogyne* spp. 引起的一类世界性的重要植物线虫病害。该病世界各地分布普遍,具有广泛的寄主范围,可发生在多种蔬菜、果树和花卉等植物上,它不仅直接影响寄主的生长发育,还可加剧枯萎病等其他病害的发生,是观赏植物上一种十分重要的线虫病害。

1. 症状

根结线虫主要危害根部,以侧根及支根最易受害。树木从幼苗到成株均可受侵染,但受害最重的是在苗期,幼苗受害后生长缓慢。根系受害后,根部明显肿大,在主根和侧根上形成大小不等的虫瘿。切开虫瘿可见白色粒状物,在显微镜下可观察到梨形的线虫雌虫。

根受侵染部位周围的细胞受线虫分泌物的刺激,形成数个巨型细胞,在外观上就是根瘤,并且感病根比未感病根要短,侧根和根毛都少。由于根功能衰退,感病植物地上部分表现出黄、矮、生长不良,严重植株大部分当年死亡,个别的次年春季死亡。

2. 病原

该病由根结线虫属 *Meloidogyne* 的一些种引起。我国常见的根结线虫有:北方根结线虫 *Meloidogyne hapla*、南方根结线虫 *M. incognita*、爪哇根结线虫

M. javanica、花生根结线虫 *M. orenaria*。不同种的根结线虫有其不同的寄主范围。

根结线虫的成虫为雌雄异形。雌成虫固定在根内寄生，膨大呈梨形，长0.8 mm，宽 0.5 mm，有一个明显的颈，尾部退化，肛门和阴门位于虫体的末端。角质膜薄，有环纹。唇区略呈帽状，有 6 个唇瓣。口针发达，一般长为 12～15 μm，基部球明显，食道圆筒形，中食道球形，食道腺覆盖于肠的腹及侧面。卵产于尾部胶质的卵囊中。雄成虫主要生活在土中，线形，体长为 1.0～2.0 mm，无色透明，尾部短而钝圆，呈指状。食道体部圆筒形，中食道球纺锤形，食道腺成长叶状覆盖于肠的腹面。交合刺细长为 25～33 μm。2 龄幼虫线形，为侵染虫态，长 0.5 mm。无色透明，尾部有明显的透明区，尖端狭窄，外观呈不规则状。唇区具 1～4 个粗环纹，具一明显唇盘，唇骨架较发达，口针纤细，12～15 μm。中食道球卵圆形，内有瓣膜。排泄孔位于半月体之后。

3. 发病规律

根结线虫以二龄幼虫在土壤中越冬，或雌虫当年产的卵不孵化，留在卵囊中随同病根留在土壤中越冬。第二年环境条件适宜时，越冬卵孵化为幼虫，或越冬幼虫伺机由根冠上方侵入寄主的幼根。根结线虫的传播主要依靠种苗、肥料、农具和水流以及线虫本身的移动。

根结线虫一般是孤雌生殖。雌虫产卵，分泌的胶质物把卵聚集在卵块中。由于寄主根表皮破裂，卵块在根表皮外。卵孵化成一龄幼虫，在卵内蜕一次皮成二龄幼虫，二龄幼虫穿透卵壳逸出，在土壤中寻找寄主根并侵入。二龄幼虫从根冠上方侵入，在细胞间移动，最后把头叮在靠近细胞伸长区的生长锥内定居不动，而身体在皮层中。二龄幼虫在巨型细胞上连续取食，身体逐渐膨大，经 3 次蜕皮后成雌、雄成虫。主要的为害阶段是二龄幼虫和雌成虫。三、四龄幼虫不取食，口针和中食道球退化，雄虫也不取食。

线虫生存的最重要因素是土壤温度，其次是湿度。土壤结构对线虫的虫口密度也有重要影响。北方根结线虫最适温度为 15～25℃，而南方、花生、爪哇根结线虫的最适温度为 25～30℃，超过 40℃或低于 5℃时，任何种的根结线虫都缩短其活动时间或失去侵染能力。当土壤干燥时，卵和幼虫即死亡。当土壤中有足够的水分并在土壤颗粒上形成水膜时，卵则迅速孵化，一般砂性土壤发病重。

4. 病害控制

(1)加强检疫　防止根结线虫病扩展、蔓延。

(2)农业防治　选用无根结线虫的土壤育苗和深耕翻晒土壤，可有效减少虫源。对曾发病的苗圃，根据根结线虫对寄主的专化性，选择非寄主植物，最好是禾本科植物进行轮作。彻底处理病株残体，集中烧毁或深埋。合理施肥和灌溉，对病株有延迟其症状表现的作用或减轻损失。

（3）化学防治　在育苗前可用熏蒸剂处理土壤以杀死土壤中的线虫。可用的土壤熏蒸剂有溴甲烷、氯化苦、二氯丙烯、二氯丙烷、棉隆等土壤处理。熏蒸剂对植物有害，一般要在土壤处理后 15～25 天后再种植植物。

（4）物理防治　由于根结线虫的死亡温度为 45℃，所以温室土壤或病苗用 45℃蒸汽处理 30～60 分钟后线虫存活数量显著减少。染病球茎在 47℃水中浸泡 60 分钟或 50℃浸泡 30 分钟，可杀死仙客来球茎中的线虫。

（5）根据不同寄主类型，选用抗、耐病品种。发病严重地区可改种其他抗性作物。

三、菊花叶线虫病

菊花叶线虫病又称菊花叶枯线虫病或菊花芽叶线虫病。此病广泛分布于全世界，主要危害菊花叶片，是菊花的严重病害之一。还可危害翠菊、金光菊、大丽菊、天兰锈线菊、牡丹、飞燕草、百日草、马鞭草属等观赏植物，有时还危害烟草和草莓等。在美国和欧洲广泛分布，造成相当严重的损失。在我国的南京、上海、合肥、广州、长沙、昆明、浙江等地区均有发生。

1. 症状

主要危害菊花地上部的花、叶及幼苗末梢的生长点。幼苗末梢生长点受害生长发育受阻，从受害的芽或茎生长点长出来的植株，节间很短，矮小而丛生状，生长点受害严重的嫩茎、嫩枝不再生长而变为褐色，严重时很快死亡。叶片受害叶色变淡，侵入点很快变褐，后褐色斑不断扩大，受叶脉限制形成特有的角状褐色斑或其他形状，有的致叶脉间褪绿变成黄褐色，最后坏死；叶片卷缩或凋萎下垂，造成大量落叶。花器受害花的发育受抑，花蕾、花芽畸形，花小或枯萎，造成植株外形萎缩。

2. 病原

病原为菊花叶枯线虫 *Aphelenchoides ritzemabosi*（Schwartz）Steiner & Buhrer。雌虫体细长，两端渐细，体环清楚，宽约 1 μm，有 4 条侧线。头部半球形、缢缩。口针长约 13 μm，基部球小，食道前体部细，中食道球大，卵圆形，中食道球瓣显著，位于中食道球中部或略前；背、腹食道腺开口在中食道球，前者位于瓣前，后者位于瓣后。神经环生在中食道球后，排泄孔位于神经环后 0.5～2 个体宽处。食道与肠连接处不显著，无贲门瓣。阴门横裂、凸起。卵母细胞多行排列。后阴子宫囊长超过肛阴距的 1/3。尾长圆锥形，末端形成尾突，其上是 1～4 个小尖突。雄虫体前部和消化系统的形态特征似雌虫；体后部后腹部弯曲超过 180°，单精巢，前伸；交合刺粗短，玫瑰刺状，光滑，无喙突；尾部长圆锥形，有 3 对尾乳突。

3. 发病规律

以成虫在病残体、土壤及根芽生长点处和野生寄主上存活。翌年 5 月初开始活动，先在生长点外层取食，待叶片展开后，借助植株表面水膜移动，就可以顺着茎向上爬而侵染新的茎叶，从气孔侵入转为内寄生取食叶肉组织，引起发病。在田间通过雨水、灌溉水的溅射或叶片接触传播，气流刮起的碎叶细土也可传播。远距离传播主要靠苗木、插条、切花的长距离调运。在适温下，完成一代约 10～14 天，整个发育周期均在受害组织里完成。只要温湿度适宜，该线虫可全年繁殖为害。温度为 22～25℃，土质疏松、有水对线虫活动有利，梅雨季节，秋季多雨发病重。幼龄幼虫和雄成虫抵抗力较弱，雌成虫和老熟幼虫对不良环境有较强的抵抗力，在干叶片中能存活20～25 个月，但在土壤中仅能存活 1～2 个月。

4. 病害控制

(1)严格检疫　控制带线虫的病苗及其繁殖材料传入无病区，防止疫区扩大。目前我国只有四川、贵州、云南对其进行了报道，其他省市是不是有这种线虫尚需调查鉴定。

(2)农业防治　选用健康无病的插条作为切花繁殖材料，也可用不被该线虫侵染的顶芽作繁殖材料。经检疫对有带病嫌疑的菊苗插条，扦插之前用 50℃温水浸泡 10分钟，或用 55℃温水处理 5 分钟。及时清除侵染源，病叶、病花、病蕾应及时摘除，集中深埋或烧毁。被线虫污染的温室土壤、盆土可用蒸汽或阳光暴晒消毒，也可用一块铁板下面加温，把土壤全部在铁板上烘烤一遍，杀灭土壤中的线虫。露地栽培时避免大水漫灌，防止浇水传播，必要时采用避雨栽培法，防止雨水飞溅传播。

(3)药剂防治　施用 3％呋喃丹颗粒剂或 10％力满库(克线磷)颗粒剂，每平方米2～4g，穴施、沟施或撒施于根际土壤，或直接施药后覆土再浇水，有较好的防效。用低浓度的对硫磷(0.005％)每隔 1 个月施用 1 次，对植株喷雾，共施用 2 次，可有效防治菊叶芽线虫。

四、其他观赏植物线虫病害(见表 4-4)

表 4-4　其他观赏植物线虫病害

病害名称	诊断要点	发病规律	防治要点
根腐线虫 *Pratylenchus* spp.	地上部矮化，叶片褪绿甚至萎蔫，根部受侵部位常有凹陷病斑，易诱发其他病原生物感染造成腐烂	两性生殖类群，因不同的种 30～90 天完成一代，线虫主要以成虫或 4 龄幼虫在土壤中越冬	含二氯丙烯的杀线虫剂处理，轮作，与万寿菊间作种植

续表

病害名称	诊断要点	发病规律	防治要点
茎线虫 *Ditylenchus* *dipsaci D. destructor*	主要侵染一些球茎类的花卉和蔬菜,受侵嫩茎变粗、肿大、歪扭,叶片变形。横切球茎可见内有褐色鳞片状坏死斑,有的呈海绵状、糠心	温带地区一类重要线虫。自然孔口或直接侵入。一般15℃条件下,在球茎内3周可完成一代。通过病残体、灌水、雨水等传播	加强检疫。淘汰病株及寄主植物,轮作,热水处理,药剂消毒
剑线虫 *Xiphinema* spp.	常在果树、花卉等多年生的寄主根围发现,在新生根的根尖寄生,造成根系生长弱,地上部叶片黄化,田间植物成片矮化。根尖有虫瘿	外寄生类线虫,因不同的种,几个月至几年完成一代	种前杀线虫剂防治
毛刺线虫和拟毛刺线虫 *Trichodorus* spp. *Paratrichodorus* spp.	常见于一些果树、蔬菜的根围,根尖寄生,抑制根尖的生长,造成许多短粗根,根系生长势弱。田间植株成片矮化、褪绿,炎热时植株萎蔫	外寄生类线虫,在适宜条件下,20~50天完成一代	实行轮作,土壤熏蒸
孢囊线虫 *Heterodera* spp.	受害植株叶片褪绿、黄化,植株矮化,干旱时发生严重萎蔫。根部可见白色珍珠状的孢囊	幼虫从根冠附近侵入,内寄生,一年可完成多代。通过病土、灌水、种植材料及农事操作传播	轮作,土壤消毒,种植抗性品种
长针线虫 *Longidorus* spp.	病株严重矮化,叶片失色。根部矬短。幼苗主根肿大,受害部次生根多或有坏死斑	温带和热带地区重要线虫。外寄生	施用杀线虫剂

复习思考题

1. 霜霉病的典型症状是什么?发病规律如何?怎样防治这类病害?

2. 观赏植物白粉病的症状有何特点,什么样的环境条件利于该类病害的发生?

3. 试举一例有转主寄生现象的锈病,发生有何特点?和单主寄生的锈病相比,防治方面有何不同？

4. 炭疽病类的典型症状是什么？发病规律如何？如何防治？

5. 灰霉病的典型症状是什么？该类病害的主要越冬方式如何？如何防治？

6. 翠菊菌核病是由什么病原引起的？还可以危害哪些常见的观赏植物？

7. 香石竹枯萎病有哪些症状？发病规律如何？

8. 常见的观赏植物枯萎病有哪些？如何防治这类植物病害？

9. 如何防治桃缩叶病？

10. 杜鹃饼病的典型症状是什么？如何进行防治？

11. 植物根癌病的发病规律是什么？怎样防治？

12. 如何防治由欧文氏菌引起的细菌性软腐病？

13. 引起泡桐丛枝病的病原是什么？如何防治？

14. 引起香石竹病毒病的病毒主要有哪些？如何防治这类病害？

15. 可以由蚜虫传播的观赏植物病毒病害有哪些？如何进行防治？

16. 可以汁液传播的观赏植物病毒病害有哪些？其防治与可以由蚜虫传播的病毒病的防治有何不同？

17. 松材线虫病如何传播？说出具体防治措施。

18. 说出观赏植物根结线虫的典型症状和防治方法。

第五章　观赏植物害虫及其防治

第一节　食叶害虫

观赏植物食叶害虫种类繁多,主要有叶甲、叶蜂、刺蛾、蓑蛾、菜蛾、螟蛾、夜蛾、舟蛾、尺蛾、天蛾、毒蛾、灯蛾、枯叶蛾、蝶类与蝗虫类等。

一、叶甲类

1. 白杨叶甲(彩图 34)

(1)分布与危害　白杨叶甲(*Chrysomela populi* L.)又名白杨金花虫,属鞘翅目,叶甲科。我国分布于东北、华北、陕西、内蒙古、河南、湖北、新疆等地。成虫和幼虫取食嫩叶,仅残留叶脉。为杨柳科植物的重要害虫。

(2)形态特征

①成虫。体长 11 mm 左右,最宽处 6 mm 左右。体呈椭圆形。鞘翅浅棕至红色,中缝顶端常有一小黑点。头、胸、小盾片、身体腹面及足均为黑蓝色,并有铜绿色无泽。头部有较密的小刻点,额区具有较明显的"Y"形沟痕。前胸背板侧缘微弧形,前缘内陷,肩角外突,盘区两侧隆起。小盾片呈舌状,较光滑。鞘翅沿外缘上翘,近缘有粗刻点 1 行。

②卵。长 2 mm,椭圆形,黄色。

③幼虫。老熟幼虫体长 15～17 mm,橘黄色,头部黑色。前胸背板有黑色"W"形纹,其他各节背面有 2 列黑点,第 2、3 节两侧各有一个黑色刺状突起,以后各节侧面于气门上线、下线上也有同样黑色疣状突起,但较扁平。

④蛹。雌蛹长 12～14 mm,雄蛹长 9～10 mm。初为白色,近羽化时为橙黄色。蛹背有成列的黑点。

(3)发生规律　一年发生 1～2 代,以成虫在落叶杂草或表土层越冬。翌年 4 月份寄主发芽后开始上树取食,并交尾产卵。卵产于叶背或嫩枝叶柄处,块状。初龄幼虫有群集习性,2 龄后开始分散取食,取食叶缘呈缺刻状。幼虫于 6 月上旬开始老熟,附着于叶背悬垂化蛹。6 月中旬羽化成虫。6 月下旬至 8 月上旬成虫开始越夏越冬。

(4)防治方法

①清除落叶,破坏成虫越冬场所。

②利用成虫假死习性,早春越冬成虫上树为害时,人工震落捕杀;或利用产卵成堆的习性,人工摘除卵块。

③化学防治。使用 50％杀螟松或 80％马拉硫磷等喷雾防治。

2. 柳蓝叶甲(彩图 35)

(1)分布与危害　柳蓝叶甲(*Plagiodera versicolora*(Laicharting))别名柳圆叶甲。分布在黑龙江、吉林、辽宁、内蒙古、甘肃、宁夏、河北、山西、陕西、山东、江苏、河南、湖北、安徽、浙江、贵州、四川、云南等地。成、幼虫取食叶片成缺刻或孔洞。寄主有玉米、大豆、桑、柳树等。

(2)形态特征

①成虫。体长 4 mm 左右,近圆形,深蓝色,具金属光泽,头部横阔,触角 6 节,基部细小,余各节粗大,褐色至深褐色,上生细毛;前胸背板横阔光滑。鞘翅上密生略成行列的细点刻,体腹面、足色较深具光泽。

②卵。橙黄色,椭圆形,成堆直立在叶面上。

③幼虫。体长约 6 mm,灰褐色,全身有黑褐色凸起状物,胸部宽,体背每节具 4 个黑斑,两侧具乳突。蛹长 4 mm,椭圆形,黄褐色,腹部背面有 4 列黑斑。

(3)发生规律　河南年生 4～5 代,北京年生 5～6 代,以成虫在土壤中、落叶和杂草丛中越冬。翌年 4 月柳树发芽时出来活动,危害芽、叶,并把卵产在叶上,成堆排列,每雌产卵千余粒,卵期 6～7 天,初孵幼虫群集为害,啃食叶肉,幼虫期约 10 天,老熟幼虫化蛹在叶上,9 月中旬可同时见到成虫和幼虫,有假死性。

(4)防治方法

①利用成虫假死性,震落捕杀。

②可喷洒 50％辛硫磷乳油或 50％马拉硫磷乳油防治害虫。

二、叶蜂类

月季叶蜂(彩图 36)

(1)分布与危害　月季叶蜂(*Arge pagana* Paner)又名玫瑰三节叶蜂、蔷薇叶蜂、黄腹虫,属膜翅目三节叶蜂科。国内分布于河南、江苏、浙江、广东等省。危害月季、玫瑰、蔷薇、十姊妹等蔷薇科植物。以幼虫取食叶片,大量蚕食叶肉,而速度较快,严重可将叶肉全部吃光,仅剩下叶脉及叶柄。大发生时,常将叶片全部吃光,严重影响月季的生长及花的观赏价值。

(2)形态特征

①成虫。体长 8~9 mm,烟褐色,带有金属蓝光泽。触角 3.5~4.5 mm。中胸背面尖"X"型凹陷。腹部暗橙黄色。雌蜂产卵器发达,呈并合的双镰刀状。

②卵。淡黄色,椭圆形,长 0.5 mm,近孵化时变为绿色。

③幼虫。老熟幼虫体长约 20 mm,黄绿色,头和臀板黄褐色,胸部第 2 节至腹部第 8 节,每体节上均有 3 横列黑褐色疣状突起。

④蛹。长 9.5 mm,化于淡黄色的薄茧之中。

⑤茧。椭圆形、淡黄色。

(3)发生规律　广州地区每年发生 2 代,有世代重叠现象,以蛹在土中结茧越冬。每年 3 月幼虫开始为害,一直延至 11 月。4—5 月陆续化蛹、羽化、交尾和产卵。6 月幼虫为害,7 月幼虫老熟入土作茧化蛹,7 月中旬第一代成虫羽化,8 月第二代幼虫开始孵化为害。每代幼虫老熟后落地结茧化蛹,羽化后再爬出地面。成虫白天羽化,次日交配。雌虫一生仅交尾 1 次,雄虫可交尾多次。成虫寿命 5 天。雌蜂交尾后即用镰刀状的产卵器锯开月季枝条皮层,将卵产于其中,通常产卵可深至木质部,每处产卵几粒至十多粒;每雌平均产卵 47 粒。近孵化时,产卵处的裂缝开裂,孵出的幼虫自裂缝爬出,并向嫩梢爬行。幼虫共 6 龄,喜群集,昼夜均取食,常将寄主叶片吃光,仅剩主脉,不但失去观赏价值,甚至使植株死亡。

(4)防治方法

①冬季在寄主植物周围松土,杀灭越冬虫蛹。冬、春季挖茧,消灭虫源。低龄幼虫有较强的群聚性,可摘除虫叶,捕杀幼虫。

②利用幼虫假死性,突然震动使其下跌,再加以杀灭。

③幼虫为害期,可喷洒 90% 敌百虫、50% 杀螟松乳油、20% 杀灭菊酯乳油或 2.5% 溴氰菊酯乳油等。

三、刺蛾类

1. 黄刺蛾(彩图 37)

(1)分布与危害　黄刺蛾(*Cnidocampa flavescens* (Walker))属鳞翅目刺蛾科。国内除宁夏、新疆、贵州、西藏目前尚无记录外,几乎遍布其他省区。寄主有枫杨、杨、榆、梧桐、油桐、楝、栎、紫荆、刺槐等。幼龄幼虫只食叶肉,残留叶脉,幼虫长大后,将叶片吃成缺刻,仅留叶柄。

(2)形态特征

①成虫。雌蛾体长 15～17 mm,翅展 35～39 mm;雄蛾体长 13～15 mm,翅展 30～32 mm。体橙黄色。前翅黄褐色,自顶角有 1 条细斜线伸向中室,斜线内半部为黄色,外方为褐色;在褐色部分有 1 条深褐色细线自顶角伸至后缘中部,中室部分有 1 个黄褐色圆点。后翅灰黄色。

②卵。扁椭圆形,一端略尖,淡黄色,卵膜上有龟状刻纹。

③幼虫。老熟幼虫体长 19～25 mm。头部黄褐色,体黄绿色,体背有哑铃形褐色大斑,每节背侧各有 1 对枝刺。

④茧。椭圆形,质坚硬,黑褐色,有灰白色不规则纵条纹,极似雀卵。

(3)发生规律　1 年 1～2 代。越冬代幼虫于 4 月底、5 月上旬开始化蛹,5 月中、下旬始见成虫。5 月下旬产卵,6 月上、中旬陆续出现第 1 代幼虫,7 月上、中旬结茧化蛹,7 月中、下旬即可见到第 2 代幼虫,延续到 9 月,10 月上、中旬结茧越冬。初龄幼虫有群集习性,成虫有趋光性。

(4)防治方法

①人工防治。清除越冬虫茧,采用敲、挖、剪除等方法清除虫茧。

②灯光诱杀。利用黑光灯诱杀成虫。

③化学防治。对幼龄幼虫喷 90％敌百虫、50％杀螟松乳油、50％辛硫磷乳油等防治。

④生物防治。保护天敌,如上海青峰、姬蜂等。白僵菌、青虫菌、枝型多角体病毒,均应注意利用。

2. 中国绿刺蛾(彩图 38)

(1)分布与危害　中国绿刺蛾(*Parasa sinica* Moore)分布于全国各地。寄主有蔷薇科以及柑橘、枣、枇杷、梧桐、槭属、桑、杨、栀子、刺槐、石榴等。低龄幼虫取食叶肉,仅留表皮,老龄时将叶片吃成空洞或缺刻,有时候仅留叶柄。

(2)形态特征

①成虫。体长约 12 mm,头、胸及前翅绿色,翅基与外缘褐色,外缘带内侧有齿形突 1 个,后翅灰褐色,缘毛灰黄色,腹部灰褐色,末端灰黄色。

②卵。椭圆形,黄色。

③幼虫。老熟时体长 15～20 mm,体黄绿色,背线两侧具双行蓝绿色点纹和黄色宽边,侧线宽灰黄色,气门上线深绿色,气门线黄色。腹面色淡,前胸盾板有黑点 1 对,各节有灰黄色肉瘤 1 对,并以中、后胸及第 8、9 腹节上的为大,端部黑色;第 9、10 腹节各有黑瘤 1 对;第 10 腹节 1 对并列,各节气门下线两侧有黄色刺瘤 1 对。

④蛹。体莲子形,黄褐色。茧扁椭圆形,棕褐色。

(3)发生规律　北京一年发生 1 代,以老熟幼虫结茧在枝干或浅土中越冬,6 月中下旬成虫羽化。成虫产卵于叶背成块,卵块含卵 30~50 粒。幼虫群集,1 龄在卵壳上不食不动,2 龄以后幼虫食叶成网状,老龄幼虫食叶成缺刻。

(4)防治方法

①人工防治。冬季砸茧,杀灭越冬幼虫。

②幼龄幼虫期摘去虫叶或喷洒 20%除虫脲悬浮剂 7000 倍液、25%高渗苯氧威可湿性粉剂 300 倍液。

③成虫期用灯光诱杀。

④保护天敌(茧蜂)。

3. 扁刺蛾(彩图 39)

(1)分布与危害　扁刺蛾(*Thosea sinensis* (Walker))属鳞翅目刺蛾科,分布广泛,幼虫称"痒辣子",取食多种乔木和灌木的叶片,严重时将树吃成光杆。

(2)形态特征

①成虫。体、翅灰褐色,后翅颜色较淡,体长 10~18 mm,翅展 25~35 mm。前翅 2/3 处有一褐色横带,雄蛾前翅中央有一黑点。前、后翅的外缘有刚毛。

②卵。长椭圆形,淡黑绿色,随着卵的发育,色渐变深。

③幼虫。体长 22~35 mm,扁平椭圆形,背隆起。每体节有 4 个绿色枝状毒刺,其中虫体两侧边缘的 1 对较大,亚背线上的 1 对较小。中背线灰白色,体背中央两侧各有一个明显的红点。

④茧。钙质,硬而脆,灰褐色,长 14~15 mm。

(3)发生规律　在长江中下游地区 1 年发生 2 代。浙江地区第 1 代幼虫常于 6—7月发生,第 2 代幼虫发生在 8 月份。幼虫栖息于叶背。幼龄时咀食叶肉,残留上表皮,形成半透明枯斑,多在茶丛中下部成叶的背面活动,幼虫成长后逐渐上移。老熟幼虫爬至根际表土中结茧化蛹。第 2 代幼虫老熟后在表土中结茧越冬,翌年初期化蛹,5 月中下旬成虫羽化。

(4)防治方法

①冬耕灭虫。结合冬耕施肥,将根际落叶及表土埋入施肥沟底,或结合培土防冻,并稍压实,以扼杀越冬虫茧。

②生物防治。可喷施青虫菌菌液防治。

③化学防治。可喷洒 90%晶体敌百虫、50%马拉松或 50%杀螟松药剂防治。

四、蓑蛾类

1. 大袋蛾（彩图 40）

（1）分布与危害 大袋蛾（*Clania variegata* Snellen）属鳞翅目蓑蛾科。国内分布于河南、山东、江苏、湖南、湖北、云南、四川、福建、广东、台湾等省。危害月季、海棠、蔷薇、十姐妹、美人蕉、山茶、栀子花、悬铃木、银桦、侧柏、杜鹃、桂花等 200 多种园林观赏植物。幼虫食树叶、嫩枝及幼果，是灾害性的害虫。

（2）形态特征

① 成虫。雌雄异型。雄虫具翅，体长 13～22 mm，翅展 35～44 mm；体黑褐色，胸部背面有 5 条黑色纵纹，触角双栉形；前翅红褐色，有黑色和棕色斑纹，并有 4～5 个透明斑。雌虫无翅，蛆状，体长 17～25 mm。

② 卵。呈块状，淡黄色，产于雌蛾护囊内。

③ 幼虫。共 5 龄。3 龄起雌雄两型分明。雌虫体长 32～37 mm，头部深棕色，头顶有环状斑纹，胸部背板骨化强：腹部背面黑褐色，各节表面具有皱纹，亚背线、气门上线附近有大形红褐色斑，有深褐和淡黄相间的斑线。腹足趾钩呈环状。雄虫体小，黄褐色。

④ 蛹。雌蛹体长 22～23 mm，近圆筒状，棕褐色，胸部 3 节紧密，腹部第二、第三、第五节后端有一横列小刺突。雄蛹体较瘦，长 17～20 mm，胸部突起，腹部稍弯，每节后端均有一列小刺突。护囊纺锤形，常缀附小枝、叶片。

（3）发生规律 1 年 1 代，以老熟幼虫在护囊内越冬。4—5 月间化蛹，5—7 月羽化，交尾、产卵。幼虫为害期长，耐饥性强，共 5 龄，幼虫终生负囊卵，孵化后吐丝下垂扩散，并缀叶形成护囊。暴食期为 7—9 月。

（4）防治方法

① 冬季人工摘除护囊，保护囊内天敌。

② 药剂防治。幼虫 3 龄前，用 90％晶体敌百虫、50％杀螟松进行防治。

③ 生物防治。喷洒多角体病毒、或 BT 制剂、或杀螟杆菌等生物制剂或利用性外激素。并保护利用天敌，如鸟类、寄生蜂、寄生蝇等。

2. 茶袋蛾（彩图 41）

（1）分布与危害 茶袋蛾（*Clania minuscula* Butler）别名小袋蛾、小窠蓑蛾，属鳞翅目蓑蛾科。国内分布于各省。寄主有樱桃、杏、桃、梅、桑等百余种植物。幼虫在护囊中咬食叶片、嫩梢或剥食枝干，喜集中为害。

（2）形态特征

① 成虫。雌蛾体长 12～16 mm，足退化，无翅，蛆状，体乳白色。头小，褐色。腹

部肥大,体壁薄,能看见腹内卵粒。后胸、第4～7腹节具浅黄色茸毛。雄蛾体长11～15 mm,翅展22～30 mm,体翅暗褐色。触角呈双栉状。胸部、腹部具鳞毛。前翅翅脉两侧色略深,外缘中前方具近正方形透明斑2个。

②卵。椭圆形,黄白色。

③幼虫。体长16～28 mm,体肥大,头黄褐色,两侧有暗褐色斑纹。胸部背板灰黄白色,背侧具褐色纵纹2条,胸节背面两侧各具浅褐色斑1个。腹部棕黄色,各节背面均具黑色小突起4个,成"八"字形。

④蛹。雌蛹纺锤形,长14～18 mm,深褐色,无翅芽和触角。雄蛹深褐色,长13 mm。

⑤护囊。纺锤形,深褐色,外缀叶屑或碎皮,稍大后形成纵向排列的小枝梗,长短不一。

(3)发生规律　1年1～3代,以幼虫在护囊内越冬。翌年6—7月羽化交尾。雌虫产卵于护囊内。每雌平均产卵600余粒。幼虫孵化后从护囊爬出,迅速分散。也有吐丝悬垂,借风力扩散的。幼虫分散后吐丝黏缀碎叶做护囊并开始取食。初龄幼虫剥食叶肉,长大后食叶,还能剥食树皮、果皮。护囊随虫体长大,老熟后在护囊里倒转虫体在其中化蛹。

(4)防治方法

①园林苗圃管理时,发现虫囊及时摘除,集中烧毁。

②注意保护寄生蜂等天敌昆虫。

③在幼虫低龄盛期喷洒90%晶体敌百虫或2.5%溴氰菊酯乳油防治。

④喷洒杀螟杆菌或青虫菌进行生物防治。保护利用蓑蛾疣姬蜂、松毛虫疣姬蜂、桑蟥疣姬蜂、大腿蜂、小蜂等天敌。

五、夜蛾类

1. 甘蓝夜蛾(彩图42)

(1)分布与危害　甘蓝夜蛾(*Mamestra brassicae* (Linnaeus))又叫甘蓝夜盗,属鳞翅目夜蛾科。全国各地都有分布。多食性害虫,已知寄主有200多种。常见寄主有丝棉木、紫荆、桑、柏、松、杉等。

以幼虫为害叶片,刚孵化的幼虫群集在所产卵块的叶背取食,仅啃食一面表皮和叶肉,残留另一面表皮;稍大后逐渐分散,可将叶片吃成孔洞和缺刻,5～6龄进入暴食阶段,可将叶片吃光,仅剩叶脉和叶柄。

(2)形态特征

①成虫。体长约20 mm,翅展40～50 mm。体、翅均为灰褐色。前翅基线、内横

线为双线,黑色,波浪形。外横线黑色,锯齿形。亚外线浅黄白色,单条较细。缘线呈一列黑点。环状纹灰黑色具黑边,肾状纹灰白色具黑边,且外缘为白色,前缘近顶角有 3 个小白点。后翅淡褐色。

②卵。半圆形。初期乳白色,逐渐卵顶出现放射状紫色纹,近孵化时紫黑色。

③幼虫。共 6 龄,各龄体色变化较大,初孵幼虫头黑色;2 龄体色变淡,只具 2 对腹足;3 龄后,头为淡褐色,体淡绿或黄绿色,具 4 对腹足;5～6 龄头褐色,体黑褐色,胸、腹部背面黑褐色。

④蛹。体长约 20 mm,赤褐色,腹部背面 5～7 节前缘有粗刻点,腹末端具 1 对较长的粗刺,末端膨大成球形。

(3)发生规律 在东北地区 1 年发生 2～3 代,四川 3～4 代。各地均以蛹在土中越冬。翌年春当气温达 15～16℃时,越冬蛹羽化出土,幼虫严重为害时期为辽宁 6 月下旬至 7 月上旬和 9 月,黑龙江、新疆 8—9 月,湖南、四川 4—5 月和 9—10 月。成虫白天潜伏,日落后开始活动,多在草丛间或其他开花作物上取食花蜜。成虫羽化后1～2 天交配,交配后 2～3 天即产卵,多产卵在叶背面,卵成块,排列整齐不重叠。每头雌虫可产卵 4～5 块,每块几十粒至几百粒,一生平均产卵千余粒,多的可达 3000 粒。成虫对黑光灯和糖醋液有趋性。初孵幼虫群集,稍大后分散,老龄幼虫有假死性,并可互相残杀。在适宜条件下,卵期 4～5 天,幼虫期 20～30 天,蛹期 10 月,越冬蛹长达半年。

(4)防治措方法

①诱杀成虫。设黑光灯或糖醋液,诱杀成虫。

②人工防治。于卵盛期或初孵幼虫期,结合田间管理,及时摘除卵块或初孵群集小幼虫,可减少虫量。

③ 药剂防治。于 1～2 龄幼虫盛发期及时防治,可用 90% 晶体敌百虫、或 2.5% 溴氰菊酯乳油、或 2.5% 功夫乳油、或 2.5% 天王星乳油、或 20% 灭扫利乳油喷雾防治。

④ 于卵盛期释放赤眼蜂,一般可放 2～3 次防治。

2. 银纹夜蛾(彩图 43)

(1)分布与危害 银纹夜蛾(*Argyrogramma aganata* (Staudinger))别名黑点银纹夜蛾、豆银纹夜蛾、豆尺蠖、大豆造桥虫、豆青虫等,属鳞翅目夜蛾科。分布在我国各地。可危害菊花、大丽花、一串红、海棠、槐、美人蕉等多种花卉。幼虫食叶,将叶吃成孔洞或缺刻,并排泄粪便污染植株。

(2)形态特征

①成虫。体长 12～17 mm,翅展 32 mm,体灰褐色。前翅深褐色,具 2 条银色横

纹,翅中有一显著的 U 形银纹和一个近三角形银斑;后翅暗褐色,有金属光泽。

②卵。半球形,长约 0.5 mm,白色至淡黄绿色,表面具网纹。

③幼虫。末龄幼虫体长约 30 mm,淡绿色,虫体前端较细,后端较粗。体背有纵行的白色细线 6 条位于背中线两侧,体侧具白色纵纹。

④蛹。长约 18 mm,初期背面褐色,腹面绿色,末期整体黑褐色。茧薄。

(3)发生规律　1 年 2～8 代,发生代数因地而异常。以老熟幼虫或蛹越冬。翌年 6 月出现成虫、7～9 月幼虫为害。成虫夜间活动,趋光性强,卵产于叶背,单产。初孵幼虫群集在叶背取食叶肉,残留上表皮,大龄幼虫则取食全叶及嫩荚,有假死习性。幼虫老熟后多在叶背吐丝结茧化蛹。

(4)防治方法

①摘除幼虫密集的叶片,杀死。

②在成虫盛发期及时摘除卵块,也有利虫害控制。

③黑光灯、糖醋液诱杀,也有较好效果。

④药剂防治。发现初孵幼虫时,喷洒 50％辛硫磷乳油或 90％敌百虫晶体等。

六、舟蛾类

1. 杨扇舟蛾(彩图 44)

(1)分布与危害　杨扇舟蛾属(*Clostera anachoreta* (Fabricius))鳞翅目舟蛾科。分布几乎遍及全国各地。幼虫危害各种杨树的叶片,也危害柳树,发生严重时可食尽全叶。

(2)形态特征

①成虫。雌蛾体长 15～20 mm,翅展 38～42 mm,触角单栉齿状。雄蛾体长 13～17 mm,翅展 28～38 mm,触角单栉齿状;淡灰褐色,头顶有一块近椭圆形黑斑,前翅灰白色,顶角有一暗褐色扇形大斑。

②卵。半扁圆形,直径 0.9 mm。初产时为橙黄色,近孵时变为紫红色。

③幼虫。老熟幼虫体长 32～38 mm,头部黑褐色,体上有淡褐色或白色细毛,体背灰黄绿色,腹部第 2、第 8 节背面中各有 1 个枣红色大肉瘤,瘤基部边缘黑色,两侧各伴有 1 个白点;全体被白色细毛。

④蛹。体长 13～18 mm。褐色,臀棘端分叉。

⑤茧。椭圆形,灰白色。

(3)发生规律　1 年 2～8 代。以蛹结茧在表土中、树皮缝和枯卷叶中越冬。翌年 3、4 月成虫羽化。成虫夜出活动,趋光性强。交尾后当天产卵,每雌产卵 100～600 粒。卵多单产平铺于叶背,初孵幼虫,有群集性,静止时朝一个方向,排列整齐,

1～2 龄幼虫咀食叶片下表皮,仅留上表皮和叶脉,老熟幼虫在卷叶内吐丝结薄茧化蛹。

(4)防治方法

① 低龄幼虫期喷 20%除虫脲悬浮剂,掌握各代幼虫发生期喷洒 90%晶体敌百虫、50%杀螟松乳油防治。

②保护利用天敌。卵期可释放赤眼蜂,幼虫期喷洒白僵菌、青虫菌或颗粒性病毒等生物药剂。

2. 苹掌舟蛾(彩图 45)

(1)分布与危害　苹掌舟蛾(*Phalera flavescens* (Bremer etGrey))别名舟形毛虫、苹果天社蛾、举尾毛虫、举肢毛虫、苹天社蛾,属鳞翅目舟蛾科。分布于我国各省。寄主包括槲、榆、梅、樱桃等。幼虫食害叶片,受害树叶片残缺不全,或仅剩叶脉,大发生时可将全树叶片食光。

(2)形态特征

①成虫。体长 22～25 mm,翅展 49～52 mm。头胸部淡黄白色,腹背雄虫残黄褐色,雌蛾土黄色,末端均淡黄色,复眼黑色球形。触角黄褐色,丝状,雌触角背面白色,雄各节两侧均有微黄色茸毛。前翅银白色,在近基部生一长圆形斑,外缘有 6 个椭圆形斑,横列成带状,各斑内端灰黑色。

②卵。球形,直径约 1 mm,初淡绿后变灰色。

③幼虫。5 龄,末龄幼虫体长 55 mm 左右,被灰黄长毛。头、前胸盾、臀板均黑色。胴部紫黑色,背线和气门线及胸足黑色,亚背线与气门上、下线紫红色。

④蛹。长 20～23 mm,暗红褐色至黑紫色,腹部末节背板光滑,前缘具 7 个缺刻,腹末有臀棘 6 根,中间 2 根较大,外侧 2 个常消失。

(3)发生规律　苹掌舟蛾 1 年发生 1 代。以蛹在寄主根部或附近土中越冬。在树干周围半径 0.5～1 m,深度 4～8 cm 处数量最多。成虫最早于次年 6 月中、下旬出现;7 月中、下旬羽化最多,一直可延续至 8 月上、中旬。成虫多在夜间羽化,以雨后的黎明羽化最多。白天隐藏在树冠内或杂草丛中,夜间活动;趋光性强。羽化后数小时至数日后交尾,交尾后 1～3 天产卵。卵产在叶背面,常数十粒或百余粒集成卵块,排列整齐。卵期 6～13 天。危害梅叶时转移频繁,在 3 龄时即开始分散;危害苹果、杏叶时,幼虫在 4 龄或 5 龄时才开始分散。幼虫白天停息在叶柄或小枝上,头、尾翘起,形似小舟,早晚取食。幼虫的食量随龄期的增大而增加,达 4 龄以后,食量剧增。幼虫期平均为 31 天左右,8 月中、下旬为发生为害盛期,9 月上、中旬老熟幼虫沿树干下爬,入土化蛹。

(4)防治方法

①人工防治。苹掌舟蛾越冬的蛹较为集中,春季结合公园耕作。

②生物防治。在卵发生期,即 7 月中下旬释放松毛虫赤眼蜂灭卵,效果好。

③药剂防治。药剂为 40％乙酰甲胺磷乳、90％敌百虫晶体、或 50％杀螟松乳油喷洒防治。

七、尺蛾类

1. 丝棉木金星尺蠖（彩图 46）

(1)分布与危害　丝棉木金星尺蠖（*Abraxas suspecta* Warren）又名大叶黄杨尺蠖,属鳞翅目尺蛾科。国内分布于全国各地。主要危害大叶黄杨、丝棉木、扶芳藤、卫矛、欧洲卫矛、榆树、柳树等多种观赏树木。幼虫蚕食叶片,严重时可将叶片吃光,造成植物枯死,严重影响绿化景观。

(2)形态特征

①成虫。雌性体长 13～15 mm,翅展 37～43 mm,雄蛾体长 10～13 mm,翅展 33～43 mm。翅底银白色,具淡灰色斑纹,其大小不等,排列不整齐,不规则。前翅外缘有连续的淡灰色纹,外横线呈 1 行淡灰色斑,上端分叉,下端有一大黄褐色斑。

②卵。椭圆形,长 0.8 mm,宽 0.6 mm。初产时灰绿色,近孵化时呈灰黑色。

③幼虫。老熟幼虫体长 28～32 mm;体黑色,刚毛黄褐色,头部黑色,前胸背板黄色,有 3 个黑色斑点,中间的为三角形。胸足黑色,基部淡黄色。

④蛹。纺锤形,体长 9～16 mm,宽 3.5～5.5 mm,腹端有 1 分叉的臀棘。

(3)发生规律　江苏 1 年发生 3～4 代,以蛹越冬。4 月下旬至 5 月上旬成虫羽化,产卵于叶背、枝干、杂草中。5 月初幼虫开始孵化,黑色,群居,后分散为害。各代幼虫期为 7 月、8 月、9—10 月,老熟幼虫于 10 月下旬入土化蛹越冬。成虫飞翔能力不强,有趋光性。

(4)防治方法

①利用成虫飞翔力不强,早晚常集中于寄主中下部的特性,进行扑杀。

②幼虫为害期喷洒 50％杀螟松或 90％敌百虫消灭幼虫。

2. 国槐尺蛾（彩图 47）

(1)分布与危害　国槐尺蛾（*Semiothisa cinerearia* Bremer *et Grey*）国外分布于日本;国内分布于北京、河北、山东、江苏、浙江、江西、台湾、陕西、甘肃、西藏等省区。主要危害国槐、龙爪槐,有时也危害刺槐。以幼虫取食叶片,严重时可使植株死亡。

(2)形态特征

①成虫。体长 12～17 mm。雌雄相似,体灰黄褐色,触角丝状。复眼圆形,其上有黑褐色斑点。前翅有三条明显的黑色横线,近顶角处有一近长方形褐色斑纹。后翅只有 2 条横线,中室外缘有一黑色小点。

②卵。钝椭圆形,初产时绿色,后渐变为暗红色直至灰黑色。

③幼虫。老熟幼虫体长 30~40 mm,紫红色。

④蛹。体长 13~17 mm,紫褐色。臀棘具钩刺两枚,雄蛹两钩刺平行,雌蛹两钩刺向外呈分叉状。

(3)发生规律　1 年 3~4 代,以蛹越冬。越冬代成虫 5 月上旬出现。成虫有趋光性。卵散产于叶片正面、叶柄或嫩枝上。幼虫共 6 龄,5~6 龄为暴食期。幼虫有吐丝下垂习性,故又称"吊死鬼"。

(4)防治方法

①防止带虫苗木扩散。

② 人工防治。于晚秋或早春用人工将土中的蛹挖出喂家禽家畜,最好将蛹放入容器内让寄蝇、寄生蜂飞出。

③ 保护和利用天敌。应尽力保护利用捕食性和寄生性天敌。

④ 成虫期可用黑光诱杀。

⑤ 药剂防治。用 80% 敌敌畏乳油、50% 杀螟松乳油、2.5% 澳氰菊酯乳油、90% 敌百虫晶体等喷雾防治。

八、天蛾类

1. 霜天蛾(彩图 48)

(1)分布与危害　霜天蛾(*Psilogramma menephron* (Cramer))别名泡桐灰天蛾,属鳞翅目天蛾科。国内分布于华北、华南、华东、华中、西南各地。主要危害白蜡、金叶女贞和泡桐,同时也危害丁香、悬铃木、柳、梧桐等多种园林观赏植物。幼虫取食植物叶片表皮,使受害叶片出现缺刻、孔洞,甚至将全叶吃光。

(2)形态特征

①成虫。头灰褐色,体长 45~50 mm,翅展 90~130 mm。体翅暗灰色,混杂霜状白粉。胸部背板有棕黑色似半圆形条纹,腹部背面中央及两侧各有 1 条灰黑色纵纹。

②卵。球形,初产时绿色,渐变黄色。

③幼虫。绿色,体长 75~96 mm,头部淡绿,胸部绿色,背有横排列的白色颗粒 8~9 排;腹部黄绿色,体侧有白色斜带 7 条;尾角褐绿,气门黑色,胸足黄褐色,腹足绿色。

④蛹。红褐色,体长 50~60 mm。

(3)发生规律　1 年 1~3 代,以蛹在土中越冬,翌年 4 月下旬至 5 月羽化,白天隐藏于树丛、枝叶、杂草、房屋等暗处,黄昏飞出活动,交尾、产卵在夜间进行。成虫的飞翔能力强,并具有较强的趋光性。卵多散产于叶背。幼虫孵出后,多在清晨取食,白天潜伏在阴处,先啃食叶表皮,随后蚕食叶片,咬成大的缺刻和孔洞,甚至将全叶吃光,以 6 月、7 月间为害严重,地面和叶片可见大量虫粪。10 月后,老熟幼虫入土化蛹越冬。

（4）防治方法

①杀虫灯诱杀成虫。

②人工捕杀幼虫。

③ 幼虫 3 龄前,可施用 BT 可湿性粉剂、25％灭幼脲、20％米满悬浮剂、50％锌硫磷等防治。

④ 保护螳螂、胡蜂、茧蜂、益鸟等天敌。

2. 柳天蛾（彩图 49）

（1）分布与危害　　柳天蛾（*Smerinthus planus planus* Walker）别名眼纹天蛾、蓝目天蛾、蓝目灰天蛾,属鳞翅目天蛾科。分布于我国各地。寄主有杨、柳、梅花、桃、樱花等。初龄幼虫取食叶片成缺刻、孔洞,5 龄幼虫将叶片吃光,仅剩枝干。

（2）形态特征

①成虫。体长 32～36 mm,翅展 85～92 mm。体、翅黄褐色。胸部背面中央有 1 个深褐色大斑,前翅外缘翅脉间内陷成浅锯齿状,亚外缘线、外横线、内横线深褐色;肾状纹清晰,灰白色;基线较细,弯曲;外横线、内横线下段被灰白色剑状纹切断。后翅淡黄褐色,中央有 1 个大蓝目斑,斑外有 1 个灰白色圈,最外围蓝黑色,蓝目斑上方为粉红色。

②卵。椭圆形,长 1.7 mm,绿色有光泽。

③幼虫。老熟幼虫体长 70～80 mm,头较小,宽 4.5～5 mm,绿色,近三角形,两侧色淡黄,胸部青绿色,各节有较细横褶;腹部色偏黄绿,第 1 至第 8 腹节两侧有淡黄色斜纹,最后 1 条斜纹直达尾角,尾角斜向后方。

④蛹。长 35 mm 左右,黑褐色,臀棘锥状。

（3）发生规律　　1 年 3 代,以蛹在根际土壤中越冬。翌年 4 月羽化为成虫,趋光性强,成虫晚间活动交尾,交尾后第 2 天晚上即行产卵。卵多散产在叶背、枝条、树干上,每雌蛾可产卵 200～400 粒,卵经 7～14 天孵化为幼虫。初孵幼虫先吃去大半卵壳,后爬向较嫩的叶片,将叶子吃成缺刻,到 5 龄后食量大而危害严重。常将叶子吃尽,仅留光枝。老熟幼虫在化蛹前 2～3 天体背呈暗红色,从树上爬下,钻入土中,做成土室后即脱皮化蛹。6 月第 1 代幼虫老熟入土化蛹,6 月下旬至 7 月上旬第 2 代幼虫孵化,8 月中旬第 3 代幼虫大量孵化;8 月下旬至 9 月中旬幼虫钻入 5～8 cm 深的土中化蛹越冬。

（4）防治方法

①农业防治。结合耕翻土壤，消灭越冬虫蛹。

②物理防治。用频振式杀虫灯诱杀成虫。

③化学防治。掌握 3 龄以前喷药，可提高药效。药剂可选用 50％辛硫磷乳油或 48％乐斯本毒杀幼虫。

九、毒蛾类

1. 舞毒蛾（彩图 50）

（1）分布与危害　舞毒蛾（*Lymantria dispar* (Linnaeus)）别名秋千毛虫，苹果毒蛾、柿毛虫，属鳞翅目毒蛾科。国内分布于东北、华北、华中、西北。寄主有橡、杨、柳、桑、榆、栎、桦、槭、椴、云杉、松等。幼虫主要危害叶片，严重时可将全树叶片吃光。

（2）形态特征

①成虫。雄成虫体长约 20 mm，前翅茶褐色，有 4、5 条波状横带，外缘呈深色带状，中室中央有一黑点。雌虫体长约 25 mm，前翅灰白色，每两条脉纹间有一个黑褐色斑点。腹末有黄褐色毛丛。

②卵。圆形稍扁，直径 1.3 mm，初产为杏黄色，其上覆盖有很厚的黄褐色绒毛。

③幼虫。老熟时体长 50～70 mm，头黄褐色有八字形黑色纹。前胸至腹部第 2 节的毛瘤为蓝色，腹部第 3～9 节的 7 对毛瘤为红色。

④蛹。体长 19～34 mm，雌蛹大，雄蛹小。体色红褐或黑褐色，被有锈黄色毛丛。

（3）发生规律　1 年发生 1 代，以卵在石块缝隙或树干背面洼裂处越冬。来年 5 月间越冬卵孵化，初孵幼虫有群集为害习性，长大后分散为害。为害至 7 月上、中旬，老熟幼虫在树干洼裂地方、枝杈、枯叶等处结茧化蛹。7 月中旬为成虫发生期，雄蛾善飞翔，日间常成群做旋转飞舞。卵多产于枝干的阴面，每雌产卵 1～2 块，每块数百粒，上覆雌蛾腹末的黄褐鳞毛。

（4）防治方法

①人工捕杀。人工采集卵块及消灭初孵幼虫。

②灯光诱杀。及时掌握舞毒蛾羽化始期，预测羽化始盛期，在野外利用黑光灯或频振灯配高压电网进行诱杀。

③性引诱剂诱杀。利用人工合成的性引诱剂诱杀舞毒蛾成虫。

④生物防治。幼虫使用青虫菌粉剂防治，并注意保护利用天敌。

⑤化学防治。幼虫期喷 5％定虫隆乳油或 50％辛硫磷乳油等防治。

2. 杨毒蛾(彩图 51)

(1)分布与危害　　杨毒蛾(*Stilpnotia candida* Staudinger)别名杨雪毒蛾,属鳞翅目毒蛾科。分布于我国各地。寄主有棉花、茶、杨、柳、栎、栗、樱桃、梨、梅、杏、桃等。低龄幼虫只啃食叶肉,留下表皮,长大后咬食叶片成缺刻或孔洞。

(2)形态特征

①成虫。体长约 20 mm,翅展 40～50 mm,全体白色,具丝绢光泽,足的胫节和跗节有黑白相间的环纹。

②卵。馒头形,灰白色,成块状堆积,外面覆有泡沫状白色胶质物。

③幼虫。末龄幼虫体长约 50 mm,背部灰黑色混有黄色;背线褐色,两侧黑褐色,身体各节具瘤状突起,其上簇生黄白色长毛。

④蛹。长 20 mm,黑褐色,上生有浅黄色细毛。

(3)发生规律　　东北年生 1 代,华北 2 代,以 2 龄幼虫在树皮缝做薄茧越冬。翌年 4 月中旬,杨、柳展叶期开始活动,5 月中旬幼虫体长 10 mm 左右,白天爬到树洞里或建筑物的缝隙及树下各种物体下面躲藏,夜间上树为害。6 月中旬幼虫老熟后化蛹,6 月底成虫羽化,有的把卵产在枝干上,进入棉田的柳毒蛾 7 月初第 1 代幼虫开始孵化为害,9 月底 2 代幼虫做茧越冬。

(4)防治方法

①结合防治其他害虫进行防治。

②必要时喷洒 5％来福灵乳油或 20％杀灭菊酯乳油。

十、灯蛾类

1. 美国白蛾(彩图 52)

(1)分布与危害　　美国白蛾(*Hyphantria cunea* (Drury))别名秋幕毛虫,属鳞翅目灯蛾科。此虫是世界性检疫害虫,我国分布于华北等地。寄主有法国梧桐、榆、柳、刺槐、白蜡、无花果等多种植物。幼虫食叶和嫩枝,低龄啃食叶肉残留表皮呈白膜状,严重者食成光杆。

(2)形态特征

①成虫。体长 9～12 mm,体纯白色,复眼黑色,触角褐色,锯齿状。雄性触角黑色、双栉尺状,前翅散生几个或多个黑褐色斑点。雌性后翅在近边缘处有小黑点。

②卵。圆球形,直径 0.5 mm,初浅黄绿,后变灰绿或灰褐色,具光泽,卵面有凹陷刻纹。

③幼虫。分"黑头型"和"红头型",目前主要的为"黑头型",头黑色具光泽。体黄绿色至灰黑色,两侧线间有 1 条灰褐色至灰黑色宽纵带,背部毛瘤黑色。

④蛹。长 8～15 mm,暗红褐色,臀棘 8～17 根。

⑤茧。椭圆形,黄褐或暗灰色,由稀疏的丝混杂幼虫体毛构成网状。

(3)发生规律　我国 1 年 2 代,结茧化蛹越冬。5 月羽化。成虫夜间活动,产卵于叶背,幼虫孵化后吐丝结网,3～4 龄时网幕达 1 m 以上,有时扩及整株。5 龄后,开始分散取食,老熟幼虫爬下树,在树干老树皮下或附近适宜的场所结茧化蛹。

(4)防治方法

①加强监测和检疫。

②可施用 40%辛硫磷乳油或 20%氰戊菊酯乳油喷杀幼虫。对带虫原木等可采用 56%磷化铝片剂熏蒸处理。

③生物防治。利用白蛾周氏啮小峰防治美国白蛾。除保护利用天敌外,可用苏云金杆菌防治。

2. 红腹白灯蛾(彩图 53)

(1)分布与危害　红腹白灯蛾(*Spilarctia subcarnea* (Walker))别名人纹污灯蛾、人字纹灯蛾,属鳞翅目灯蛾科。分布于我国各地。寄主包括蔷薇、月季、榆等。幼虫食叶,吃成孔洞或缺刻。

(2)形态特征

①成虫。体长约 20 mm,翅展 45～55 mm。体、翅白色,腹部背面除基节与端节外皆红色,背面、侧面具黑点列。前翅外缘至后缘有一斜列黑点,两翅合拢时呈人字形,后翅略染红色。

②卵。扁球形,淡绿色,直径约 0.6 mm。

③幼虫。末龄幼虫长约 50 mm,头较小,黑色,体黄褐色,密被棕黄色长毛;中胸及腹部第 1 节背面各有横列的黑点 4 个;腹部第 7～9 节背线两侧各有 1 对黑色毛瘤,腹面黑褐色,气门、胸足、腹足黑色。

④蛹。体长 18 mm,深褐色,末端具 12 根短刚毛。

(3)发生规律　我国东部地区年生 2 代,老熟幼虫在地表落叶或浅土中吐丝黏合体毛做茧,以蛹越冬。翌春 5 月开始羽化,第 1 代幼虫出现在 6 月下旬至 7 月下旬,发生量不大,成虫于 7—8 月羽化;第 2 代幼虫期为 8—9 月,发生量较大,为害严重。成虫有趋光性,初孵幼虫群集叶背取食,3 龄后分散为害,受惊后落地假死,卷缩成环。幼虫爬行速度快,自 9 月份即开始寻找适宜场所结茧化蛹越冬。

(4)防治方法

①利用黑光灯诱杀成虫。

②药剂防治。发生严重时,喷洒 20%氰戊菊酯、50%杀螟硫磷防治。

十一、枯叶蛾类

1. 黄褐天幕毛虫(彩图 54)

(1)分布与危害 黄褐天幕毛虫(*Malacosoma neustria testacea* Motschulsky)也称为"顶针虫",属鳞翅目枯叶蛾科。在我国除新疆和西藏外均有分布。寄主主要有榛、柳、杨、桦、榆、栎及其他阔叶树,有时也危害落叶松等针叶树。

(2)形态特征

①成虫。雄成虫体长约 15 mm,翅展长为 24～32 mm,全体淡黄色,前翅中央有两条深褐色的细横线,两线间的部分色较深,呈褐色宽带,缘毛褐灰色相间;雌成虫体长约 20 mm,翅展长约 29～39 mm,体翅褐黄色,腹部色较深,前翅中央有一条镶有米黄色细边的赤褐色宽横带。

②卵。椭圆形,灰白色,高约 1.3 mm,顶部中央凹下,卵壳非常坚硬,常数百粒卵围绕枝条排成圆桶状,非常整齐,形似顶针状或指环状。

③幼虫。幼虫共 5 龄,老熟幼虫体长 50～55 mm,头部灰蓝色,顶部有两个黑色的圆斑。体侧有鲜艳的蓝灰色、黄色和黑色的横带,体背线为白色,亚背线橙黄色,气门黑色。

④蛹。体长 13～25 mm,黄褐色或黑褐色,体表有金黄色细毛。茧黄白色,呈棱形,双层。

(3)发生规律 在东北 1 年发生 1 代,以卵越冬,卵内已经完成发育的小幼虫。翌年 5 月上旬开始钻出卵壳,危害嫩叶,以后又转移到枝杈处吐丝张网。1～4 龄幼虫白天群集在网幕中,晚间出来取食叶片。幼虫近老熟时分散活动,此时幼虫食量大增,容易暴发成灾。5 月下旬至 6 月上旬是为害盛期,同期开始陆续老熟后于叶间杂草丛中结茧化蛹。7 月为成虫盛发期,成虫晚间活动,羽化后即可交尾产卵于当年生小枝上。每一雌蛾一般产 1 个卵块,每个卵块量在 146～520 粒,也有部分雌蛾产 2 个卵块。

(4)防治方法

①药剂防治。在 5 月中旬至 6 月上旬黄褐天幕毛虫幼虫期,可以利用生物农药或仿生农药,如阿维菌素、BT、灭幼脲喷雾控制。

②灯光诱杀法。利用黑光灯、频振灯进行诱杀黄褐天幕毛虫成虫。

③人工采卵法。在卵期可以发动人员进行采集黄褐天幕毛虫的卵。

2. 赤松毛虫(彩图 55)

(1)分布与危害 赤松毛虫(*Dendrolimus punctatus* (Butler))分布于我国辽宁、河北、北京、山东及江苏等省市。主要危害赤松、油松及日本黑松等。

（2）形态特征

①成虫。前翅狭长，外缘倾斜，中横线和外横线白色，中间为一深褐色宽带，亚外缘线最后两斑的连线与外缘相交，中室白斑小而明显。

②卵。椭圆形，长约 1.8 mm，淡绿色，后粉红、紫褐色。

③幼虫。老熟时体长 80～90 mm，第 2、第 3 胸节背面丛生黑色毒毛，各节黑蓝色毛束明显，体侧有长毛和浅色纵带。

④蛹。纺锤形，长 30～40 mm。

⑤茧。灰白色，附有幼虫毒毛。

（3）发生规律　　1 年 1 代。以 3～5 龄幼虫在翘皮下、落叶丛中或石块下越冬。翌年 3 月中、下旬上树为害，取食 2 年生针叶。7 月上、中旬幼虫老熟化蛹，7 月中、下旬成虫开始羽化产卵。8 月上、中旬幼虫陆续孵化，1～2 龄幼虫群集为害，啃食叶缘，为害至 10 月中、下旬，3～5 龄时即下树越冬。

（4）防治方法

①以营林技术措施为基础（如封山育林、营造混交林、改造纯松林等），创造利于天敌生存而不利于松毛虫暴发的环境条件，是治本措施。

②利用松毛虫秋末下树、早春上树为害的习性，在树木胸高处用菊酯毒笔划环或绑毒绳喷聚酯类药环，可有效压底虫口。

③幼虫发生时，可在暴食以前，用 2.5％溴氰菊酯乳油或 90％晶体敌百虫喷雾防治。

④黑光灯诱杀成虫。

⑤保护和招引灰喜鹊、大山雀等。

十二、蝶类

1. 柑橘凤蝶（彩图 56）

（1）分布与危害　　柑橘凤蝶（*Papilio xythus* Linnaeus）别名黄凤蝶、橘凤蝶、黄菠萝凤蝶、黄聚凤蝶，属鳞翅目凤蝶科。除新疆未见外，我国各省均有分布。寄主有柑橘、枸橘、黄蘗花椒、吴茱萸、佛手、山椒、黄梁、黄菠萝等。幼虫食芽、叶，初龄食成缺刻与孔洞，稍大常将叶片吃光，只残留叶柄。苗木和幼树受害较重。

（2）形态特征

①成虫。有春型和夏型两种。春型体长 21～24 mm，翅展 69～75 mm；夏型体长 27～30 mm，翅展 91～105 mm。雌略大于雄，色彩不如雄艳，两型翅上斑纹相似，体淡黄绿至暗黄，体背中央有黑色纵带，两侧黄白色。前翅黑色近三角形，近外缘有 8 个黄色月牙斑，翅中央从前缘至后缘有 8 个由小渐大的黄斑，中室基半部有 4 条放射状黄色纵纹，端半部有 2 个黄色新月斑。后翅黑色；近外缘有 6 个新月形黄斑，基

部有 8 个黄斑,有尾突。

②卵。近球形,初黄色,后变深黄,孵化前紫灰至黑色。

③幼虫。体长 45 mm 左右,黄绿色,后胸背两侧有眼斑,后胸和第 1 腹节间有蓝黑色带状斑,腹部 4 节和 5 节两侧各有 1 条蓝黑色斜纹分别延伸至 5 节和 6 节背面相交,各体节气门下线处各有一白斑。臭腺角橙黄色。

④蛹。黄色,纺锤形。

(3)发生规律　长江流域及以北地区年生 3 代,江西 4 代,福建、台湾 5～6 代,以蛹在枝上、叶背等隐蔽处越冬。浙江黄岩各代成虫发生期:越冬代 5—6 月,第 1 代 7—8 月,第 2 代 9—10 月,以第 3 代蛹越冬。广东各代成虫发生期:越冬代 3—4 月,第 1 代 4 月下旬至 5 月,第 2 代 5 月下旬至 6 月,第 3 代 6 月下旬至 7 月,第 4 代至 9 月,第 5 代 10—11 月,以第 6 代蛹越冬。成虫白天活动,善于飞翔,中午至黄昏前活动最盛,喜食花蜜。卵散产于嫩芽上和叶背。幼虫孵化后先食卵壳,然后食害芽和嫩叶及成叶,共 5 龄。

(4)防治方法

①保护和引放天敌。为保护天敌可将蛹放在纱笼里置于园内,寄生蜂羽化后飞出再行寄生。

②药剂防治。可用青虫菌粉剂、40％敌马乳油、40％菊杀乳油、50％杀螟松或马拉硫磷乳油,于幼虫龄期喷洒。

2. 山楂粉蝶(彩图 57)

(1)分布与危害　山楂粉蝶(*Aporia crataegi* (Linnaeus))又名苹果粉蝶,属鳞翅目粉蝶科。我国分布于华北、东北、西北各省等。主要危害山楂、桃、杏、李等林木。幼虫咬食芽、叶和花蕾,初孵幼虫于树冠上吐丝结网成巢,群集其中为害。幼虫长大后分散为害,严重时将叶片吃光。

(2)形态特征

①成虫。体长 22～25 mm,体黑色,头胸及足被淡黄白色或灰色鳞毛。触角棒状黑色,端部黄白色,前后翅白色,翅脉和外缘黑色。

②卵。柱形,顶端稍尖似子弹头,高约 1.3 mm,卵壳有纵脊纹 12～14 条,初产时金黄,后变淡黄色,数十粒排成卵块。

③幼虫。老熟时体长 40～45 mm,体背面有 3 条黑色纵条纹,其间有 2 条黄褐色纵带。头胸部、臀板黑色。

④蛹。体长约 25 mm,黄白色,体上分布许多黑色斑点,腹面有 1 条黑色纵带。以丝将蛹体缚于小枝上,即缢蛹。

(3)发生规律　山楂粉蝶 1 年发生 1 代。以 2～3 龄幼虫群集在树梢虫巢里越冬,一般每巢十余头。春季果树发芽后,越冬幼虫出巢,先食害芽、花,而后吐丝连缀叶片成网巢,于内为害。较大龄幼虫离巢为害。待其老熟,在枝干、叶片及附近杂草、石块等处化蛹。在河南西部 5 月中、下旬为化蛹盛期,蛹期 14～23 天,成虫发生在 5 月底至 6 月上旬,产卵于嫩叶正面,成块,每块有卵数十粒。卵期 10～17 天。6 月中旬幼虫孵化,幼虫为害至 8 月初,以 3 龄幼虫在虫巢中越冬。

(4)防治方法

①剪除虫巢。结合冬季修剪,剪除枝梢上的越冬虫巢,集中处理。

②药剂防治。在春季幼虫出蛰为害期,可喷施 50％辛硫磷,或 20％杀灭菊酯、5％来福灵乳油。也可喷洒 BT 乳剂。

十三、其他食叶害虫

1. 短额负蝗(彩图 58)

(1)分布与危害　负蝗(*Atractomorpha sinensis* Bolivar)俗称蚱蜢,分布于我国各地。危害的花卉有凤仙花、一串红、三色堇、金鱼草、金盏菊、百日草、雏菊、菊花、茉莉、扶桑、大丽花等。初龄若虫喜群集食害叶部,被害叶片呈现网状,稍后即分散取食,造成叶片缺刻和孔洞,严重时整个叶片只留下主脉。

(2)形态特征

①成虫。体长 21～31 mm,呈淡绿色到褐色和浅黄色。头部向前突出。后足发达为跳跃足。前翅绿色。后翅基部红色,端部绿色。

②卵。卵块外有黄褐色分泌物封固。单粒卵乳白色,椭圆形。

③若虫。初为淡绿色,布有白色斑点,形似成虫,无翅,只有翅芽。

(3)发生规律　长江流域等地区 1 年发生 2 代。以卵在土中越冬。翌年 5—6 月,卵孵化。7 月上旬,第 1 代成虫开始产卵。7 月中、下旬为产卵盛期。第 2 代若虫从 7 月下旬开始孵化,8 月上、中旬为孵化盛期。9 月中、下旬至 10 月上旬,第 2 代成虫开始产卵,10 月下旬至 11 月上旬为产卵盛期。

(4)防治方法

①初龄若虫集中为害时,人工捕杀。

②喷施 50％杀螟松乳剂防治。

2. 白星花金龟(彩图 59)

(1)分布与危害　白星花金龟(*Potosia brevitarsis*(Lewis))别名白纹铜花金龟、白星花潜、白星金龟子、铜克螂,属鞘翅目花金龟科。分布在我国东北、华北和黄淮海等地。成虫取食向日葵、玉米、蔬菜、果树的花器。危害玉米时成虫食害花丝,危害向日葵花盘时,致葵盘烂腐。

（2）形态特征

①成虫。体长 17～24 mm，宽 9～12 mm。椭圆形，具古铜或青铜色光泽，体表散布众多不规则白绒斑。唇基前缘向上折翘，中凹，两侧具边框，外侧向下倾斜；触角深褐色；复眼突出；前胸背板具不规则白绒斑，后缘中凹；前胸背板后角与鞘翅前缘角之间有一个三角片甚显著，即中胸后侧片；鞘翅宽大，近长方形，遍布粗大刻点，白绒斑多为横向波浪形；臀板短宽，每侧有 3 个白绒斑呈三角形排列。

②卵。椭圆形，乳白色。

③幼虫。"C"字形，长 2～4 cm，体软多皱，头褐色，胴部乳白色，腹末节膨大。

（3）发生规律　1 年发生 1 代。成虫于 5 月上旬开始出现，6—7 月为发生盛期。成虫白天活动，有假死性，对酒醋味有趋性，飞翔力强，常群聚危害留种蔬菜的花和玉米花丝，产卵于土中。幼虫多以腐败物为食，以背着地行进。

（4）防治方法　在白星花金龟初发期往附近树上挂细口瓶，用酒瓶或清洗过的废农药瓶均可，挂瓶高度 1～1.5 m，瓶里放入 2～3 个白星花金龟，待田间的白星花金龟飞到瓶上时，先在瓶口附近爬，后掉入瓶中，每 667 m² 可挂瓶 40～50 个捕杀白星花金龟，糖醋液或黑光灯诱杀成虫。

3. 小青花金龟（彩图 60）

（1）分布与危害　小青花金龟（*Oxycetonia jucunda* Faldermann）在我国分布较广，可危害桃、山楂、梅、丁香、玫瑰等树木。成虫主要取食花蕾和花，数量多时，常群集在花序上，将花瓣、雄蕊及雌蕊吃光，造成只开花不结果。也可食害果实。

（2）形态特征

①成虫。体长 12～14 mm，宽 7.5 mm。暗绿色，有大小不等的白色绒斑；鞘翅上的银白色绒斑：近缝肋和外缘各有 3 个，侧缘 3 个较大；臀板外露，有 4 个横列的银白色绒斑。

②卵。球形，白色。

③幼虫。乳白色，长约 20 mm。

④蛹。卵圆形。

（3）发生规律　北京地区一年发生 1 代，以成虫、幼虫或蛹在土内过冬。4—6 月发生成虫。5—6 月产卵，发生早的幼虫 8—9 月老熟化蛹，并羽化成虫。9—10 月仍有成虫发生并取食为害，后入土过冬。发生晚的则以幼虫或蛹在土内过冬。成虫白天活动，春季常危害花器、幼芽和嫩叶，秋季常群集危害果实，近成熟的伤果上常数头群集。成虫飞翔力较强，有假死性，受惊或捕捉时常假死落地或在落地过程中飞起。成虫取食时多交配，喜在落叶、草地、草堆等有机物腐殖质处产卵，或散产于土中。幼虫喜食土壤里腐烂的有机质，也危害根部。

（4）防治方法

①在小青花金龟发生始盛期，进行突击人工捕杀。

②虫量大时可用杀灭菊酯、灭扫利、功夫菊酯喷施。

第二节　蛀干及花果害虫

蛀干性害虫是指钻蛀枝梢和树干的害虫，主要有天牛、小蠹、吉丁虫、象甲，木蠹蛾、螟蛾、辉蛾、透翅蛾等。其中以天牛、吉丁虫和小蠹类危害较为严重。

一、天牛类

1. 光肩星天牛（彩图 61）

（1）分布与危害　光肩星天牛（*Anoplophora glabripennis*）又名柳星天牛、白星天牛，俗名老牛、花牛，幼虫又称凿木虫。属鞘翅目天牛科。我国分布很广，以华北、西北地区发生严重。幼虫食性杂，蛀食危害杨、柳、糖槭、元宝枫、泡桐、苦楝、红叶李、枫杨、加杨、龙爪柳、白榆、桑、栾、海棠和刺槐等，是杨、柳树上的主要害虫，被害虫株率一般在 20%～100%。

（2）形态特征

①成虫。雌成虫体长 30 mm 左右，雄成虫体长 20 mm 左右。体翅均为漆黑色，翅面上有不规则的白斑，前胸两侧各有 1 个突起。触角鞭状，雌虫触角等于或短于体长；雄虫触角超过于体长。

②卵。白色，长椭形，稍弯曲。

③幼虫。老熟时体长 55 mm 左右，筒状，乳白色，前胸背板有凸字形浅褐色斑纹。

④蛹。黄白色，离蛹型。

（3）生活习性　大连、济南等地 1～2 年完成 1 代，跨 2～3 年；北京、宁夏、内蒙古等地 2 年发生 1 代，以幼虫在树内蛀道内越冬。翌年 5 月中下旬化蛹，蛹期为 20 天左右。6—7 月为成虫羽化期，10 月还可见到个别成虫。成虫羽化后取食嫩枝条的皮，以补充营养。其飞翔力弱，敏感性不强，容易捕捉。成虫产卵前先在树枝干上啃个椭圆形刻槽，将卵产在槽内，每槽产卵 1 粒，其后用分泌物封闭，以保护卵，卵期为 20 天左右。幼虫共 5 龄，初孵幼虫先吃刻槽周围腐烂部分和韧皮部，3 龄后的幼虫才蛀入木质部，幼虫为害期在每年的 3—11 月。幼虫孵化后取食韧皮部，将褐色粪及蛀屑从产卵孔排出。虫道随着虫体增长而加大和加宽，3 龄幼虫蛀入木质部为害时，所排出的只是木丝。幼虫于 11 月开始越冬。

（4）防治方法

①选育抗虫品种。加强抗虫品种杨树的研究与培育，不要种植加杨、晚花杨、美杨等高感品种。绿化时注意培育混交林，加强幼林水肥的养护管理，以增强树势。

②保护和利用天敌。如花绒坚甲、斑翅细角花蝽、肿腿蜂、天牛双革螨和啄木鸟等。向排粪孔内注射白僵菌、芫菁夜蛾线虫、青霉菌液等，进行生物防治。

③人工捕捉天牛成虫，既减少虫源，又保护了天敌。诱饵树诱杀糖槭是高感树种，林地边种几棵糖槭诱引天牛，其后集中消灭，以减少片林的危害。

④药剂防治。天牛成虫期结合防治其他害虫喷施 10‰天王星乳油防治。幼虫为害期可用新型高压注射器，向干内注射内吸性药剂（如护树宝、果树宝等药剂）。

2. 星天牛

（1）分布与危害　星天牛（*Anoplophora chinensis*）又名白星天牛、银星天牛、花牯牛、水牛姆、围头虫、盘根虫。分布广。主要为害杨、月季等多种林木、花卉。以幼虫危害成年树主干基部和主根，少害主枝，树干下有成堆虫粪。成虫咬食嫩枝皮层，形成枯梢，也食叶成缺刻状。

（2）形态特征

①成虫。雌成虫体长 36～41 mm，雄虫体长 27～36 mm，体黑色，略带金属光泽。头和体腹面被银灰和部分蓝细毛，但不成斑纹。触角第 1～2 节黑色，其他各节基部 1/3 有淡蓝毛环，其余部分黑色。前胸背板中瘤明显，两侧具尖锐粗大的侧刺突。翅基有黑小颗粒，每翅具大小白斑约 20 个。

②卵。为长椭圆形，长 5～6 mm。初产时白色，以后渐变为浅黄白色。

③幼虫。老熟幼虫体长 38～60 mm，乳白色到淡黄色。头褐色，长方形，中部前方较宽，背板骨化区呈"凸"字形，"凸"字形纹上方有 2 个飞鸟形纹。

④蛹。纺锤形，长 30～38 mm。初为淡黄色，羽化前各部分逐渐变为黄褐色至黑色。翅芽超过腹第 3 节后缘。

（3）发生规律　在浙南 1 年发生 1 代，个别地区 3 年 2 代或 2 年 1 代，以幼虫在被害寄主木质部内越冬。越冬幼虫于次年 3 月以后开始活动，4 月上旬气温稳定到 15℃以上时开始化蛹，5 月下旬化蛹基本结束。5 月上旬成虫开始羽化，羽化后在蛹室停留 4～8 天，待身体变硬后才从羽化孔外出，飞向树冠，啃食幼嫩枝梢树皮作补充营养，并能造成叶片缺刻。5 月底 6 月上旬为成虫出孔盛期。10～15 天后交尾。产卵前先在树皮上咬深约 2 mm、长约 8 mm 的"T"形或"人"形刻槽，再将产卵管插入刻槽一边树皮夹缝中产卵，一般每刻槽产 1 粒，产卵后分泌胶状物质封口，每雌一生可产卵 23～32 粒，最多达 71 粒。7 月上旬为产卵高峰。幼虫孵化后，在树干皮下向下蛀食，遇根部则沿根而下。虫粪堆积于皮下，不推出树外。成虫寿命一般 40～50

天,从 5 月下旬开始至 7 月下旬均有成虫活动。幼虫 11—12 月开始越冬。成虫飞翔力不强,飞行距离可达 40～50 m。

(4)防治方法

参考光肩星天牛。

3. 其他常见天牛(见表 5-1)

表 5-1 其他常见天牛

害虫种类	发 生 规 律	防 治 要 点
桑天牛	北方 2～3 年 1 代,广东 1 年 1 代。寄主萌动后开始为害,落叶时休眠越冬。北方幼虫经过 2 个或 3 个冬天于 6—7 月间老熟,7—8 月间为成虫发生期	桑园附近不种植桑树。修剪除掉虫枝。成虫发生期及时捕杀及药剂防治。用铁丝刺杀木质部内幼虫
桃红颈天牛	华北 2～3 年 1 代。次年幼虫 5—6 月间为害最强。6—7 月成虫羽化,7—8 月幼虫为害至越冬,第 3 年 6—7 月陆续羽化	成虫出现期较整齐,可人工捕捉
双条杉天牛	北京 1 年 1 代,3 月上旬越冬成虫出蛰、产卵。4 月中下旬幼虫孵化,9—10 月化蛹、羽化并越冬	及时处理病残体、饵木诱杀。成虫期药剂防治
菊小筒天牛	1 年 1 代,多以成虫越冬。一般 5—6 月间出现成虫,并产卵,幼虫 9 月化蛹,10 月羽化并越冬	剪除虫枝。成虫期人工捕捉及药剂防治
锈色粒肩天牛	在河南 2 年 1 代,以幼虫越冬。越冬幼虫 5 月上旬化蛹,6 月上旬至 9 月中旬出现成虫,6 月中下旬至 9 月中下旬产卵,7 月中旬孵化,11 月上旬越冬。翌年 3 月中下旬蛀食,11 月上旬幼虫越冬	调运检疫除害处理
双条合欢天牛	2 年 1 代。翌春越冬幼虫在树皮下大量为害,成虫 6—8 月出现	人工捕杀成虫。幼虫孵化期树干喷药
松墨天牛	1 年 1 代。以老熟幼虫在蛀道内越冬。翌年 3 月下旬幼虫开始化蛹,4 月中旬成虫开始羽化,4 月下旬交配产卵	加强检疫,饵木诱杀,成虫盛发期喷药防治

二、吉丁虫类

1. 金缘吉丁虫(彩图 62)

(1)分布与危害　金缘吉丁虫(*Lampra limbata*)又名翡翠吉丁虫、梨绿吉丁虫、梨吉丁虫,俗称串皮虫。寄主山楂、花红、沙果和杏等树木。主要以幼虫危害树枝干,致整枝或全树枯死。

（2）形态特征

①成虫。体长 15～20 mm，全体翡翠绿色，带金黄色光泽。头小，头顶中央具 1 条蓝黑色隆起纹；复眼土棕色，肾形；触角黑色，锯齿形。前胸背板两侧缘红色，背面有 5 条蓝黑色条纹，中央 1 条最明显。鞘翅前缘红色，翅面上有刻点。

②卵。扁长椭圆形，乳白色或黄白色，长约 2 mm。

③幼虫。成长幼虫体长约 36 mm，扁平。头部黑褐色，缩入前胸，仅见深褐色口器。胸腹部乳白色或乳黄色。前胸背板淡褐色，宽大扁圆形，中央有一明显凹入的"∧"形纹，前胸腹面有一中沟。腹部末端圆钝光滑。

④蛹。体长约 16 mm，初化蛹时乳白色，后变黄色，近羽化前变为蓝绿色。触角伸达前胸后缘。腹背面沿背线的节间各有一乳状突起。

（3）发生规律　1 年或 2 年发生 1 代。以幼虫在枝干皮层或木质部越冬。4 月中下旬开始化蛹，5 月上、中旬成虫羽化，5 月下旬至 6 月上旬为羽化盛期，6 月为产卵盛期，卵期约半个月。幼期孵化后即蛀害皮层。9 月后转入木质部蛀食准备越冬。

（4）防治方法

①结合冬剪，彻底清除死树死枝，集中烧毁，消灭越冬幼虫。

②成虫羽化出洞之前，可用药剂涂刷树体，将成虫堵死在树体内。在幼虫为害皮层阶段用药剂涂刷被害部毒杀幼虫。或用小刀刺死幼虫。

③成虫发生期于早晨人工振树捕捉成虫。

2. 其他吉丁虫类（见表 5-2）

表 5-2　其他吉丁虫类

害虫种类	发 生 规 律	防治要点
合欢吉丁虫	北京 1 年 1 代，以幼虫在树干内越冬。次年 5 月下旬幼虫在隧道内化蛹，6 月上旬成虫开始羽化外出，9—10 月被害处流出黑褐色胶，11 月幼虫越冬	检疫处理。成虫羽化前树干涂白。羽化期树冠用吡虫啉等药剂防治
花曲柳窄吉丁虫	沈阳 1 年 1 代、哈尔滨 2 年 1 代，以幼虫在韧皮与木质部之间或边材坑道内越冬。幼虫在 4 月上、中旬开始活动，4 月下旬开始化蛹，5 月中旬为化蛹盛期。成虫 5 月中旬开始羽化，6 月下旬为羽化盛期。卵出现于 6 月中旬至 7 月中旬。幼虫 6 月下旬开始孵化，即陆续蛀入韧皮部及边材内为害，10 月中旬越冬	检疫处理。选育抗虫树种，营造混交林。清除虫害木或剪除被害枝。成虫羽化出孔前树干涂白，盛发期人工捕杀、药剂处理。饵木诱杀。幼虫孵化初期药剂涂抹为害处
六星吉丁虫	1 年 1 代，以幼虫越冬。翌年春季 4 月下旬化蛹，5—6 月羽化，10 月中、下旬幼虫在寄主枝条中越冬	结合修剪去除虫枝和枯枝。幼虫为害期在被害处涂刷药。成虫羽化盛期可喷吡虫啉

三、小蠹类

1. 松六齿小蠹（彩图 63）

（1）分布与危害　松六齿小蠹（*Ips acuminatus* Gyllenhal）别名刻虫、树顶小蠹、六齿小蠹。分布广。危害樟子松、落叶松、云杉、华山松、油松、云南松、思茅松等。幼虫钻蛀为害，寄生于树干薄皮部分。

（2）形态特征

①成虫。体长 3.4～4.1 mm，短圆桶形，赤褐至黑褐色，有光泽，全体被黄长绒毛。额中部有 2 个并列小瘤。前胸背板前半部有鱼鳞状小齿，后半部有刻点。鞘翅黄褐色，刻点沟较窄，沟间宽而光滑、疏生弱刻点；末端倾斜的凹面始于翅中部，凹面下缘水平向延伸，每侧有齿 3 个，以第 3 齿最大，雌虫所有的齿均尖削，雄虫第 3 齿末端则分叉。

②卵。长 1.4 mm，宽 0.9 mm，椭圆形，乳白色，一端略透明。孵化前青色。

③幼虫。体长约 3.8 mm，乳白色，头黄褐色，胸腹部圆筒形，常向腹面弯曲呈马蹄状。

④蛹。体长 3.9 mm，椭圆形，前端钝圆，向后方渐尖削，尾端有 2 个尖突起。初蛹期乳白色，羽化前变褐色，前胸背板、及鞘翅末端褐色。

⑤坑道。复纵坑道。倒木上母坑道可达 12 个，立木韧皮部母坑道 3～8 条。

（3）发生规律　河南 1 年 1 代，以成虫在树皮内越冬。越冬成虫扬飞期及产卵期长，在 5 月至 7 月间均能在林间发现，生活史不整齐。一般 6 月下旬到 8 月下旬均可见到卵、幼虫、蛹各虫态。成虫产卵期 6～19 天，卵期 5～15 天，幼虫期 20～28 天，蛹期 6～12 天。当年成虫最早在 7 月上旬羽化，最晚在 9 月上旬。当年成虫自 9 月中旬在蛹室附近咬向边材深 0.5 cm 的坑道，头向内在其中越冬，一部分在母坑道越冬。越冬成虫次年 5 月出蛰，分别在 6 月上旬和 7 月中旬有 2 个为害高峰期。在韧皮部与木质部间蛀棱形或近圆形交配室。交配后雌虫以交配室为中心上下凿出 5～6 条放射状母坑道，雌虫在凿道时一边蛀凿坑道一边产卵。每雌产卵 15～40 粒。幼虫孵化后在韧皮部与边材间蛀凿子坑道，子坑道同母坑道略垂直，坑道充满木屑。幼虫化蛹前 1～2 天停止取食。成虫羽化后于 8 月下旬在树上蛀深约 3～6 mm 育孔越冬。

（4）防治方法

①保持林地卫生，结合抚育采伐，清除虫害木和风折木。

②4 月中旬伐取小径木设置饵木诱杀，诱来后剥皮处理。

③药剂防治。用速灭杀丁等药剂喷雾防治。

2. 其他小蠹类（见表 5-3）

表 5-3　其他小蠹类

害虫种类	发 生 规 律	防治要点
柏肤小蠹	在河南 1 年 1 代，以成虫在柏树枝梢内越冬。次年 3 月下旬至 4 月中旬陆续出蛰，4 月中旬卵孵化。成虫于 6 月上旬出现，10 月中旬越冬	饵木诱杀。成虫为害时药剂防治
纵坑切梢小蠹	1 年 1 代，以成虫越冬。翌年 3 月下旬到 4 月中旬离开越冬处侵入松枝头髓部补充营养，后在健康树梢、衰弱树或新伐倒树木上筑坑、交配产卵。5 月卵孵化，幼虫期 15～20 天，6 月化蛹，7 月出现新成虫，10 月开始越冬	及时剪除被害枝梢、死梢。清理衰弱树、风折树、虫害木。饵木诱杀。成虫侵入新梢前药剂喷树冠

四、蛀干蛾类

1. 蔗扁蛾（彩图 64）

（1）分布与危害　蔗扁蛾（*Opogona sacchari*）寄主范围广泛，除危害巴西木、发财树、苏铁等观赏植物外，还危害甘蔗、香蕉、玉米、马铃薯等多种经济作物，寄主达 23 科 56 种。主要以幼虫钻蛀巴西木、发财树等木质层内上下蛀食，严重时只剩下一层薄的外表皮，里面充满虫粪。

（2）形态特征

①成虫。体黄褐色，长 8～10 mm，展翅 22～26 mm，前翅深棕色，中室端部和后缘各有一黑色斑点。前翅后缘有毛束，停息时毛束翘起如鸡尾状。后翅黄褐色，后缘有长毛。停息时触角前伸。雌虫前翅基部有一黑细线，可达翅中部。

②卵。淡黄色，卵圆形，长 0.5～0.7 mm。

③幼虫。乳白色透明。老熟幼虫长 30 mm，宽 3 mm。头红棕色，胴部各节背面有 4 毛片。

④蛹。棕色，离蛹。

（3）发生规律　1 年发生 3～4 代，以幼虫在土中越冬。翌年幼虫上树为害。幼虫期长达 45 天。幼虫老熟吐丝结茧化蛹，蛹期约 15 天。羽化前蛹顶破丝茧和树表皮，蛹体一半外露，羽化后外露蛹壳经久不落。成虫爬行能力很强，爬行迅速，像蜚蠊，可做短距离跳跃。成虫寿命约 5 天，有补充营养和趋糖习性。卵散产或成堆，每雌虫产卵 50～200 粒，卵期 4 天。幼虫孵化后吐丝下垂，很快钻入皮下为害。幼虫有食土习性，活动能力极强，行动敏捷。

（4）防治方法

①检疫处理。加强对内、对外植物检疫，严禁带虫巴西木继续从国外流入我国，同时严禁带虫巴西木在国内蔓延。用糖水和性诱剂诱杀成虫。

②化学防治。幼虫越冬入土期是防治有利时机，可用速杀性药剂灌浇茎受害处，并用毒土处理表土。温室内可药剂熏蒸或药剂喷雾。

③生物防治。当巴西木茎局部受害时可用斯氏线虫局部注射进行生物防治。

2. 其他蛀干蛾类（见表 5-4）

表 5-4 其他蛀干蛾类

害虫种类	发 生 规 律	防 治 要 点
柳扁蛾	以卵在地上或以幼虫在枝干髓部越冬。翌年5月开始孵化，6月中旬在林果或杂草茎中为害，8月上旬开始化蛹，8月下旬羽化为成虫，9月进入盛期	检疫处理。清除杂草。枝干涂白。低龄幼虫在地面活动期及时药剂防治。幼虫钻入树干后虫孔灌药
白杨透翅蛾	华北多1年1代。以幼虫在枝干隧道内越冬。翌年4月初取食为害，4月下旬幼虫开始化蛹，5月上旬开始羽化，盛期在6月中旬到7月上旬。5月中旬始见卵，幼虫9月底做茧越冬	选择抗虫树种。加强检疫。人工清除幼虫。药剂防治参照其他蛾类
芳香木蠹蛾	华北2年1代，以幼虫在被害树木的木质部或土里越冬。越冬幼虫次年4—5月化蛹，成虫在5—6月羽化。5—6月间幼虫孵化，10月下旬幼虫在木质部的隧道里越冬	伐除虫源树、清除有虫枝。灯光诱杀。幼虫孵化尚未潜入期药剂防治。用昆虫病原线虫防治木蠹蛾

第三节 刺吸类害虫及螨类

刺吸类害虫是指具有吸收式口器的昆虫和螨类。主要属于同翅目、半翅目和缨翅目和叶螨类。刺吸类害虫和螨类发生的特点是，种类多，分布广，食性杂，个体小，繁殖力强，发生代数多，世代重叠严重，种群上升快，危害重。

一、蝉、叶蝉和蜡蝉类

蝉、叶蝉和蜡蝉类都属同翅目，分别属于蝉科、叶蝉科和蜡蝉科。常见种类包括黑蚱蝉（*Cryptotympana atrata*）、大青叶蝉（*Tetigella viridis*）、桃一点叶蝉（*Erthaneura sudra*）、小绿叶蝉（*E. flavecens*）、葡萄二斑叶蝉（*Erythroneura apicalis*）和斑衣蜡蝉（*Lycorma delicatula*）。

1. 黑蚱蝉（彩图 65）

（1）分布与危害　黑蚱蝉别名黑蚱、黑蝉、蚱蝉、知了。分布我国各地。寄主范围很广，包括多种林木如杨、柳、榆、法桐、白蜡、刺槐、樱花、元宝枫、碧桃、红叶李等植物。

（2）形态特征　成虫体长 43～48 mm，翅展 122～130 mm。体黑色，具光泽。复眼淡赤褐色，头部中央及颊上方有红黄色斑纹。中胸背板宽大，中央有黄褐色"X"形隆起。2 对翅透明。前翅前缘淡黄褐色，前翅基部 1/3 黑色，翅基室黑色，具一淡黄褐色斑点。后翅基部 2/5 黑色，翅淡黄色及暗黑色。体腹面黑色。雌虫体长 38～44 mm，无鸣器，有听器，腹盖不发达，产卵器显著。

（3）发生规律　在陕西关中 5 年 1 代，以卵和若虫分别在被害枝木质部和土壤中越冬。老熟若虫 6 月底、7 月初开始出土羽化，7 月中旬至 8 月中旬达盛期；成虫于 7 月中旬开始产卵，7 月下旬至 8 月中旬为盛期，9 月中、下旬结束，卵期 10 个多月，并可以当年的卵越冬。越冬卵于 6 月中、下旬开始孵化，7 月结束，若虫孵化后即落地入土，11 月上旬越冬。若虫有 5 个龄期。成虫羽化量与当年降雨量密切相关。降雨多、土壤湿度大羽化多，通常大雨后会出现羽化高峰。成虫寿命约 45～60 天，产卵前需补充营养，产卵对枝条粗细有明显选择，喜在 0.4～0.85 cm 粗的枝条内产卵。1～2 年生枝条越粗其抗虫性越强。成虫具群栖和群迁性，在羽化盛期后少则数十头，多达近百头，晚上多群居于大树上。成虫具一定趋光性和趋火性。雄虫可鸣叫，以盛夏为甚，气温高鸣叫得越多，持续时间越长。

（4）防治方法

①园林技术防治。主要是加强林木的经营管理，增强树势，营造混交林。新造幼林或 1～4 年生果园，在大行间作套种玉米，既有利于树木，又可对蝉危害有明显的抑制作用。还可以进行树盘覆盖，用地膜、杂草、麦糠，麦秸等，障碍其老熟幼虫出土。

②生物防治。充分保护利用当地的自然天敌。

③人工防治。结合冬季修剪，剪去产卵枝条处理。老熟若虫出土成虫羽化盛期组织群众捕捉，于夜晚人工捕捉；成虫高峰期点火堆并晃树诱杀。

④化学防治。可进行地面喷药防治初孵若虫，在孵化前 1～2 天或初期可使用土壤处理颗粒剂对地表进行处理；苗圃幼苗在成虫羽化期可结合防治其他害虫树上喷雾处理。

2. 大青叶蝉（彩图 66）

（1）分布与危害　大青叶蝉我国分布广；可危害杨、柳、榆、槐、桑、桧柏、臭椿、桃、李等多种植物。以成虫、若虫刺吸枝梢、茎秆、叶片。成虫产卵危害也很大，产卵时锯破表皮，被害枝条伤痕累累，造成枝条枯死在越冬期间。

（2）形态特征

①成虫。体长 7～10 mm。青绿色，头冠、前胸背板及小盾片淡黄绿色。头冠前半部左右各有 1 组淡褐色弯曲横纹，近后缘处有 1 对不规则黑斑。前翅绿色带有青蓝色，前缘区淡白，端部透明，翅脉青黄色，具淡黑色窄缘。胸、腹部腹面及足橙黄色，跗爪及后足胫节内侧细条纹，刺列的每一刺基部黑色。

②卵。长椭圆形，长 1.6 mm，白色微黄，中间微弯曲，一端稍细，表面光滑。

③若虫。1～2 龄体灰白而微带黄绿色，2 龄体色略深，头冠部有二黑斑纹。3 龄体色黄绿，除头冠部有二黑斑外，胸、腹背面有 4 条暗褐色条纹，但胸侧 2 条只限于翅芽。4 龄若虫体色黄绿，翅芽发达，中胸翅芽达中胸节基部，腹末出现生殖节片。5 龄若虫中胸翅芽已与后胸翅芽等齐，超过腹部第 2 节，腹末有二生殖节片。

（3）发生规律　每年发生 3 代，以卵在阔叶、树干、枝条皮下越冬。在北京 3 代发生时间分别是 4 月上旬至 7 月上旬；6 下旬至 8 中旬；7 中旬至 11 中旬。4 月孵化的幼虫从产卵寄主转移到禾本科作物、蔬菜、杂草上为害，10 月霜降后迁至果树、杨、柳、刺槐等树木上产卵，10 下旬进入产卵盛期，随即越冬。夏卵多产在禾本科植物茎秆和叶鞘上；越冬卵多产在林木幼嫩光滑的主干和枝条上，以直径为 15～50 mm 的枝条着卵量最高。在 1～2 年生的苗木和幼树上，卵块多集中于 0～1 m 的主干上，离地面越近卵块密度越高。在 3～4 年生的幼树上，卵块多集中于 1.2～3.0 m 高的主干和侧枝上，底层的侧枝卵块多。成虫具强趋光性，喜欢扑灯。成虫产卵时以产卵器刺破寄主皮层，再用产卵管扩锯成弧形卵痕，产卵 1 排，每次产 7～8 粒，整齐斜插在卵痕内。

（4）防治方法

①物理机械防治。利用成虫强趋光性安装黑光灯诱杀或点火堆诱杀。结合修剪剪除带卵枝。成虫产卵前树干涂白。

②药剂防治。受害严重地区，在盛期喷洒菊酯类、叶蝉散等药剂防治。

③园林技术防治。苗圃避免种植秋季蔬菜和冬小麦，以免诱集成虫上树产卵。也可小面积种植作为诱集带，及时喷药防治第 3 代成虫，防止上树产卵。秋季第 3 代成虫、若虫喜好集中到冬小麦、蔬菜上为害，可用低残留农药防治蔬菜来防治大青叶蝉。

3. 桃一点斑叶蝉（彩图 67）

（1）分布与危害　又名桃小绿叶蝉、桃浮尘子。危害桃、梅、月季等植物。以刺吸嫩叶、花形成半透明斑点。落花后集中于叶背面；受害叶形成许多灰白斑点。严重时全树叶片苍白，提早脱落，树势衰弱。

（2）形态特征　成虫。体长 3.1～3.3 mm，全体绿色。初羽化时略有光泽，几天后体外覆盖一层白色蜡质。头顶端有一黑点（名称即由此而得），其外围有一白色晕圈。翅绿色半透明。若虫共 5 龄。成长若虫体长 2.4～2.7 mm，全体淡墨绿色，复眼紫黑色，翅芽绿色。

（3）发生规律　在南京 1 年 4 代，以成虫在常绿林（龙柏、马尾松、柳杉、侧柏）、落叶、杂草、树皮裂缝中越冬。3 月桃蕾萌芽从越冬处迁到桃、梅上取食，全年以 7～9 月在桃上密度最高。危害严重时，8 月桃树叶落光，气候适宜则当年又开花，严重影响来年开花结果。若虫喜群集叶背。受惊动快速横行爬动。成虫活动喜欢温暖晴朗的天气，厌雨湿、低温的天气，早晚及风雨时不活动；秋季干燥时常几十头在 1 个卷叶里。成虫可群集为害，常几十头群集于卷叶内为害。无趋光性。卵主要产在叶背主脉内，主脉基部较多；少数在叶柄内。每雌虫可产 46～165 粒卵。

（4）防治方法　化学防治要抓住 3 个关键时期：3 月越冬成虫迁入期；5 中下旬第 1 代若虫孵化盛期；7 月中、下旬果实采收后第 2 代若虫盛发期，选用高效低毒的药剂，例如扑虱灵，喷药次数视虫量而定，喷药时要充分喷及叶片背面。

4. 斑衣蜡蝉（彩图 68）

（1）分布与危害　斑衣蜡蝉别名棒皮蜡蝉、斑衣、红娘子。主要危害椿、槐、楝、楸、榆、青桐、杨、栎、枫、桃、李等植物。成、若虫刺吸寄主嫩梢幼叶的汁液，造成嫩梢萎焉、叶片枯黄、枝条畸形，使树木生长衰弱。

（2）形态特征

①成虫。体长 15～20 mm，翅展 40～56 mm，雄虫较小。复眼黑色向两侧突出。触角红色。前翅革质，基半部淡褐色，有黑斑 20 余个，端部黑色，脉纹淡白色。后翅基部 1/3 红色，有黑斑 7～8 个，中部白色，端部黑色。体翅常有粉状白蜡。

②幼虫。足长，头尖，停立如鸡。初孵若虫体长 4 mm，体背有白蜡粉斑点，头顶有脊起 3 条。触角黑色，具长形冠毛，为触角长的 3 倍。2 龄体长 7 mm，触角鞭节细小，冠毛短，略较触角长。3 龄体长 10 mm，白斑显著；冠毛长度与触角 3 节的和相等。4 龄体长 13 mm，翅芽明显，由中、后胸的两侧先后延伸。第 4 龄若虫体背呈红色，翅芽显露。

③卵。圆柱形，长 3 mm，宽 2 mm。卵粒平行排列整齐，每块有卵 40～50 粒，卵块上面覆有一层土灰色覆盖物。

（3）发生规律　在北方每年发生 1 代，以卵在树皮上越冬，翌年 4 月中旬孵化。6 月中旬出现成虫。成虫若虫均有群集性，常数十至数百头栖息枝干上或幼苗基部刺吸液汁，遇惊扰时，身体迅速向前侧方移动，或跳跃逃避，飞翔不远，很少超过 3 m。以 8—9 月危害最重，8 月中旬至 10 月下旬产卵于树干上，排列成行，上有蜡质保护越冬。秋季 8—9 月雨量少、气温高，往往猖獗成灾。

（4）防治方法　苗圃周围不种植臭椿等喜食寄主或作诱集植物进行集中防治。冬季结合去除卵块。保护天敌平腹小蜂，冬季搜集卵块，置于寄生蜂保护器中，加以保护。若虫初孵盛期结合防治其他害虫喷洒菊酯类药剂防治。

5. 其他常见蝉、叶蝉、蜡蝉类（见表5-5）

表 5-5　其他常见蝉、叶蝉、蜡蝉类

害虫种类	发　生　规　律	防治要点
褐斑蝉	数年1代，以若虫在土壤中越冬。若虫老熟后爬上树干羽化。7—8月产卵，卵一般当年孵化，次年孵化，若虫落地入土，刺吸根部	同黑蚱蝉
白蛾蜡蝉	以成虫在茂密枝叶上越冬，南方第1代若虫3—4月发生，成虫发生在5—6月。第2代成虫发生在9—10月份。成虫产卵成块于嫩梢和叶柄中。成虫、若虫善跳	成虫和若虫大发生时，可用触杀剂防治

二、木虱与粉虱类

木虱和粉虱属同翅目的木虱科和粉虱科。主要种类有黄栌丽木虱（*Calopkya rhois*）、梧桐木虱（*Thysanogyna libata*）、柑橘木虱（*Diaphorina citri*）。温室白粉虱（*Trialeurodes vaporariorum*）和南方的黑刺粉虱（*Aleurocanthus spiniferus*）等。

1. 中国梨木虱（彩图69）

（1）分布与危害　中国梨木虱食性较专一，危害梨。成虫及若虫吸食芽、叶及嫩梢汁液，受害的叶片发生褐色枯斑，可引起早期落叶。春季多集中于新梢、叶柄为害，夏、秋季多在叶背取食。分布于辽宁、华北、山东、宁夏、甘肃、江苏、浙江等地。

（2）形态特征

①成虫。有异型现象。越冬成虫体形较大，体长约5 mm，体深黑褐色；夏型成虫体形较小，体长约4 mm，体色黄绿。复眼红色，单眼3个，金红色。中胸背板上有4条红黄色（冬型）或黄色（夏型）纵纹。冬型翅透明，翅脉褐色；夏型前翅色略黄，翅脉淡黄褐色。

②若虫。初孵体椭圆形。淡黄色。复眼鲜红色。3龄以后，翅芽显著增大，体呈扁圆形，体背褐色，其中有红、绿斑纹相间。

③卵。圆形，长0.3 mm，黄褐色。

（3）发生规律　每年发生6～7代，以冬型成虫在树皮裂缝内、落叶、杂草及土缝中越冬。2月中旬成虫开始出蛰，2—3月初为出蛰盛期。3月中旬开始产卵，4月上旬为产卵盛期,盛花期为孵化盛期。4月下旬第1代若虫大量发生,以后各代世代重叠。到11月下旬成虫开始越冬,到12月中旬还有末代若虫,但若虫不能越冬。成虫在0℃即出蛰活动。具群居习性,活泼善跳。在不同时期产卵部位不同。越冬代成虫将卵产在1~2年生枝条叶痕处。卵黄色成串排列。第1代成虫多将卵产于叶柄沟内,少数在叶背;第2~5代成虫多将卵产于叶缘锯齿间,少数在叶脉周围;第6代成虫产卵于叶柄和枝条上。若虫隐蔽为害,喜欢在叶柄和叶丛基部(前期)、卷叶内、叶果粘贴处、果袋内、密闭果园叶背和其他阴暗处为害,给防治带来一定困难。耐寒性强,在气温降至-2℃时还有若虫在枝条上为害,并可产生分泌物。

(4)防治方法

①化学防治。2—4月中旬是成虫出蛰、产卵、卵孵化盛期,是防治的第1个关键期。可喷施3~5度石硫合剂,注意喷匀,树干、枝条正反面都要喷到。4月中旬至5月上旬,第1代若虫盛发期,是第2个关键防治时期。也可用吡虫啉、阿维菌素和苦蒿素防治。

②保护和利用天敌。可释放瓢虫、草蛉等天敌。

2. 黄栌丽木虱(彩图70)

(1)分布与危害 黄栌丽木虱寄主为黄栌,成虫与若虫吸食芽、叶。分布于辽宁、华北、山东、陕西、宁夏、安徽、湖南。

(2)形态特征

①成虫。体小而短粗,分冬、夏两型,冬型体长约2 mm,褐色稍具黄斑,头顶黑褐色,两侧及前缘稍淡,颊锥黄褐色,眼橘红色,触角10节,1~6节黄褐色,7~10节黑色,8~10节膨大,9~10节具长刚毛3根。后足胫节无基齿,端距4个,前翅透明,浅污黄色。脉黄褐色,臀区具褐斑,缘纹3个,腹部褐色。夏型体长约1.9 mm。除胸背桶黄色、腿节背面具褐斑外,均鲜黄色,美丽。

②若虫。复眼赭红色,胸、腹有淡褐斑,腹黄色。

③卵。椭圆形,黄色有光泽。

(3)发生规律 北京一年发生2代,以成虫在落叶内、杂草丛中、土块下越冬。翌年黄栌发芽时成虫出蛰活动、交尾产卵。4月下旬第1代卵孵化盛期,第1、第2代若虫为害期分别为5月下旬至6月上旬和7月。成虫产卵于叶背绒毛中、叶缘卷曲处或嫩梢上,每雌产卵120~300粒,卵期3~5天,若虫5龄,历期18~37天,若虫多聚集于新梢或叶片。

(4)防治方法

①冬季结合修剪,清除越冬卵。

②于4月成虫交尾产卵时或若虫发生盛期,向枝叶喷洒森得保可湿性粉剂、48%

乐斯本乳油或 25%扑虱灵可湿性粉剂。

3. 温室白粉虱（彩图 71）

（1）分布与危害　温室白粉虱原产于北美。现分布于全世界各国。主要危害我国北方地区。已知寄主有 82 科 281 种受害，包括花卉、蔬菜、果树、药材等。若虫、成虫聚集叶背吸食汁液，分泌蜜露，被害叶片变黄、萎焉，甚至枯死。

（2）形态特征

①成虫。体长 0.8~1.2 mm，翅展 1.7~2.3 mm，淡黄色。触角 7 节，基部 2 节粗短，淡黄色，鞭节细长，褐色，各节有 10 个环纹，末端具一刚毛。复眼哑铃形，红褐色。喙 3 节，口针细长，均为褐色。翅覆盖白色蜡粉，前翅具 2 脉，一长一短。后翅 1 脉。若虫共 3 龄。椭圆形，扁平。

②卵。长 0.2~0.25 mm，宽 0.06~0.09 mm。有卵柄，柄长约 0.03 mm。初产时淡黄色，后渐变黑褐色，孵化前可透见 2 个红色眼点。

③蛹。即 4 龄若虫，椭圆形，乳白色或淡黄色，长 0.7~0.8 mm，背面亚缘区有一圈短小的蜡刺，排成放射状，另有几对粗而长的蜡刺分布在亚缘区小蜡刺之间及背盘上。尾端有 2 根鬃状长毛。

（3）发生规律　在温室条件下 1 年 10 余代，世代重叠严重，各虫态都可越冬。春季后从温室向露地蔬菜转移扩散为害。7 月以前虫口密度增加慢，7—8 月虫口密度增长较快，8—9 月为害严重。10 月下旬气温降低向温室转移或越冬。成虫喜群集于嫩叶上取食，对黄色、绿色有趋性。可进行两性和孤雌生殖，两性后代都是雌虫，孤雌后代都是雄虫。成虫常产卵于叶反面，产卵位置随植株生长而升高，卵散产，有小卵柄插入叶片气孔，不易脱落。每雌产卵 300~600 粒。若虫共 3 龄，初孵幼虫在叶背面爬行，寻找取食场所，当口器插入组织内，失去爬行的机能时，开始营固定生活到 3 龄。羽化后第 1 天成虫蜡粉不多，不能飞行，但能迅速取食，第 2 天便可正常飞行。

（4）防治方法

①培育无虫苗进入无虫温室，苗房和生产温室分开。

②物理机械防治。利用成虫趋黄习性，温室内设黄色黏胶板诱杀大量成虫，加强温室透风口的防虫设施，如加防虫网。

③化学防治。必须连续几次用药。可用阿维菌素、吡虫啉、扑虱灵和啶虫咪防治。温室还可用熏蒸法和烟雾法防治。

④生物防治。可先用药剂防治，待药剂失效后释放丽蚜小蜂或草蛉。

4. 其他木虱与粉虱（见表 5-6）

表 5-6　其他木虱与粉虱

害虫种类	发 生 规 律	防治要点
梧桐木虱	在湖南每年 2 代，以卵越冬。越冬卵 4 月下旬至 5 月上旬孵化，5 月下旬至 6 月上中旬是若虫为害高峰期。第 1 代成虫 6 月上旬始见，高峰为 6 月下旬至 7 月上旬。第 2 代发生在 9～12 月	有条件可更换树种。若虫始盛期药剂防治
烟粉虱	1 年发生 10～12 代。在江西、北京发生盛期分别在 7～9 月、8～9 月，重叠世代严重	培育无虫苗。用丽蚜小蜂防治。合理安排茬口、布局。零星发生时药剂防治

三、蚜虫类

蚜虫属同翅目蚜总科，蚜虫种类繁多，许多观赏植物都能够受一种或几种蚜虫的危害。主要的种类有如蚜科的桃蚜（*Myzus persicae*）、月季长管蚜（*Macrosiphum rosivorum*）、棉蚜（*Aphis gossypii*）、绣线菊蚜（*A. citricola*）、苹果瘤蚜（*M. malisuctus*）；根瘤蚜科的梨黄粉蚜（*Aphamostigma iaksuiense*）、紫藤蚜（*Aulacophoroides hoffmanni*）等。

1. 桃蚜（彩图 72）

（1）分布与危害　桃蚜别名桃赤蚜、烟蚜。分布极广，可危害桃、李、杏、梅花、郁金香、海棠、夹竹桃、菊花、十字花科和杂草等 352 种植物。成虫、若虫刺吸为害，使叶片褪色、卷曲、皱缩，严重时可使叶片脱落，分泌的蜜露可招致煤烟病，还可传毒。

（2）形态特征

①有翅胎生雌蚜。体长 1.8～2.0 mm，头、胸部黑色，额瘤显著，向外倾斜，内缘圆，中额瘤微隆起，眼瘤也显著。触角 6 节，长 2 mm，除第 3 节基部淡黄色外，余均为黑色。翅透明，翅脉微黄。腹部绿色、黄绿色、褐色或赤褐色，背面有淡黑色斑纹。腹管细长。

②无翅胎生雌蚜。体长 1.8～2.15 mm，椭圆形，头部深褐色，胸、腹部黄绿色，覆盖白粉。腹部各节背面有暗色断续的横带。额瘤与有翅蚜同。腹管有缘突和切迹，表面有不明显瓦纹。尾片近等边三角形，具瓦纹，有毛 7～8 根。

（3）发生规律　桃蚜在华北每年 10 余代，以卵在桃枝梢、芽腋及缝隙处越冬。也可以成虫、若虫和卵在蔬菜的心叶及叶背越冬。翌年春 2—3 月桃树萌发时卵孵化，先群集在嫩芽上为害，后转移到花和叶上。另有一部分可从越冬寄主上迁移到桃树和观赏植物上为害,孤雌生殖 3～4 代,春末夏初繁殖为害最重。5—6 月产生有翅蚜,迁飞到夏寄主上(如十字花科蔬菜、马铃薯、烟草),5 月桃树上的蚜虫明显减少。10—11 月产生有翅蚜迁回到桃树,产生雄雌性蚜,交尾产卵越冬。

(4)防治方法

①园林技术防治。因地制宜选用抗虫品种。选择适当苗地,要远离桃、梨果园。注意田园卫生,及时处理枯叶、为害叶,清除杂草。拔除虫苗。发芽前刮粗皮,除树上残附物,集中灭越冬卵,为害早期摘除被害卷叶和被害枝梢。

②药剂防治。花卉种子基地、原种场等地可选用灭蚜松可湿性粉剂加适量载体,施在根际周围,每月追施一次。在桃蚜为害期,可选用溴氰菊酯、抗蚜威、吡虫啉等药剂喷雾防治。

③生物防治。利用蚜茧蜂、食蚜蝇、草蛉、瓢虫的控制作用,充分保护和利用以发挥其自然控制。人工释放天敌,在自然天敌不足时,可释放天敌。如冬季收集越冬瓢虫、草蛉,春季饲养一段时间后释放田间。

2. 月季长管蚜(彩图 73)

(1)分布与危害　分布于我国东北、华北、华东、华中等地。危害月季、野蔷薇、玫瑰、十姐妹、丰花月季、藤本月季、百鹃梅、七里香、梅花等。春、秋两季群居危害新梢、嫩叶和花蕾,影响观赏价值。

(2)形态特征

①无翅孤雌蚜。体型较大,长卵形,长 4.2 mm,头部土黄色至浅绿色,胸、腹草绿色,有时橙红色。头部额瘤隆起,明显向外突出。腹管黑色,长圆筒形,端部有网纹,其余为瓦纹,全长 1.3 mm。尾片较长,长圆锥形,有曲毛 7～9 根。

②有翅孤雌蚜。体长 3.5 mm,体稍带绿色,中胸土黄色,触角 2.8 mm。尾片有曲毛 9～11 根,特征与无翅孤雌蚜相似。

(3)发生规律　1 年发生 10～20 余代。以成蚜或若蚜在寄主芽眼间、草丛、落叶层中越冬,温室内冬季可继繁殖为害。春季萌发后越冬蚜在新梢嫩叶上繁殖,从 4 月上旬起开始为害。4 月中、下旬出现有翅蚜,5 月中旬是第 1 次繁殖高峰,7～8 月高温和连阴雨虫口少。秋季回迁月季等冬寄主上为害与产卵。每年的 5 月和 10 月前后繁殖最快,为害最普遍严重。

(4)防治方法

①保护和利用天敌。如寄生性的蜂类和捕食性的瓢虫类。当虫量较少时可喷清水冲洗,重点喷冲叶背和花蕾等虫口较多部位,以保护天敌。

②物理防治。温室和花卉大棚内,采用黄色黏胶板诱杀有翅蚜虫。

③大面积发生严重时,可喷施阿维菌素、吡虫啉、吡螨酮、灭蚜威、辟蚜雾等药剂。

3. 其他常见蚜虫（见表 5-7）

表 5-7　其他常见蚜虫

害虫种类	发生规律	防治要点
绣线菊蚜	1 年 10 余代，以卵在枝条芽缝或裂皮缝隙内越冬。北方梨区 4 月上中旬开始孵化，5 月上旬孵化结束，6—7 月是为害盛期	蚜初发期药剂涂干。越冬卵盛孵期和初孵幼蚜群集为害期药剂防治
苹果瘤蚜	以卵在多年生枝条的芽旁或剪锯处越冬。1 年 10 余代。次年发芽时卵开始孵化，5—6 月是为害高峰期。深秋初冬期产生有性蚜虫交配产卵越冬	结合夏剪，剪除受害枝梢。越冬卵孵化后及为害期可使用吡虫啉防治
紫藤蚜	危害紫藤。1 年 7~8 代，5—6 月发生最重，7 月虫口少，秋季再现为害小高峰	适当修剪使棚架通风透光
侧柏大蚜	1 年 10 余代，以卵在柏叶上越冬。3—4 月卵孵化，5 月中旬出现有翅蚜迁飞扩散为害。夏末秋初为害重，10 月出现性蚜，产卵多在小枝鳞片上越冬	春季发生不严重时尽量不要施药以保护天敌
秋四脉绵蚜	1 年 10 多代，以卵越冬。翌年 4 月下旬孵化，5 月下旬至 6 月上旬长成有翅雌蚜迁往高粱、玉米根部为害，9 月下旬又产生有翅性母飞回榆枝干上产生性蚜产卵越冬	药剂灌根防治
夹竹桃蚜	1 年 20 余代，以成若蚜越冬。第 2 年 4 月上、中旬开始活动。1 年内有 2 次为害高峰期，即 5—6 月、9—10 月	成虫高峰期网捕。摘除有卵叶。为害盛期喷药剂防治
荷缢管蚜	1 年 20 代。以卵越冬。翌春卵孵化，先在第 1 寄主为害。5 月有翅蚜飞向第 2 寄主荷花、睡莲、莼菜、芡实等水生植物上为害与繁殖。秋季产生有翅蚜飞向越冬场所	水生植物蚜虫防治选用药剂应注意对鱼类的毒害。可用灭蚜松、双硫磷等药剂
紫薇长斑蚜	1 年 10 多代，以卵越冬。翌春越冬卵孵化，6 月开始迁至紫薇上繁殖，8 月为害最重。10 月后陆续迁移过冬	清理越冬场所。盛期可药用杀螟松、喹硫磷、蚜虱净等药剂防治
紫藤蚜	1 年 7~8 代。每年 4 月零星发生，5 月底至 6 月中旬是为害盛期。夏天虫量少，秋凉后虫量复增	摘除或剪除虫枝。发生早期可药剂防治

四、蝽类

　　蝽类害虫俗称臭虫、臭屁虫、臭大姐。主要有茶翅蝽（*Halyomorpha picus*）、斑须蝽（*Dolycoris baccarum*）、麻皮蝽（*Erthesina fullo*）、梨网蝽（*Stephanitis nashi*）、

杜鹃冠网蝽(S. pyrioides)等。

1. 茶翅蝽(彩图 74)

(1)分布与危害　茶翅蝽又名臭木椿象、茶翅蝽象。分布于我国东北、北京、河北、河南、山东、江西、山西、陕西、四川、云南、贵州、湖北、安徽、江苏、浙江、广东、台湾等地。主要危害桃、杏、柑橘、海棠、梧桐、桑、柳等植物。

(2)形态特征

①成虫。体长约 15 mm,宽 8~9 mm,扁平,略呈椭圆形,茶褐色,体背面具许多黑褐色刻点。口器黑色,很长,先端可达第 1 腹节腹板。触角丝状,褐色 5 节,第 4 节两端和第 5 节基部为黄褐色。复眼球形黑色。前胸背板、小盾片和前翅革质部布有黑褐色刻点。

②若虫。初孵若虫体长约 2 mm,无翅,白色。腹背具黑斑,胸部及腹部第 1、第 2 节两侧有刺突,腹部第 3~5 节各有一红褐色瘤突。之后体渐变为黑色,形似成虫。

(3)发生规律　在辽宁、河北、山东、山西等地 1 年 1 代,江西 2 代。以成虫在墙缝、石缝、草堆、空房、树洞等场所越冬。在北方成虫一般在 4 月下旬开始出蛰,至 5 月上、中旬后迁入果园、苗圃造成全年第 1 次危害。成虫清晨不活泼,午后飞翔交尾。越冬成虫寿命可为 25~65 天,平均 39 天。成虫于 6 月上旬开始产卵,至 8 月中旬产卵结束。

(4)防治方法

①园林技术和物理防治。利用成虫喜在室内、场院、石缝和草堆等处越冬的习性进行人工捕杀。冬季清除枯枝落叶和杂草,集中烧毁消灭越冬成虫。在成虫产卵盛期摘除叶上卵块或若虫团。在为害期,清晨振落成虫、若虫进行人工捕杀。

②药剂防治。于越冬成虫出蛰结束和低龄若虫未分散之前、成虫产卵期和若虫期喷洒吡虫啉等药剂防治。

③保护和利用草蛉、蚂蚁、蜘蛛等天敌。

2. 梨网蝽(彩图 75)

(1)分布与危害　又名梨花网蝽、梨冠网蝽、梨军配虫,俗名花编虫。分布于我国东北、华北、山东、河南等地。梨网蝽寄主广泛,可危害梨、杨、月季、海棠、杜鹃、梧桐、苹果、樱桃、桃、李等。被害叶正面形成苍白斑点,叶背面黏附其褐色粪便和产卵留下蝇粪状黑点使整个叶背面呈现锈黄色。受害严重时叶片早期脱落。

(2)形态特征

①成虫。体长(连翅)3.5 mm,扁平,暗褐色。头小。触角线形,4 节,第 1、第 2 节短,第 3 节细长,第 4 节端半部略膨大。前胸背板向前突出成头兜,盖覆头部,两侧向外扩展成侧背板,约具 4 列小室。侧背板及前翅均半透明,具金属光泽。前翅具黑

褐色斑纹,两翅叠起时黑褐色斑纹呈"X"状。雄虫腹部稍瘦长,雌虫稍圆钝,产卵器呈弯钩状。

②卵。圆筒形,长 0.6 mm,一端稍弯曲。初产时淡绿色半透明,后变淡黄色。

③若虫。共 5 龄。初孵若虫透明无色,后变乳白色,不久腹部中央变为墨绿色,体渐变为灰色。第 2 龄若虫的翅芽灰色,极小隐约可见。第 3 龄若虫的翅芽明显,黑色,腹部背面中央有一前一后的白色发亮的圆形小斑点。成长若虫体淡褐色,体长1.9 mm,外形似成虫,头、胸、腹部两侧各生有刺状突起,头部有 5 根,前方 3 根,中部两侧各 1 根,胸部两侧各 1 根,腹部两侧各 1 根。

(3)发生规律 华北 1 年 3～4 代,以成虫在枯枝落叶、翘皮缝、杂草及土石缝中越冬。翌年 4 月上旬成虫开始活动,盛期在 4 月下旬到 5 月上旬。6 月初始见第 1代成虫,7 月中旬至 8 月上旬进入为害盛期,并出现世代重叠。10 月中旬后成虫陆续寻找适宜的场所越冬。产卵在叶背叶脉两侧的组织内,卵上附有黄褐色胶状物,卵期约 15 天。若虫活动能力弱,孵出后群集在叶背主脉两侧为害,蜕能长时间悬挂叶背面不脱落。

(4)防治方法

①人工防治。成虫春季出蛰活动前,彻底清除果园内及附近的杂草、枯枝落叶,集中烧毁或深埋,9 月间树干绑草把诱集越冬成虫,集中处理。

②化学防治。关键时期有两个:一是越冬成虫出蛰至第 1 代若虫孵化盛期;二是夏季大发生前进行药剂防治。

3. 其他常见蝽类(见表 5-8)

表 5-8　其他常见蝽类

害虫种类	发 生 规 律	防治要点
斑须蝽	内蒙古 1 年 2 代,以成虫在杂草、枯枝落叶等处越冬。4 月初活动,4 月底 5 月初幼虫孵化,第 1 代成虫 6 月初羽化,6 月中旬为产卵盛期。第 2 代于 6 月中下旬、7 月上旬幼虫孵化,8 月中旬开始羽化为成虫,10 月上中旬陆续越冬	成虫集中越冬或出蛰后集中为害时,振动植株使虫落地,迅速收集杀死。发生严重时药剂处理
麻皮蝽	在北方 1 年 1～2 代,南方 3 代。以成虫于温暖、荫蔽缝隙中越冬。次年 3 月中、下旬越冬成虫开始活动,5 月下旬至 6 月上旬交尾产卵。1～3 代成虫发生时间分别是 6 月、8—9 月和 10 月	保护和利用天敌。初孵幼虫未分散时进行捕捉。发生期可在树上喷施药剂防治
绿盲蝽	苏南、上海 1 年 5 代,以卵越冬。翌年 4 月上旬越冬卵孵化。5 月上旬出现成虫,9 月下旬开始产卵越冬	清除杂草。第 1 代低龄若虫期适时杀灭菊酯等药剂

五、蚧类

蚧类也称介壳虫,为同翅目蚧总科昆虫的俗称。常见有草履蚧(*Drosicha corpulenta*)、吹绵蚧(*Icerya purchasi*)、日本松干蚧(*Matsucoccus matsumurae*)、康氏粉蚧(*Pseudococcus cornstocki*)、紫薇毡蚧(*Eriococcus lagerostroemiae*)、红蜡蚧(*Ceroplastes rubens*)、日本龟蜡蚧(*C.japonicus*)、角蜡蚧(*C.cerifetus*)、褐软蚧(*Cocccus hesperidum*)、桑白盾蚧(*Pseuclaulacaspis pentagona*)、矢尖盾蚧(*Unaspis yanonensis*)、拟蔷薇白轮盾蚧(*Aulacaspis rosarum*)、常春藤圆盾蚧(*Aspidiotus nerii*)、糠片盾蚧(*Parlatoria Pergandii*)等。危害较重的有草鞋蚧、日本松干蚧、日本龟蜡蚧、桑白盾蚧等。

1. 草履蚧(彩图 76)

(1)分布与危害 草履蚧别名日本履绵蚧、草履硕蚧、草鞋介壳虫,属绵蚧科。分布于我国东北、华北、华中、华东和西北东部。寄主有白蜡、法桐、杨、柳、刺槐、悬铃木、月季、花椒等。若虫和雌成虫刺吸幼嫩枝芽和树干汁液,造成发芽推迟,树势衰弱,枝梢枯萎,其排泄物污黑树体。

(2)形态特征

①成虫。雌成虫无翅,扁平椭圆形,背面略突,有褶皱,似草鞋。体长 7～10 mm,宽 4～6 mm。背面暗褐色,背中线淡褐色,周缘和腹面橘黄色至淡黄色,触角、口器和足均黑色。体被白色薄蜡粉,分节明显。雄成虫紫红色,体长 5～6 mm,翅展约 10 mm。头胸淡黑到深红褐色。黑色复眼突出。丝状触角 10 节,黑色。后翅为平衡棒。

②卵。椭圆形,初产时淡黄色,后渐呈赤褐色。产于棉絮状卵囊内。

③若虫。外形与雌成虫相似,但体小,色深。触角节数因虫龄而不同,1～3 龄各为 5、6、7 节。

④蛹。长 4～6 mm,触角可见 10 节,翅芽明显。

⑤茧。长椭圆形,白色,蜡质,絮状。

(3)发生规律 1 年发生 1 代。以卵在卵囊内于树木附近建筑物缝隙里、砖石块下、草丛中、根颈处和 10～15 cm 土层中越冬,极少数以初龄若虫过冬。在苏北越冬卵于 2 月上旬至 3 月上旬孵化。初孵若虫暂栖于卵囊内,2 月中旬随气温升高开始上树,2 月底达盛期,3 月下旬基本结束。个别年份气温偏高,则头年 12 月就有若虫孵化,上树为害可提前 15 天。若虫出蛰后,爬上寄主主干,在树皮缝内或背风处隐蔽,于 10～14 时在树上向阳面活动,沿树干爬至嫩枝、幼芽等处取食。初龄若虫不活泼,多在树洞或树杈等背风隐蔽处群居。若虫于 4 月初第 1 次蜕皮。4 月下旬第 2

次蜕皮,雄若虫不再取食,潜伏于树缝、皮下、土缝或杂草处,分泌大量蜡丝缠绕化蛹。蛹期10天左右。5月上、中旬雄虫大量羽化。雄成虫不取食,傍晚群集飞舞觅偶交尾。阴天整日活动,寿命约10天。雄成虫有趋光性。4月底到5月中旬,雌若虫第3次蜕皮为成虫。交尾盛期在5月中旬,交尾后雄虫即死去,雌虫继续吸食。6月中、下旬雌虫开始下树爬入墙缝、土缝、石块下、树根颈及表土层等处,分泌白色棉絮状卵囊,产卵于其中越夏过冬。雌虫产卵后即死去。

(4)防治方法

①人工防治。秋冬结合挖树盘、施基肥等操作挖除树干周围的卵囊,集中销毁。早春在树干基部刮除老皮缠绕光滑塑料薄膜带,阻止若虫上树,或若虫上树前和雌虫下树前在树干离地约60 cm处涂20 cm宽的黏虫胶。黏虫胶可用废机油、松香按2∶1或用废机油、沥青按1∶1的比例加热熔化制备。在雌虫下树前于树颈周围挖环状沟,填满杂草引诱雌成虫产卵,产卵结束后集中销毁杂草。

②生物防治。保护和利用天敌。可用黑缘红瓢虫、红环瓢虫控制危害,一方面使用化学防治应注意保护,另一方面秋、冬树下可留适量杂草,为瓢虫安全过冬提供场所。

③化学防治。在若虫上树初期,在树干上刮皮涂上乐果或久效磷原液,并缠绕光滑塑料薄膜带,阻止若虫上树。或在若虫刚出土还未上树时用溴氰菊酯或吡虫啉每隔7天喷雾防治,连续2~3次,集中喷杀防治。

2. 其他常见蚧类(见表5-9)

表5-9 其他常见蚧类

害虫种类	发生规律	防治要点
吹绵蚧	在南方1年3~4代,长江流域2~3代,华北温室2代。以若虫、雌成虫或卵越冬	通过迁移、释放澳洲瓢虫和大红瓢虫进行生物防治
康氏粉蚧	河北1年发生3代。以卵在枝与皮缝和树干基部石块、土块下等处越冬。若虫在枝叶幼嫩处为害。各代若虫盛孵期分别在5月中、下旬,7月中、下旬和8月下旬	冬季刮粗皮,刷除卵囊。各代若虫盛孵期药剂防治人工释放孟氏隐唇瓢虫
褐软蚧	北京1年4~5代。以成虫或若虫越冬。次年2月中旬,雌成虫在温室内产卵于其体下。2月底第1代若虫孵化为害,于3月上旬固定于某一部位取食。5月下旬,第2代若虫孵化,多往上爬行,6月初若虫固定。7月下旬,第3代若虫孵化为害,10月中旬第4代若虫孵化为害,12月上旬第5代若虫孵化为害	人工刷除雌虫。于若虫孵化期用药防治

续表

害虫种类	发 生 规 律	防治要点
红蜡蚧	1年1代,以受精雌成虫在寄主枝条上越冬;雌若虫多集中于嫩枝上,雄若虫多集中于嫩叶上,6月上、下旬为若虫孵化盛期,是化学防治最佳时机	及时合理修剪,改善通风透光,减轻危害。在若虫孵化盛期药剂防治
角蜡蚧	1年1代,以受精雌成虫在枝干上越冬。翌春继续为害,6月产卵于体下。交配后雄虫死亡,雌虫继续为害至越冬	剪虫枝或刷除虫体。冬枝条结冰凌时用木棍敲打树枝振落虫体。刚落叶或发芽前喷柴油乳剂

六、蓟马类

蓟马类是缨翅目中的一类小型昆虫的统称。种类多,个体小,行动敏捷,能飞善跳,可危害植物嫩梢、叶片及果实,是花卉及林木的重要害虫之一。常见的种类有花蓟马(*Frankliniella intonsa*)、烟蓟马(*Thrips tabaci*)等。

1. 花蓟马(彩图 77)

(1)分布与危害　花蓟马又名台湾蓟马,属蓟马科。分布于我国华南、华东等地。可危害香石竹、唐菖蒲、大丽花、美人蕉、木槿、菊花、扶郎花、凤仙花、矮牵牛等多种花木。在花内危害花冠、花蕊,在子房周围最多,损害繁殖器官;花冠受害后出现横条或点状斑纹,最严重的可使花冠变形、萎蔫以致干枯,对观赏价值有很大影响。

(2)形态特征

①成虫。体长 1.3～1.5 mm,雌虫淡褐色至褐色,雄虫黄白色。触角 8 节,头部比前胸略短,各单眼内缘有橙红色月晕,单眼间鬃长,位于单眼三角形连线上。前胸背板前缘角具有长鬃 1 根,后缘角具有长鬃 2 根。前翅上脉鬃连续 20～21 根,下脉鬃 14～16 根,皆均匀排列,间插缨 7～8 根。

②卵。肾形,一端较方,且有卵帽,长约 0.3 mm。

③若虫。二龄若虫体长 1.0 mm 左右,黄色,复眼红色。

(3)发生规律　在南方 1 年 11～14 代,在华北、西北地区 6～8 代。以成虫在枯枝落叶层、土壤表皮层中越冬。翌年 4 月中、下旬出现第 1 代。10 月下旬、11 月上旬进入越冬代。10 月中旬成虫数量明显减少。该蓟马世代重叠严重。成虫寿命春季为 35 天左右,夏季为 20～28 天,秋季为 40～73 天。雄成虫寿命较雌成虫短。成虫羽化后 2～3 天开始交配产卵。卵单产于花组织表皮下,每雌可产卵

77～248 粒,产卵历期长达 20～50 天。每年 6—7 月、8—9 月下旬是该蓟马的为害高峰期。

(4)防治方法

①园林技术防治。清除田间及周边杂草。及时喷水、灌水和浸水对花蓟马有控制作用。

②药剂防治。在发生高峰期可用吡虫啉、扑虫灵等药剂防治。

2. 其他常见蓟马类(见表 5-10)

表 5-10 　其他常见蓟马类

害虫种类	发 生 规 律	防治要点
烟蓟马	华北 1 年 3～4 代,山东 6～10 代,华南 20 代以上。以成虫、若虫在土表、枯枝落叶内越冬。次年 3～4 月开始活动。完成 1 代约需 20 天	同花蓟马
黄胸蓟马	1 年 10 多代,热带区 20 多代,温室长年发生。以成虫在枯枝落叶下越冬。翌年 3 月初开始活动为害	用蓝色黏虫带诱捕

七、螨类

害螨俗称红蜘蛛,常见害螨主要有朱砂叶螨(*Tetranychus cinnabarinus*)、山楂叶螨(*T. viennensis*)、二斑叶螨(*T. urticae*)、苹果全爪螨(*Panonychus ulmi*)、跗线螨科的茶黄螨(侧多食跗线螨)(*Polyphagotarsonemus latus*)等种类。

1. 朱砂叶螨(彩图 78)

(1)分布与危害　朱砂叶螨又名棉红蜘蛛、棉叶螨、红叶螨。分布我国各地。危害多种花卉、果树和杂草。以成、若螨常在叶背为害,受害叶片先出现白色小斑点,后斑点连成片,使叶面变红、干枯、脱落,甚至整株枯死。

(2)形态特征

①成虫。成螨雌体长 0.48～0.55 mm,宽 0.32 mm,椭圆形,体色常随寄主而异,多为锈红色至深红色,体背两侧各有 1 对黑斑,肤纹突三角形至半圆形。雄体长 0.35 mm,宽 0.2 mm,前端近圆形,腹末稍尖,体色较雌浅。

②卵。长 0.13 mm,球形,浅黄色,孵化前略红。

③若虫。幼螨有 3 对足。若螨 4 对足与成螨相似。

(3)发生规律　北方 1 年 12～15 代,长江中下游 18～20 代,华南 20 代以上。长江中下游地区以成螨、部分若螨,华北以受精雌成螨于向阳处的枯叶内、杂草根际及土块、树皮裂缝内越冬。苗圃、温室大棚也是重要越冬场所。次年 2 月上旬越冬雌成螨开始活动、产卵繁殖。在长江流域冬季气温较高仍可取食、繁殖为害。早春温度上升到 10℃ 时开始大量繁殖。一般在 3—4 月先在杂草或蚕豆、豌豆等作物上取食,4月中、下旬开始转移到豆类、茄子、辣椒、瓜类等蔬菜上为害。开始时呈点片发生,以后以受害株为中心逐渐扩散。6 月以前田间数量较少,一般为害较轻;6 月上、中旬田间种群数量迅速上升,7 月上、中旬达高峰。一年中 6—8 月是猖獗为害时期,8 月上、中旬后种群急剧下降,10 月中下旬后开始越冬。该螨以两性生殖为主,也可孤雌生殖。雌螨一生只交配一次,雄螨可多次交配。雌螨交配后 1~3 天即可产卵。卵散产,多产于叶背面。

(4)防治方法

①园林技术防治。早春、秋末清洁田园。及时清除残株败叶可以消灭部分虫源。早春及时铲除杂草,可消灭早春寄主。在天气干旱时,注意灌溉并结合施肥,促进植株健壮,增强抗虫力。

②化学防治。在点片发生阶段及时挑治以免暴发危害。在朱砂叶螨发生早期,可用杀卵效果好残效期长的药剂,如尼索朗、螨死净、螨及死。当田间种群密度较大并已经造成一定危害时,可用速效杀螨剂,如阿维菌素、哒螨酮、唑螨酯、除尽、复方浏阳霉素、克螨特等防治。

2. 其他常见螨类(见表 5-11)

表 5-11　其他常见螨类

害虫种类	发生规律	防治要点
二斑叶螨	南方 1 年 20 代以上,北方 12~15 代。6 月中旬至 7 月中旬为猖獗为害期,9 月陆续向杂草上转移,10 月陆续越冬	同朱砂叶螨
山楂叶螨	辽宁 1 年 5~6 代,山西 6~7 代,河南 12~13 代。以受精雌螨在缝隙及干基土缝群集越冬。翌春日均温 9~10℃ 出蛰危害芽,盛花期为产卵盛期。落花后出现第 1 代成螨,第 2 代卵在落花后 30 余天达孵化盛期,此后世代重叠	萌芽前刮粗皮及翘皮。每叶有螨 4~5 头时用石硫合剂等杀螨剂防治
茶黄螨	1 年 20 多代,露地以成螨越冬;温室无越冬。每世代历期都很短。一般 6 月下旬至 7 月中旬发生,8—9 月份是为害高峰,10 月后虫口数量随气温下降而减少	加强植物检疫。注意田园卫生。注意早期防治。喷药重点是柔嫩部位。喷药要喷头朝上喷叶背面

第四节 潜叶及卷叶类害虫

一、潜叶蝇类

1. 美洲斑潜蝇(彩图 79)

美洲斑潜蝇(*Liriomyza sativae Blanchard*)别名:蔬菜斑潜蝇、美甜瓜斑潜蝇、苜蓿斑潜蝇。隶属于双翅目潜叶蝇科。

(1)分布与危害 美洲斑潜蝇原产于南美洲,主要分布在巴西。我国除青海、西藏和黑龙江以外均有不同程度的发生,尤其是发生在我国的热带、亚热带和温带地区。成、幼虫均可为害,幼虫潜入叶片和叶柄为害,产生不规则蛇形白色虫道,严重的造成毁苗。

(2)形态特征

①成虫。小,体长 1.3～2.3 mm,浅灰黑色,胸背板亮黑色,体腹面黄色,雌虫体比雄虫大。

②卵。米色,半透明。

③幼虫。蛆状,初无色,后变为浅橙黄色至橙黄色,长 3 mm。

④蛹。椭圆形,橙黄色,腹面稍扁平。

(3)发生规律 雌虫把卵产在部分伤孔表皮下,卵经 2～5 天孵化,幼虫期 4～7 天,末龄幼虫咬破叶表皮在叶外或土表下化蛹,蛹经 7～14 天羽化为成虫,每世代夏季 2～4 周,冬季 6～8 周,美洲斑潜蝇等在我国南方周年发生,无越冬现象。世代短,繁殖能力强。

(4)防治方法

①严格检疫,防止该虫扩大蔓延。

②园林技术防治。适当疏植,增加田间通透性;及时清洁田园,把被斑潜蝇危害的作物残体集中深埋、沤肥或烧毁。

③采用灭蝇纸诱杀成虫。在成虫始盛期至盛末期,用诱蝇纸诱杀成虫。

④化学防治。成虫发生期用烟熏剂熏杀成虫。早初见小蛀道为害,早期喷爱福丁和氯氰菊酯防治。

2. 南美斑潜蝇(彩图 80)

南美斑潜蝇(*Liriomyza huidobrensis*(Blanchard))别名斑潜蝇,隶属于双翅目潜叶蝇科。

（1）分布与危害 我国云南、贵州、四川、青海、山东、河北、北京等省市已有危害蚕豆、豌豆、小麦、大麦、芹菜、烟草、花卉等的报道，是危险性特大的检疫对象。造成幼苗枯死，破坏性极大。该虫幼虫常沿叶脉形成潜道，幼虫还取食叶片下层的海绵组织，从叶面看潜道常不完整，别于美洲斑潜蝇。

（2）形态特征

①成虫。翅展 1.7～2.25 mm，额明显突出于眼，橙黄色，内外顶鬃着生处暗色。中胸背板黑色稍亮，后角具黄斑，中鬃散生，仅上方黄色。足基节黄色具黑纹，腿节黄色，具黑纹，胫节、跗节棕黑色。

②幼虫。体白色，后气门突具 6～9 个气孔开口。

③蛹。初期呈黄色，逐渐加深直至深褐色。

（3）发生规律 南美斑潜蝇在北京 3 月中旬开始发生，6 月中旬以前数量不多，以后虫口逐渐上升，7 月初达到最高虫量，后又下降。该虫主要发生在 6 月中、下旬至 7 月中旬。占潜蝇总量的 60%～90%，是这一时期田间潜叶蝇的优势种。

（4）防治方法 参见美洲斑潜蝇。

二、潜叶蛾类

1. 桃潜叶蛾（彩图 81）

桃潜叶蛾（*Lyonetia prunifoliella*）别名：吊丝虫，隶属于鳞翅目、潜蛾科。

（1）分布与危害 在北方大部分桃产区都有分布。主要危害桃、李、杏、樱桃、苹果和梨。以幼虫在叶片内潜食叶肉，造成迂回弯曲的蛀道，叶片表皮不破裂，从外面可看到幼虫所在位置。幼虫排粪于蛀道内。虫口密度大时，叶片枯焦，提前脱落。

（2）形态特征

①成虫。体长 3～4 mm，翅展约 10 mm，分夏型和冬型。夏型成虫银白色，有光泽，前翅狭长，白色，近端部有一个边缘褐色的长卵圆形黄斑，斑外侧有 4 对斜形的褐色纹，翅尖有一黑斑。后翅披针形，灰黑色。冬型成虫前翅前缘基半部有黑色波状斑纹，其他同夏型。

②卵。白色，半透明，球形，产在叶片背面叶缘组织内。

③幼虫。老熟幼虫体淡绿色，稍扁。

④茧。长约 6 mm，白色，在一担架形的丝幕上做茧。

⑤蛹。淡绿色。

（3）发生规律 每年发生 6～8 代，以蛹在被害叶片上结茧越冬。翌年 4 月桃展叶后成虫羽化，卵散产叶组织内。完成 1 代需要 20～30 天，世代不整齐。桃潜叶蛾成虫趋光性强,对黑光灯、白炽灯均有较强的趋性。成虫有较强的迁移能力,可迁飞 500 m 以上;夏型成虫有迁移为害习性,可从受害重、提早落叶的区域迁移到受害较轻的区域继续为害。

(4)防治方法

①人工防治。冬季或早春,清扫桃园内的落叶、杂草,集中烧毁,消灭越冬成虫和蛹。

②药剂防治。药剂防治要做到群防联防,重点做好 1、2 代虫的防治,有效控制、压低全年的虫源基数。

2. 金纹细蛾(*彩图 82*)

金纹细蛾(*Lithocolletis ringoniella* Matsumura)别名:金纹小潜叶蛾、苹果细蛾,隶属于鳞翅目细蛾科。

(1)分布与危害　分布很广,主要危害苹果,也可危害梨、沙果、李、海棠、桃、樱桃等。幼虫潜伏在叶背面表皮下取食叶肉而使表皮与叶肉分离,被害叶片背面产生黄色斑点,危害严重时可导致叶片早期脱落而影响树势和植株的生长发育。

(2)形态特征

①成虫。体长约 2.5 mm,前翅狭长、金黄色,前翅端部前后缘各有 3 条白褐相间的放射状条纹。后翅灰色、尖细,缘毛很长。

②卵。乳白色,半透明,有光泽,扁椭圆形,长约 0.3 mm。

③幼虫。扁纹锤形,黄色,老熟幼虫长约 6 mm,胸足和臀足发达,3 对腹足不发达。

④蛹。长约 4 mm,黄绿色,复眼红色。

(3)发生规律　以蛹在被害叶片中越冬。成虫多在早晨和傍晚前后活动,产卵于嫩叶背面,单粒散产。幼虫孵化后从卵和叶片接触处咬破卵壳,直接蛀入叶内为害。幼虫老熟后在虫斑内化蛹,羽化时蛹壳一半露出虫斑外面。

(4)防治方法

①人工防治。果树落叶后清除落叶,集中烧毁,消灭越冬蛹。

②药剂防治。防治的关键时期是各代成虫发生盛期。其中在第 1 代成虫盛发期喷药,防治效果优于后期防治。

③生物防治。金纹细蛾的寄生性天敌很多,其中以金纹细蛾跳小蜂数量最多,其发生代数和发生时期与金纹细蛾相吻合,产卵于寄主卵内,为卵和幼虫体内的寄生蜂,应加以保护利用。

3. 其他常见潜叶蛾（见表 5-12）

表 5-12　其他常见潜叶蛾

害虫种类	发 生 规 律	防治要点
旋纹潜叶蛾	以蛹态在茧中越冬。越冬代在 5 月中旬发生,第 1、第 2 代分别在 6 月中、下旬和 7 月中、下旬发生,第 3 代在 8 月中旬至 9 月上旬发生;2 代以后各代发生期有重叠现象	冬春季彻底清除落叶、枯枝,并刮除老树皮,集中烧毁。在生长季节,发生较轻摘除被害叶,杀死其中的幼虫。各代成虫盛发期。可用 50% 杀螟松等防治
杨白潜叶蛾	1 年发生 4 代,以蛹在树干皮缝等处"H"形白色薄茧内越冬。翌年 4 月中、下旬杨树放叶后成虫羽化,成虫趋光,产卵于叶面主、侧脉两边,数粒成行。幼虫孵出后从卵底咬孔潜蛀叶内蛀食叶肉,常有多条幼虫同时蛀食,蛀道扩大连成一片;树干光滑的幼树树干则很少被结茧	参考桃潜叶蛾
槐潜叶蛾	北京 1 年 3 代,以蛹在枝干或建筑物上结茧越冬。翌年 4 月底 5 月初成虫羽化。卵散产在叶片。5 月第 1 代幼虫孵化,6 月底第 2 代幼虫孵化为害,8 月中旬第 3 代幼虫孵化为害,10 月幼虫爬出叶肉	参考桃潜叶蛾

三、卷叶蛾类

1. 褐卷叶蛾（彩图 83）

褐卷叶蛾（*Pandemis heparana* Denis & Schiffermüller）别名:舔虫、褐卷蛾、苹果褐卷叶蛾、褐带卷叶蛾,隶属于鳞翅目、卷叶蛾科。

（1）分布与危害　我国主要分布在东北、华北、华东等地。主要危害绣线菊、苹果、桃、李、杏、樱桃、梨、桑、山楂、榆、柳。幼虫取食新芽、嫩叶和花蕾,常吐丝缀叶,隐藏在卷叶、缀叶内取食为害。

（2）形态特征

①成虫。全身黄褐色或暗褐色,前翅基部有一暗褐色斑纹,前翅中部前缘有一条浓褐色宽带,带的两侧有浅色边,前缘近端部有一半圆形或近似三角形的褐色斑纹,后翅淡褐色。

②卵。扁圆形,长约 0.9 mm,初为淡黄绿色,近孵化时变褐。数十粒排成鱼鳞状卵块,表面有胶状覆盖物。

③幼虫。体灰绿色,后缘两侧常有一黑斑。

④蛹。长约 11 mm,头和胸部背面暗褐色,稍带绿色。

(3)发生规律　以幼龄幼虫在树体枝干的粗皮下、裂缝、剪锯口周围的死皮内结白色丝茧越冬。翌年寄主萌芽时出蛰危害嫩芽、幼叶、花蕾,严重的不能展叶、开花、坐果。成虫有趋化性,产卵于叶正面。刚孵化的幼虫群栖在叶背主脉两侧或前一代幼虫化蛹的卷叶内为害,稍大后分散卷叶或舐食果面为害。幼虫活泼,遇有触动,离开卷叶,吐丝下垂,随风飘移至他枝为害,幼龄幼虫于 10 月上旬开始进入越冬。成虫对糖醋液有趋性。

(4)防治方法

①园林技术防治。彻底刮除树体粗皮、翘皮、剪锯口周围的死皮,消灭越冬幼虫,或树冠内挂糖醋液诱盆诱集成虫,配液用糖∶酒∶醋∶水为 1∶1∶4∶16 配制。

②生物防治。释放赤眼蜂,在发生期隔株或隔行放蜂,每代放蜂 3～4 次,间隔 5 天,每株放有效蜂 1000～2000 头。

③化学防治。越冬幼虫出蛰盛期及第一代卵孵化盛期后是施药的关键时期。

2. 苹小卷蛾

苹小卷蛾(*Adoxophyes orana*(Fischer von Röslerstamm))别名:棉褐带卷蛾、苹小黄卷蛾,隶属于鳞翅目卷蛾科。

(1)分布与为害　我国大部分地区有分布。其食性杂,寄主范围广,主要危害梨、苹果、桃和李等树木。幼虫危害树木的芽、叶、花和果实。小幼虫常将嫩叶边缘卷曲,并吐丝缀合数叶。大幼虫将 2～3 张叶片缠在一起,卷成"饺子"状虫苞,并取食叶片成缺刻或网状。将叶片缀贴果上,啃食果皮,受害果实上被啃食出形状不规则的小坑洼。

(2)形态特征

①成虫。长 6～8 mm,体黄褐色,静止时呈钟罩形,前翅基斑褐色,中带上半部狭,下半部向外侧突然增宽,似斜"h"形。

②卵。扁平,椭圆形,淡黄色,数十粒排成鱼鳞状卵块。

③幼虫。老熟幼虫体长 13～18 mm,黄绿色至翠绿色,臀栉 6～8 根。

④蛹。长 9～11 mm,黄褐色,腹部 2～7 节,背面各有两行小刺,后行小而密。

(3)发生规律　北京一年发生 3 代,以 2～3 龄幼虫在剪锯口、枝干翘皮缝内结茧越冬。翌年春季 4 月开始出蛰,爬至芽及嫩叶上取食为害。成虫白天静伏于叶背,夜间活动,有趋光性及趋化性,尤其对糖醋味和果醋的趋性很强。成虫寿命 4～6 天,羽化 1～2 天后即可产卵,每雌可产卵 200 粒左右,孵化率很高,达 70％以上。幼虫孵化后吐丝下垂分散,先在叶背主脉两侧吐丝结网,潜食叶肉或在重叠的叶片间取食叶肉,以后转移到果实上啃食表皮。

(4)防治方法

①消灭越冬幼虫。在果树休眠季节刮除剪锯口、老翘皮、粗皮,集中烧毁。

②摘除虫苞。于幼虫发生为害期间,人工摘除虫苞或将虫掐死。

③诱杀成虫。于成虫发生期间,在果园内挂性诱芯或糖醋液盆,诱杀成虫。

④药剂防治。在越冬幼虫出蛰期和各代幼虫孵化盛期进行药剂防治。

四、卷叶螟类

1. 黄杨绢野螟(彩图 84)

黄杨绢野螟(*Diaphania perspectalis*(Walker))别名:黄杨黑缘螟蛾,隶属于鳞翅目螟蛾科。

(1)分布与危害　分布于我国陕西、河北、江苏、浙江、山东、上海、湖北、湖南、广东、福建、江西、四川、贵州、西藏等地。危害黄杨、雀舌黄杨、庐山黄杨、朝鲜黄杨等。幼虫常以丝连接周围叶片作为临时性巢穴,在其中取食,发生严重时,将叶片吃光,造成整株枯死。

(2)形态特征

①成虫。体被白色鳞毛,体长 20～30 mm,翅展 40～50 mm。前翅基部、前缘、外缘及后翅外缘,腹部末端被黑褐色鳞毛,故称为黑缘螟蛾。翅面半透明,有紫红色闪光。

②卵。长圆形,底面光滑,表面隆起,长 1.5 mm,初产时淡黄绿色,近孵化时为黑褐色。

③幼虫。圆筒形,老熟时全长 42 mm,头部黑褐色,胸、腹部浓绿色。

④蛹。纺锤形,长 18～20 mm。初化蛹时为翠绿色,后呈淡青色至白色,翅芽及复眼黑褐色至黑色。

(3)发生规律　北京一年发生 2 代,以幼虫在寄主两张叶片构成的巢内越冬。成虫羽化后,夜间交配,次日产卵;卵多产于叶背。幼虫孵化后经 5～12 小时后开始取食,一生取食 80～100 片叶,取食期间常用丝连接周围叶片作临时性巢穴。越冬幼虫做巢后,即在其中蜕皮化蛹。

(4)防治方法

①成虫产卵期,每隔 2～3 天检查和摘除卵块 1 次,在早晨或傍晚太阳斜射时检查较易发现。

②幼虫为害期喷布杀螟松、杀螟杆菌等。

第五节　地下害虫

地下害虫,又叫土壤害虫、土栖害虫,是指活动为害期间生活在土壤中,危害植物地下部分或者近地面的害虫。主要取食植物种子、根、茎、块根、块茎、幼苗、嫩叶及生长点等,常造成缺苗、断垄或植株生长不良。地下害虫种类繁多,约有 320 多种。常见的种类是蝼蛄、蟋蟀;金龟子、金针虫、地老虎;种蝇。其中以金龟子、金针虫、地老虎、蝼蛄、种蝇危害较大。

一、蛴螬类

蛴螬是鞘翅目金龟子科幼虫的总称。幼虫别名:地狗子、白土蚕;成虫别名:铜克朗、瞎碰、金克朗。我国已知 1000 多种,重要的有 30 余种,如大黑鳃金龟($Holotrichia\ diomphalia$)、黑绒金龟($Maladera\ orientalis$)、铜绿丽金龟($Anomala\ corpulenta$)、苹毛金龟子($Proagopertha\ lucidula$)、毛黄鳃金龟($H.\ trichophora$)、小青花金龟($Oxycetonia\ jucunda$)及大云鳃金龟($Polyphylla\ laticollis$)等。

1. 大黑鳃金龟(彩图 85)

(1)分布与危害　大黑鳃金龟在我国主要分布于河北、山东、山西、河南、辽宁等地。成虫主要危害豆类及低矮树木叶片如榆树等。幼虫取食植物根茎部,造成植株死亡或产量下降。

(2)形态特征

①成虫。中型稍大,体长 16~21 mm,体宽 8~11 mm。黑色或黑褐色,具光泽。触角 10 节,鳃片部 3 节黄褐色或赤褐色。前胸背板两侧缘呈弧状,外扩呈长椭圆形。鞘翅长椭圆形,具光泽,每侧有 4 条明显纵肋。

②幼虫。中型稍大,体长 35~45 mm。头前顶毛每侧各 3 根成纵列,其中 2 根彼此紧靠,位于额顶水平线以上的冠缝两侧,另 1 根则位于近额中部。

③卵。初产长椭圆形,白色带绿光泽,均长 2.5 cm。发育后期呈圆形,洁白色,有光泽。

④蛹。长 21~23 mm,初期为白色,2 日后变黄色,7 天后变黄褐色至红褐色。复眼由白色依次变为灰色、蓝色、蓝黑色、黑色。尾部近三角形。

(3)发生规律　每 2 年发生 1 代,以成虫及 2~3 龄幼虫在土壤中隔年交替越冬。一般越冬成虫 4 月上、中旬开始出土,5 月上、中旬为出土盛期并产卵,6—7 月为产卵期。6 月中旬田间始见初孵化幼虫,11 月上旬幼虫停止为害下迁越冬。第 2 年 4 月上旬,越冬幼虫上移至表土层为害,4 月下旬至 5 月达为害盛期,5 月下旬老熟幼虫钻入深土化蛹。成虫于 6 月下旬至 7 月末羽化,羽化后不出土,在土中越冬后,第 3 年方出土。成虫出土初期活动力弱多在地面爬行;活动力随气温提高而增强。晚 9 时半前飞翔、交配,之后静伏取食;喜食花生、大豆等植物叶片。成虫昼伏夜出。卵散产 3～12 cm 深的田间土中。

(4)防治方法

①园林技术与物理机械防治。合理搭配施肥,增强植物抗性,使用厩肥时要充分腐熟,氨水要深施,既可提高肥效还可熏杀害虫。适时灌水,春、夏两季猖獗为害时可大水浇灌,迫使其下移或死亡。黑光灯可诱集趋光性强的害虫。种植蓖麻等诱集植物诱杀成虫。田间撒浸药剂的榆、杨树鲜枝把诱杀成虫。

②生物防治。注意保护利用天敌,也可利用乳状菌、病原线虫、白僵菌、绿僵菌、土蜂及一些鸟类防治地下害虫。

③药剂防治。在播种前可先进行土壤处理,即将药剂拌成毒土均匀撒在地面,然后浅锄或耕入土中,或结合中耕浅锄撒施颗粒剂,也可将药剂和肥料混合施入土中或用肥料农药复合剂。其次可以药剂拌种,播种时按干种子的 0.1%～0.2% 和 10% 的水量稀释,均匀喷拌在种子上闷 4～12 小时后播种。药剂可选用辛硫磷等。还可在成虫盛期进行药剂喷雾喷粉防治。

2. 其他常见金龟子(见表 5-13)

表 5-13　其他常见金龟子

害虫种类	发 生 规 律	防 治 要 点
黑绒金龟	1 年 1 代,主要以成虫在土中越冬。翌年 4 月出土,4—6 月中旬盛发,5—7 月交尾产卵,幼虫为害至 8—9 月下旬老熟后化蛹,羽化后不出土即越冬	施毒土,用假死性,黑光灯诱杀,幼树套袋,树冠喷药
铜绿丽金龟	1 年发生 1 代,以 2～3 龄幼虫在土壤中越冬。3 下旬至 4 上旬幼虫上移为害,盛期为 4—5 月上旬。5 月中、下旬化蛹,5 下旬至 6 上旬田间始见成虫。6 月下旬出现第 1 代幼虫,8—10 月是 2～3 龄幼虫大量为害时期。10 月下旬开始下降越冬	成虫盛发期用黑光灯或黄昏点火诱杀,早晚振落捕杀,树冠喷药防治
苹毛金龟子	1 年 1 代,以成虫在土中越冬。3 月下旬开始出土,盛期在 4 月上旬。4 月末、5 月初集中危害苹果花器。4—5 月上旬为产卵盛期,5—6 月上旬为幼虫发生期,8 月中、下旬为化蛹盛期,9 月中旬开始羽化并越冬	振树捕杀,糖醋液、水坑诱杀,杨树枝把、黑光灯诱杀
毛黄鳃金龟	1 年 1 代,以蛹在土中越冬。成虫 3 月下旬出土,4 月初交尾产卵,5 月上旬幼虫孵化,10 月下旬化蛹越冬	人工捕捉,黑光灯诱杀成虫

续表

害虫种类	发 生 规 律	防治要点
黄褐丽金龟	1 年 1 代,以幼虫越冬。在河北成虫 5 月上旬出现,6 月下旬至 7 月上旬为成虫盛发期,成虫出土后不久即交尾产卵,幼虫期 300 天。5 月化蛹,6 月羽化为成虫	灯光诱杀成虫

二、蝼蛄、蟋蟀类

蝼蛄属直翅目蝼蛄科,俗称拉拉蛄、地拉蛄、土狗子。常见的有东方蝼蛄(*Gryllotalpa orientalis*)和华北蝼蛄(*G. unispina*)。蟋蟀俗称蛐蛐,属直翅目蟋蟀科,包括蟋蟀和油葫芦两大类。主要有大蟋蟀(*Brachytrupes portentosus*)和油葫芦。

1. 东方蝼蛄和华北蝼蛄(彩图 86)

(1)分布与危害　我国东方蝼蛄分布各地,南方发生偏重。华北蝼蛄又名单刺蝼蛄,分布于我国北方各省。成虫、幼虫咬食刚播种子、幼根、嫩茎,可把茎秆咬断或扒成乱麻状,使幼苗萎蔫而死,造成缺苗断垄。

(2)形态特征(见表 5-14)

表 5-14　华北蝼蛄和东方蝼蛄的形态特征区别

虫　态	华 北 蝼 蛄	东 方 蝼 蛄
卵	近孵前长 2.4～2.8 mm 乳白色→黄褐色→暗灰色	近孵前长 3.0～3.2 mm 黄白色→黄褐色→暗紫色
若虫	黄褐色 末端近圆筒形 体长 36～55 cm	灰褐色 末端近纺锤形 体长 30～35 mm
成虫	黄褐色 背板中央长心脏形斑大,而凹陷不明显 末端近圆筒形 腿节内侧外缘弯曲缺刻明显 胫节背面内侧有棘 1 根或消失	灰褐色 背板中央长心脏形斑小,凹陷明显 末端近纺锤形 腿节内侧外缘较直,缺刻不明显 胫节背面内侧有棘 3 根或 4 根

(3)发生规律　华北蝼蛄在北京、山东、河南3年完成1代,东方蝼蛄在长江以南1年1代,徐州2年1代,均以成虫和若虫在土中越冬。越冬虫3—4月间开始活动,4—5月间进入活动盛期,5月中旬开始产卵,6—7月间是产卵盛期。成虫昼伏夜出,具强趋光性、喜湿性、趋粪性、趋化性,初孵若虫有群集性。东方蝼蛄多在沿河、池埂附近产卵,产卵前雌虫多在5～15 cm深处做窝,窝口用杂草或虚土堵塞并守卫窝口,每雌产卵60～80粒。华北蝼蛄对产卵地点选择严格,多在干燥向阳、松软土壤产卵,每雌产卵80～528粒。

(4)防治方法　参见金龟子的防治。

2. 油葫芦(彩图87)

(1)分布与危害　分布广泛,可危害多种植物,以成虫、幼虫食叶成缺刻或孔洞,也可咬食花或根,甚至入室咬食衣物和食品,数量大时能造成灾害。

(2)形态特征

①成虫。雌虫体长20～27 mm,雄虫体长20～25 mm;背面黑褐色有光泽,腹面为黄褐色。头部沿复眼内缘具明显的淡色斑点或条纹,在复眼内侧缘具淡色眉状纹,颜面和颊黄色。前胸背板有两个月牙纹,中胸腹板后缘内凹。

②卵。长2.4～3.8 mm,略呈长筒形,乳白色微黄,两端微尖,表面光滑。

③若虫。体长21.4～21.6 mm,体背面深褐色,前胸背板月牙纹甚明显,雌、雄虫均具翅芽,雌若虫产卵管长,露出尾端。

(3)发生规律　1年1代,以卵在土中越冬,翌年4—5月孵化为若虫,经6次脱皮,于5月下旬至8月陆续羽化为成虫,9—10月进入交配产卵期,交尾后2～6天产卵,卵散产在杂草丛、田埂,雌虫共产卵34～114粒,成虫和若虫昼间隐蔽,夜间活动觅食、交尾。成虫有趋光性。

(4)防治方法

①毒饵诱杀。苗期用辛硫磷等药剂拌炒香麦麸、豆饼或棉籽饼撒施田间。也可用毒土撒入田中防治,或用灯光诱杀成虫。

②药剂防治。若虫出蛰期在苗圃用敌百虫或辛硫磷喷雾防治。

三、地老虎类

属鳞翅目夜蛾科,又名切根虫、黑地蚕、夜盗虫。在我国有170余种,其中分布最广,危害严重的有小地老虎(*Agrotis ypsilon*)、大地老虎(*A. tokionis*)和黄地老虎(*A. segtum*)等。

1. 小地老虎(彩图88)

(1)分布与危害　小地老虎在全国各省均有分布,以长江流域与东南沿海各省等地多发。多食性害虫,可危害多种苗木。以幼虫为害,可切断幼苗近地表嫩茎,使植株死亡,造成缺苗断垄,重则毁种重播。

(2)形态特征

①成虫。体长16~23 mm,翅展42~54 mm,触角雌蛾丝状,雄蛾双栉齿状。前翅暗褐色,前缘色深,亚基线、内横线与外横线均暗色,双线夹一白线所成的波状线,前端白线特别明显;楔状纹轮廓黑色,肾状纹与环状纹暗褐色,有黑轮廓线,肾状纹外有一尖三角形黑色纵线,亚缘线白色,锯齿状,其内侧有二黑色尖三角形与前一个三角形纹尖端相对。后翅背面白色,近前缘黄褐色。

②卵。半球形。卵壳表面有纵横交叉隆起的线纹。初产时乳白色,孵化前灰褐色。

③幼虫。成长幼虫体长41~50 mm,体形稍扁平,黄褐色至黑褐色,体表粗糙,满布龟裂状皱纹和黑微小颗粒。

④蛹。长18~24 mm,红褐色或暗褐色。腹部第4~7节基部有1圈点刻,在背面的大而色深,腹端具臀棘1对。

(3)发生规律　属迁飞性害虫,北纬33°(1月份0℃等温线)不能越冬;北纬33°~25°(1月份等温线10℃)的地区以少量幼虫和蛹在当地越冬;北纬25°以南可终年繁殖为害。北方虫源是从南方迁飞而来,3上中旬至5上旬始见越冬成虫,桃花盛开时是盛期,第1~3代幼虫分别发生在5下旬至6下旬、7中旬至8下旬、9上旬至10中旬,11上旬基本绝迹南迁。成虫昼伏夜出,对黑光灯趋性强,具强趋化性,可用糖醋液诱杀。成虫羽化后3~5天交配,交配后2天产卵。卵多散产于低于5 cm的矮小杂草上,单雌产卵量为800~1000粒。第1代成虫可群集于女贞、扁柏上栖息和取食树上蚜露,易捕捉。幼虫有假死性,1~2龄幼虫常栖息在表土或叶背和心叶里,昼夜取食不入土;3龄后白天入土夜出为害,并有自残性。当食料不足时迁移为害。幼虫老熟后多迁移到高燥土内化蛹。

(4)防治方法

①园林技术防治。杂草是地老虎早春产卵主要场所,在幼苗期或幼虫1~2龄时结合松土清除田内外杂草,可消灭大量的卵和幼虫。

②物理机械防治。可用黑光灯、杨树枝把、糖醋液、性诱剂诱杀成虫。在被害苗周围扒开表土即可找到潜伏幼虫进行人工捕杀。

③药剂防治。对1~2龄幼虫可喷粉、喷雾或撒毒土,对高龄幼虫可撒施毒饵。

2. 其他地老虎类（见表 5-15）

表 5-15　其他地老虎类

害虫种类	发 生 规 律	防治要点
黄地老虎	华北 1 年 3～4 代，北京 3 代，山东 4 代。以 3～6 龄虫和极少量蛹在土壤中越冬。在小麦返青时越冬幼虫开始活动，3 下旬开始化蛹。4 下旬至 5 上旬第 1 代卵发生，4 上旬至 6 上旬羽化，第 1 代幼虫在 4 下旬至 6 下旬发生，第 2、3 代发生减少，11 中下旬入土越冬	参考小地老虎
大地老虎	1 年 1 代。以幼虫在田埂杂草丛及绿肥田中表土层越冬。长江流域 3 月初出土为害，5 月上旬进入为害盛期，9 月中旬开始化蛹，10 月上、中旬羽化为成虫，12 月中旬幼虫入土越冬	参考小地老虎

四、金针虫类

属鞘翅目叩头甲科，是叩头虫的幼虫统称。俗名姜虫子、铁丝虫。我国有 700 余种。常见的有沟金针虫（*Pleonomus canaliculatus*）、细胸金针虫（*Agriotes fusicollis*）、褐纹金针虫（*Melanotus caudex*）和宽背金针虫（*Selatosomus latus*）。

1. 沟金针虫（彩图 89）

（1）分布与危害　主要危害区南达我国长江流域，北至我国东北南部、内蒙古，西至陕西、甘肃、青海等地。食性很杂。主要以幼虫为害，幼虫食刚播种子、须根、主根或茎地下部分，使幼苗死亡。

（2）形态特征

①成虫。雌虫长 14～17 mm，较扁。触角 11 节，黑色，锯齿形，长达鞘翅基部。前胸发达，背面半球形隆起，前狭后宽，宽大于长，密布点刻，中央有微细纵沟。雄虫长 14～18 mm，较细长，体浓紫色，密被黄色细毛，头扁，头顶有三角形凹陷，密布明显点刻。触角 12 节，丝状，长达鞘翅末端。鞘翅狭长，长约前胸的 5 倍，其上纵沟较明显，有后翅。

②卵。产于土中，椭圆形，长径 0.7 mm，乳白色。

③幼虫。末龄幼虫体长约 20～30 mm，金黄色，体形宽而略扁平，体节宽大于长，背面中央有 1 条细纵沟。体表被有黄色细毛。

④蛹。雌蛹长 16～22 mm，雄蛹长 15～17 mm，初为淡绿色，后渐变深。体呈纺锤形，末端瘦削，有刺状突起。

（3）发生规律　在华北约需 3 年完成 1 代，以各龄幼虫或成虫在地下越冬。越冬成虫于 3 月上旬开始活动，4 月上旬为活动盛期。3 月下旬至 6 月上旬为产卵期，卵经 35 天孵化为幼虫，5 月上、中旬为孵化盛期。幼虫期长达 1150 天，直至第 3 年 8—9 月在土中化蛹，9 月初开始羽化为成虫，成虫当年不出土，第 4 年才出土交配、产卵。成虫昼伏夜出，但无趋光性。雌虫无后翅只能爬行不能飞翔，雄虫飞翔力较强。成虫有假死性。卵散产在土中 3～7 cm 处，可产卵 200 余粒。

（4）防治方法　参考金龟子防治方法。

2. 细胸金针虫（彩图 90）

（1）分布与危害　细胸金针虫的分布也很广，南达我国淮河流域，北至我国东北地区的北部以及西北地区都有为害。但以水浇地、较湿的低洼过水地、黄河沿岸的淤地、有机质较多的黏土较重。

（2）形态特征

①成虫。体长 8～9 mm，宽 2.5 mm。暗褐色密被灰色短毛，并有光泽。触角红褐色，第 2 节球形。前胸背板略呈圆形，长大于宽。鞘翅上有 9 条纵列刻点。

②卵。圆形，长约 0.6～1.0 mm，乳白色。

③幼虫。末龄幼虫体长 23 mm，体较细长，圆筒形，色淡黄，有光泽。末节的末端不分叉，呈圆锥形，近基部的背面两侧各有 1 个褐色圆斑，背面有 4 条褐色纵纹。

④蛹。长 8～9 mm，纺锤形，乳白色至黄色。

（3）发生规律　在西北、华北、东北等地 2 年完成 1 代。以成虫、幼虫在 30～40 cm 土壤中越冬。越冬的成虫于 3 月中、下旬出土，4 月盛发，出土末期是 5 月。卵始见于 4 月下旬，产卵末期在 6 月中旬。5 月下旬卵开始孵化。幼虫蜕皮 9 次共 10 龄。当年以幼虫越冬。第 2 年越冬后的幼虫，6 月下旬开始化蛹，9 月下旬蛹终见。6 月下旬为羽化始期，当年以成虫越冬。第 3 年越冬后的成虫在 3 月中下旬出土，完成 1 个世代。成虫昼伏夜出：多在黄昏开始活动，半夜前多交配，半夜后以取食活动为主，但取食量少危害不大。可多次交配，卵散产于 0～7 cm 的土壤中，单产 30～40 粒。对新鲜而略萎蔫的杂草和腐烂的植物残体有极强的趋性，并有聚集在烂草堆和土块下的习性。有较强的假死性和微弱的趋光性。幼虫可随土壤温、湿度垂直迁移，喜钻入种子、幼苗的地下部分内取食。具明显的趋湿性。幼虫老熟后做土室化蛹。

（4）防治方法

①园林技术与物理机械防治。苗圃地精耕细作，夏季翻耕暴晒，冬季耕后冷冻，避免施用未腐熟的草粪，并合理灌水。用成虫对杂草有趋性可在苗圃地埂周边堆草诱杀。利用拔下杂草堆成草堆，在草堆内撒入触杀类药剂毒杀成虫。也可用糖醋液诱杀成虫。

②药剂防治。同沟金针虫。

五、蛞蝓、蜗牛类

1. 野蛞蝓（彩图 91）

（1）分布与危害　野蛞蝓（*Agriolimax agrestis*）属软体动物，又称旱螺、黏液虫、鼻涕虫，属腹足纲柄眼目蛞蝓科。分布于我国各地，食性杂，可危害菊花、一串红、月季、仙客来等花草及草莓、多种蔬菜、农作物等。成体、幼体均能危害多种观赏植物和蔬菜的叶、茎，偏嗜含水量多、幼嫩的部位，形成不规则的缺刻或孔洞或取食果实。爬行过的地方有白色黏液带，影响商品价值。

（2）形态特征

①成体。体伸直时长 30～60 mm，体宽 4～6 mm；内壳长 4 mm，宽 2.3 mm。长梭型，柔软、光滑而无外壳，体表暗黑色、暗灰色、黄白色或灰红色。触角 2 对，暗黑色，下边 1 对前触角短约 1 mm；上边 1 对后触角长约 4 mm，端部具眼。

②卵。椭圆形，韧而富有弹性，直径 2.0～2.5 mm。白色透明可见卵核，近孵化时色变深。卵白色，小粒，具卵囊，每囊 40～60 粒。

③幼体。初孵幼虫体长 2.0～2.5 mm，淡褐色；体形同成体。

（3）发生规律　在长江以南 1 年 2～6 代，世代重叠。以成体、幼体在根部湿土下、沟河边、草丛中及石板下越冬。南方 4—6 月和 9—11 月是为害高峰期，也是产卵繁殖盛期。北方 7—9 月间为害较重，在温室中可周年为害。春、秋季产卵。大部分卵产于湿度大、较隐蔽的土块缝隙中。成体平均产卵 400 余粒。喜生活在阴暗潮湿的场所，畏光怕热，在强日照下 2～3 小时即死亡，因此均夜间活动，晚上 10—11 时达高峰，清晨日出前陆续潜入土中或隐蔽处。

（4）防治方法

①园林技术防治。选择向阳、排水良好的砂质壤土作苗床。采用高畦栽培、地膜覆盖、破膜提苗、清除杂草等方法以减少危害。施用充分腐熟的有机肥。

②用堆草诱杀。傍晚在苗床散放白菜叶或甘蓝叶进行诱捕，清晨检查捕杀。每天日出前或阴天活动为害时在植物上和土表捕捉杀死。用枝叶、桑叶、半干杂草堆田间作诱集物，天亮前集中捕杀栖息其上的蜗牛。

③药剂防治。为害初期，地面洒石灰、氨水或喷施蜗牛敌、密达和灭旱螺防治。

2. 灰巴蜗牛（彩图 92）

（1）分布与危害　灰巴蜗牛（*Bradybaena ravida*）属软体动物门腹足纲柄眼目蜗牛科。我国各地普通发生。杂食性，初孵幼贝只取食作物叶肉，留下表皮，长大后常将作物叶片食成孔洞或缺刻。成螺以取食各种绿色植物为主，尤喜食植物幼芽和多汁植物,也摄食豆科、十字花科和茄科蔬菜,以及棉、桑、果树等多种农作物。蜗牛爬过的叶上留有白色胶质及粪便。

(2)形态特征

①成贝。贝壳中等大小,壳质稍厚,坚固,呈圆球形。壳高 19 mm,宽 21 mm,有 5.5~6.0 个螺层,顶部几个螺层增长缓慢、略膨胀,体螺层急骤增长、膨大。壳面黄褐色或琥珀色,并具细致而稠密的生长线和螺纹。壳顶尖。缝合线深。壳口呈椭圆形,口缘完整,略外折、锋利、易碎。轴缘在脐孔处外折,略遮盖脐孔。脐孔狭小,呈缝隙状。个体大小、颜色变异较大。

②幼贝。壳圆球形,淡褐色,4 个月后螺层 3 层,8 个月后 6 层。

③卵。圆球形,白色。

(3)发生规律　上海、浙江 1 年 1 代,11 月下旬以成贝和幼贝在田埂土缝、残株落叶、宅前屋后的物体下越冬。翌年 3 月上、中旬开始活动。白天潜伏,傍晚或清晨取食,遇有阴雨天多整天栖息在植株上。4 月下旬到 5 月上、中旬成贝开始交配,后不久把卵成堆产在植株根茎部的湿土中,初产的卵表面具黏液,干燥后把卵粒粘在一起成块状。初孵幼贝多群集在一起取食,长大后分散为害,喜栖息在植株茂密低洼潮湿处。温暖多雨天气及田间潮湿地块受害重;遇有高温干燥条件,蜗牛常把壳口封住,潜伏在潮湿的土缝中或茎叶下,待条件适宜时,如下雨或灌溉后,于傍晚或早晨外出取食。11 月中、下旬又开始越冬。

(4)防治方法　参考野蛞蝓防治。

3. 其他蜗牛、蛞蝓类(见表 5-16)

表 5-16　其他蜗牛、蛞蝓类

害虫种类	发 生 规 律	防治要点
同型巴蜗牛	1 年 1~2 代,多生活于潮湿的草丛、田埂土、枯枝落叶下,作物根际土块或土缝中,或乱石堆里。成螺产卵于根际疏松湿润的土中、枯叶或石块下。4—5 月和 9—10 月为产卵盛期。以成幼螺在作物秸秆堆下或冬作物土缝中越冬。南方温暖地区越冬不明显	参考野蛞蝓
黄蛞蝓	1 年 1 代,以成体在树基、土下、草丛等处越冬。2 月开始活动取食,3 月中旬开始交配产卵,4 月中旬开始孵化为幼体,5—6 月为幼体发生高峰期,也是危害最严重时期。7—8 月本地伏旱高温,潜入地下蛰伏,8 月下旬开始出现成体,9—11 月为成体高峰期,至 12 月开始入土越冬	参考野蛞蝓

复习思考题

1. 食叶害虫有哪些，为害特点有哪些？
2. 黄刺蛾、绿刺蛾及扁刺蛾的成虫和幼虫各有哪些特点？
3. 常见的蛀干类害虫有那些目、科？常见的种类有哪些？
4. 天牛的为害症状是什么？主要习性有哪些？如何防治？
5. 吉丁虫造成的危害有哪些？如何利用其主要习性进行防治？
6. 松六齿小蠹的蛀道有什么特点？主要习性有哪些？如何防治？
7. 危害植物的刺吸类害虫有哪些目？
8. 刺吸类害虫对植物的危害有哪些方面？
9. 蝉类主要习性有哪些？如何防治？
10. 梨木虱的习性有哪些？具体的防治措施有哪些？
11. 温室白粉虱的习性有哪些？如何防治？
12. 如何识别桃蚜？其习性有哪些？如何对蚜虫类害虫进行防治？
13. 如何对螨类进行防治？
14. 金龟子有哪些习性？如何防治？
15. 地老虎有哪些生活习性？如何防治？
16. 金针虫有哪些习性？怎样防治？
17. 蝼蛄有哪些生活习性？根据这些习性如何防治？
18. 卷叶蛾有哪些种类？生活习性如何？如何进行防治？
19. 潜叶蝇有哪些种类？有哪些习性？怎样防治？
20. 介壳虫为害习性有哪些？如何防治？

参 考 文 献

[1] 李怀方,刘凤权,郭小密. 园艺植物病理学. 北京:中国农业大学出版社,2001

[2] 朱天辉. 园林植物病理学. 北京:中国农业出版社,2003

[3] 许志刚. 植物检疫学. 北京:中国农业出版社,2003

[4] 商鸿生. 植物检疫学. 北京:中国农业出版社,1997

[5] 徐公天. 园林植物病虫害防治原色图谱. 北京:中国农业出版社,2003

[6] Taylor A. L.,Sasser J. N. 著,杨宝君等译. 植物根结线虫. 北京:科学出版社,1983

[7] 邱强等. 花卉与花卉病虫原色图谱. 北京:中国建材工业出版社,1999

[8] 吕佩珂,李明远,吴钜文等. 中国蔬菜病虫原色图谱. 北京:农业出版社,1992

[9] 洪健,李德葆,周雪平. 植物病毒分类图谱. 北京:科学出版社,2001

[10] 孔宝华,蔡红,陈海如等. 花卉病毒病及防治. 北京:中国农业出版社,2003

[11] 袁嗣令. 中国乔灌木病害. 北京:科学出版社,1997

[12] 吕佩珂,段半锁,苏慧兰等. 中国花卉病虫原色图鉴. 北京:蓝天出版社,2001

[13] 董金皋. 农业植物病理学. 北京:中国农业出版社,2001

[14] 杨向黎,杨田堂. 园林植物保护及养护. 北京:中国水利水电出版社,2007

[15] 陈岭伟. 园林植物病虫害防治. 北京:高等教育出版社,2002

[16] 徐冠华. 植物病虫害防治学. 北京:中国广播电视大学出版社,1999

[17] 费显伟,黄宏英. 园艺植物病虫害防治. 高等教育出版社,2005

[18] 郑进,孙丹萍. 园林植物病虫害防治. 北京:中国科学技术出版社,2003

[19] 刘悦秋,江幸福,赵和文. 园林植物病虫害. 北京:气象出版社,2006

[20] 王丽平,曹洪青,杨树明. 园林植物保护. 北京:化学工业出版社,2006

[21] 杨子琦,曹华国. 园林植物病虫害防治图鉴. 北京:中国林业出版社,2001

[22] 金波,刘春. 花卉病虫害防治彩色图说. 北京:中国农业出版社,1998

[23] 丁梦然,夏希纳等. 园林花卉病虫害防治彩色图谱. 北京:中国农业出版社,2002

[24] 张执中. 森林昆虫学. 北京:中国林业出版社,1997

[25] 彩万志,庞雄飞,花保祯. 普通昆虫学. 北京:中国农业大学出版社,2001

[26] 袁锋. 农业昆虫学. 北京:农业出版社,2002

[27] 韩召军,杜相革,徐志宏. 园艺昆虫学. 北京:中国农业出版社,2001

[28] 徐公天,杨志华. 中国园林害虫. 北京:中国林业出版社,2007

[29] 何振昌. 中国北方农业害虫原色图鉴. 沈阳:辽宁科学技术出版社,1997

[30] 李照会. 园艺植物昆虫学. 北京:中国农业出版社,2004

彩图1　果树缺铁黄化病
（魏艳敏摄）

彩图2　枣树花叶病
（魏艳敏摄）

彩图3　杨树炭疽病
（魏艳敏摄）

彩图4　橡皮树枯梢病

彩图5　番茄灰霉病（示果实腐烂）
（刘正坪摄）

彩图6　一串红花腐病
（魏艳敏摄）

彩图7　彩椒青枯病
（刘素花摄）

彩图8　茄枯萎病
（刘正坪摄）

彩图9　凤仙花病毒病（示
叶片畸形）

彩图10　桃树根癌病
（魏艳敏摄）

彩图11　月季白粉病
（魏艳敏摄）

彩图12　夹竹桃煤污病（示霉状物）

彩图13　大叶黄杨炭疽病（示粒状物）

彩图14　葡萄霜霉病
（魏艳敏摄）

彩图15　月季霜霉病

彩图16　菊花霜霉病

彩图17　苹果白粉病

彩图18　黄栌白粉病
（魏艳敏摄）

彩图19　瓜叶菊白粉病

彩图20　海棠锈病叶片背面（上）
和叶片正面（下）
（魏艳敏摄）

彩图22　禾草秆锈、条锈和叶锈病

彩图21　毛白杨锈病

彩图23　梅花炭疽病

彩图24　仙客来灰霉病

彩图25　月季灰霉病

彩图26　香石竹枯萎病

彩图27　杜鹃饼病

彩图28　月季黑斑病
（魏艳敏摄）

彩图29　白菜软腐病
（魏艳敏摄）

彩图30　番茄青枯病病株
及其横断面

彩图31　泡桐丛枝病
（魏艳敏摄）

彩图32　香石竹斑驳病毒病

彩图33　大叶黄杨根结线虫病
（水生英摄）

彩图34　白杨叶甲成虫（左）及雌
雄成虫交配状（右）
（王进忠摄）

彩图35　柳蓝叶甲成虫（左）及幼虫群为
害状（右）
（王进忠摄）

彩图36　月季叶蜂成虫（左）、幼虫
　　　　（中）及低龄幼虫群食状（右）
　　　　　　（王进忠摄）

彩图37　黄刺蛾幼虫（左）、蛹
　　　　（中）及为害状（右）
　　　　　　（王进忠摄）

彩图38　绿刺蛾成虫（左）及幼虫（右）
　　　　　　（王进忠摄）

彩图39　扁刺蛾老龄幼虫（左）、幼虫为害状（中）及成虫（右）
　　　　　　　　（王进忠摄）

彩图40　大袋蛾护囊　　　　　　　　　彩图41　茶袋蛾护囊（左）及幼虫（右）
　　　（王进忠摄）　　　　　　　　　　　　　　　（王进忠摄）

彩图42　甘蓝夜蛾成虫（左）、老龄幼虫（中）及低龄幼虫（右）

彩图43　银纹夜蛾成虫（左）、蛹（中）、幼虫（中）及卵（右）

彩图44　杨扇舟蛾成虫（左）、蛹（中）、幼虫（中）及卵（右）

彩图45　苹掌舟蛾成虫（左）、群聚幼虫（中）及老龄幼虫（右）
（王进忠摄）

彩图46　丝棉木金星尺蠖成虫（左）、卵（中）及幼虫（右）

彩图47　国槐尺蛾卵（左）、卵放大图（中左）、幼虫及为害状（中右）与成虫（右）
（王进忠摄）

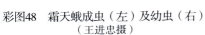

彩图48　霜天蛾成虫（左）及幼虫（右）　　　　　彩图49　柳天蛾成虫（左）及幼虫（右）
（王进忠摄）

彩图50　舞毒蛾成虫雌虫（左）、雄虫（中）及幼虫（右）

彩图51　杨毒蛾成虫（左）及幼虫（右）

彩图52　美国白蛾幼虫（左）、低龄群聚幼虫（中左）、为害状（中右）及雌雄成虫（右）
（王进忠摄）

彩图53　红腹白灯蛾成虫
（左）、幼虫（中）
及为害状（右）

彩图54　黄褐天幕毛虫卵（左）、老龄幼虫（中左）、低龄群聚幼虫（中右）与成虫（右）
（王进忠摄）

彩图55　赤松毛虫雌成虫（左）及老龄幼虫（右）　　　彩图56　柑橘凤蝶成虫（左）及幼虫（右）
（王进忠摄）

彩图57　山楂粉蝶幼虫（左）、蛹（中）及成虫（右）

彩图58　短额负蝗成虫（左）及雌雄交配（右）　　　彩图59　白星花金龟成虫
（王进忠摄）　　　　　　　　　　　　　　　（王进忠摄）

彩图60　小青花金龟成虫（左、中）及雌雄交尾（右）
（王进忠摄）

彩图61　光肩星天牛成虫（左）及幼虫（右）
（王进忠摄）

彩图62　金缘吉丁虫成虫（左）及为害状（右）

彩图63　松六齿小蠹成虫

彩图64　蔗扁蛾成虫（左）及幼虫（右）
（王进忠摄）

彩图65　黑蚱蝉成虫
（王进忠摄）

彩图66　大青叶蝉成虫（左、中）及若虫（右）
（王进忠摄）

彩图67　桃一点斑叶蝉成虫（左）及
　　　若虫（右）
　　　　（王进忠摄）

彩图68　斑衣蜡蝉成虫（左）、若虫（中左、中右）及卵块（右）
（王进忠摄）

彩图69　中国梨木虱成虫、为害
　　　状（左）及卵（右）
　　　　（张民照摄）

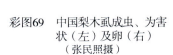

彩图70　黄栌丽木虱成虫群聚取食
（王进忠摄）

彩图71　温室白粉虱成虫（左）、若虫（中）及卵（右）

彩图72　桃蚜（左）及为害状（右）
（王进忠摄）

彩图73　月季长管蚜成虫（左、中）及为害状（右）
（王进忠摄）

彩图74　茶翅蝽成虫（左）
及若虫（右）
（王进忠摄）

彩图75　梨网蝽成虫（左）、若虫（中）及为害状（右）
（王进忠摄）

彩图76　草履蚧雌成虫
（王进忠摄）

彩图77　花蓟马成虫（左、中）与若虫（右）
（王进忠摄）

彩图78　朱砂叶螨成螨与卵　　　　彩图79　美洲斑潜蝇成虫（左）、蛹（中）及为害状（右）
（张民照摄）　　　　　　　　　　　　　　　（王进忠摄）

彩图80 南美斑潜蝇成虫（左）及
为害状（右）

彩图81 桃潜叶蛾成虫（左）、蛹（中左）、幼虫（中右）及茧（右）

彩图82 金纹细蛾成虫（左）、幼虫（中）及蛹（右）

彩图83 褐卷叶蛾成虫（左）、幼虫（中）及卵块（右）

彩图84 黄杨绢野螟成虫（左）、幼虫（中）及蛹（右）

彩图85 大黑鳃金龟幼虫（左）及成虫（右）
（张民照摄）

彩图86 东方蝼蛄（左）及华北蝼蛄（右）
（张民照摄）

彩图87 油葫芦成虫
（王进忠摄）

彩图88 小地老虎成虫（左）、老龄幼虫（中）
及低龄幼虫（右）

彩图89 沟金针虫成虫（左）
及幼虫（右）
（王进忠摄）

彩图90　细胸金针虫成虫（左）及幼虫（右）

（王进忠摄）

彩图91　野蛞蝓　　　　　　　　彩图92　灰巴蜗牛成贝（左）及为害状（右）

（王进忠摄）　　　　　　　　　　　　　（王进忠摄）

彩图来源说明

彩图4、9、12、13、39（成虫）、50、63引自徐公天《园林植物病虫害防治原色图谱》。

彩图15、16、19、23、24、25、26、27引自吕佩珂等《中国花卉病虫害原色图鉴》。

彩图17引自邱强等《原色苹果病虫害图谱》。

彩图21引自袁嗣令《中国乔、灌木病害》。

彩图30引自吕佩珂等《中国蔬菜病虫害原色图谱》。

彩图22引自邱强等《花卉病虫原色图谱》。

彩图32引自孔宝华《花卉病毒病及其防治》。

彩图36（成虫）、42、43（成虫及幼虫）、44、45（成虫及老龄幼虫）、46、48（幼虫）、49、51、52、53、54（成虫）、55、57、62、80、84引自徐公天《中国园林害虫》。

彩图43（蛹及卵）、71（若虫及卵）、81（成虫及幼虫）、82、83、88、89（成虫）引自何振昌等《中国北方农业害虫原色图鉴》。